21世纪高等院校

VR

虚拟现实设计系列教材

Virtual Reality

虚拟现实场景设计与制作

刘跃军　王啸歌　著

中国国际广播出版社

陈　峰　鲁迅美术学院用户体验与大数据可视化实验室主任
李　刚　山西传媒学院动画与数字艺术学院游戏教研室主任
张　帆　浙江传媒学院媒体工程学院数字媒体技术系主任
张兆弓　中央美术学院未来媒体游戏工作室主任
张　昱　北京建筑大学城市计算与人工智能研究室主任
邵　兵　吉林艺术学院新媒体学院数字娱乐系主任
吴南妮　广州美术学院视觉艺术设计学院
汪翠芳　江西财经大学副教授
周广明　中国动漫集团有限公司党委副书记
　　　　沉浸式交互动漫文化和旅游部重点实验室副主任
周立均　广州美术学院视觉艺术设计学院数码游戏设计工作室主任
杨　林　广东财经大学艺术与设计学院
姜俊杰　中国动漫集团有限公司 VR 实验室项目部主任
翁冬冬　北京理工大学光电学院研究员
高　盟　北京邮电大学数字媒体学院副教授
倪　镔　中国美术学院网络与游戏系副主任

前　言

虚拟现实是一种划时代的革命性信息技术，是继计算机互联网和手机移动互联网之后的下一代关键信息平台。虚拟现实与人工智能、5G通信、大数据结合构成了下一代万物互联、虚实融合的沉浸式信息生态系统，把握了这些核心技术就掌控了未来信息的核心力量，其战略意义重大。国家“十三五”规划及后续阶段已经将推动虚拟现实及相关产业的协同发展写入战略性新兴产业发展的重要组成部分，各级政府从政策、资金及相关产业布局上进行全方位支持。2016年9月3日，习近平主席在G20峰会上指出:“创新是从根本上打开增长之锁的钥匙。以互联网为核心的新一轮科技和产业革命蓄势待发，人工智能、虚拟现实等新技术日新月异，虚拟经济与实体经济的结合，将给人们的生产方式和生活方式带来革命性变化。”此后不久，国务院正式发布《“十三五”国家战略性新兴产业发展规划》（简称《规划》）。《规划》中明确指出:“以虚拟现实为代表的数字创意内容产业将带动周边产业，在五年内产业规模将超过8万亿。”其核心内容为虚拟现实与相关产业的融合应用，2020年中国“VR+”相关产业的直接产值将达到5000亿，2025年将接近2万亿规模。此后，国家科技部、文化和旅游部、教育部、工信部、财政部等多部委陆续出台政策联合推动虚拟现实产业发展。

面对全球虚拟现实科技持续发展的大潮，中国在虚拟现实科技的基础研究、硬件技术、软件技术、虚拟现实内容方面保持持续发展态势，虚拟现实技术在教育、文化、旅游、影视、游戏、科技展览展示等各行各业开始逐步应用，其规模也不断扩大。政策的连续出台和产业的持续发展预示着虚拟现实未来拥有巨大空间。不久的将来，随着虚拟现实产业的快速成长，虚拟现实科技、虚拟现实内容、虚拟现实平台、虚拟现实产品等将快速发展。

产业发展的前提是要有大量的从业人员的支撑，虚拟现实作为一个全新的领域，从硬件到软件，从科技到内容都面临巨大的人才空缺，虚拟现实专业人才的培养成为当务之急。随着虚拟现实技术日益走向成熟，虚拟现实应用场景在各个领域的广泛融合，高质量的虚拟现实内容成为制约产业发展的关键。由于虚拟现实内容设计包含策划、艺术设计、三维制作、引擎开发等多个跨门类的专业知识，传统设计人才很难直接满足行业应用需求。

本系列教材专门针对虚拟现实内容设计环节，融合策划、艺术设计、三维制作、引擎开发等环节的关键技术，聚焦虚拟现实内容设计过程中的专业问题，以高质量虚拟现实内容的制作实现为目标进行系统的课程内容设计。理论与实践结合，以行业成功案例为素材指导学生在较短的时间里掌握虚拟现实内容设计的整体流程和关键技术。本系列教材囊括了高水平虚拟现实内容设计的各关键环节，形成虚拟现实内容设计制作的产业链条的闭环，完整地架构了虚拟现实设计相关专业的核心骨干课程。每本教材均配备专门的电子教学资源，让学生轻松入门，且逐层深入掌握虚拟现实内容设计的关键技术。

由于教材编写时间较为局促，编写过程中未能对每一个细节进行完美打磨，对于发现的问题请随时向我们提出，我们将尽快修订。此外，在教材编写的过程中，尤其是案例分析环节，引用了不同时间、不同国家和地区的各类型优秀的、经典的虚拟现实内容，由于编写出版时间的限制和联系方式的制约，未能全部及时与作者取得联系，在此深表歉意。如果您对本系列教材中呈现的您的作品有任何意见或建议，请发送至邮箱 69101433@qq.com 告知我们，我们将及时与您沟通。感谢您的支持！

刘跃军

2020 年 1 月于北京电影学院

目　录

第一章　概述

第一节　虚拟现实场景设计与制作的主要应用领域

虚拟现实场景设计与制作主要是指使用虚幻引擎（Unreal Engine）进行三维空间场景设计制作的过程。其关键要素有两个：第一，对于引擎技术的掌握，本书主要是使用虚幻引擎，指导大家学习使用虚幻引擎中关于三维场景制作的各种重要工具和相关技巧；第二，三维虚拟现实场景具体案例的设计制作，即在引擎中设计并制作出具有较高专业水准的虚拟现实三维场景，本书将指导大家制作一个具有较高复杂度、较多场景相关元素及较大交互空间的三维场景。

虚拟现实场景设计与制作相关内容的应用范围非常广泛，可以应用于各种领域的三维场景，包括虚拟现实 VR/AR 场景、游戏场景、影视 CG 场景、虚拟仿真场景，等等。除以上内容以外，主流的交互内容设计领域，如工业产品互动设计、互动展示设计等都会应用到虚拟现实场景制作的关键技术和相关流程。

1. 虚拟现实 VR/AR 场景

虚拟现实场景设计与制作应用最广泛的领域之一是虚拟现实 VR/AR 场景。图 1-1-1 所示为虚拟现实 VR 项目《甲午海战 VR》[①] 中的场景截图，该项目中的虚拟现实场景使用虚幻引擎设计制作。在该 VR 项目案例中，我们戴上 VR 设备可以置身大东沟海域的海面，身临其境地感受到当年甲午海战时清政府北洋水师和日军联合舰队激烈对战的场景。虚幻引擎对三维场景设计制作具有丰

① 《甲午海战VR》是北京电影学院沉浸式交互动漫文化与旅游部重点实验室于2018年研发的沉浸式交互VR作品，该作品获得2018年世界VR产业大会创新奖，笔者为VR项目核心主创。

富的表现力，它不但可以设计制作出超写实的三维场景，还可以制作出与众不同的风格化创意内容。

图 1-1-1

图 1-1-2 所示为本教材后面将学习到的虚拟现实场景案例截图。该场景是一个相对比较复杂的场景，其中包含一个相对比较完整的虚拟现实游戏关卡内容，我们既可以在这个关卡不同方位的道路上跑动，也可以在不同空间中查看交互道具及相关特效环境。

图 1-1-2

2. 游戏场景

游戏引擎为游戏而生，所有游戏都是通过专业游戏引擎制作完成。虚幻引擎的本质就是游戏引擎。因此，虚幻引擎技术能够完美地为游戏场景的设计制作服务。图 1-1-3 所示的是笔者于 2014 年带队开发的一款三维手机游戏中的场景截图。从中可以看到，即便 2014 年性能非常受限的手机平台，依然可以使用虚幻引擎设计制作出画面效果丰富的三维游戏场景。

图 1–1–3

3. 影视 CG 场景

由于游戏和虚幻引擎技术多年来保持着持续高速发展势头，当今的虚幻引擎已经拥有强大的制作功能，所以不少电影项目、电视项目或者 CG 动画项目逐步开始使用引擎技术进行制作。图 1-1-4 显示的是一部游戏 CG 短片中的场景，该 CG 短片由笔者于 2013 年带队设计制作。可以看到，游戏 CG 动画具有不亚于电影或电视作品的质量和丰富的画面效果。使用当前的虚幻引擎技术完全可以制作出同等质量的影视或游戏 CG 场景。

图 1–1–4

第二节　虚拟现实场景设计与制作的主要内容

在引擎中制作场景与在 Maya 中制作场景有着显著的区别。在 Maya 等软件制作的三维动画场景中，我们制作的通常是透过摄像机镜头看到的画面，只要有利于丰富摄像机画面的内容，我们都会认真设计制作；而摄像机画面以外看不到的内容，我们通常不会制作。因此 Maya、3DMax、Blender 等三维软件制作的通常是镜头场景，即针对特定视角、特定范围的有限场景，而在引擎中设计制作的场景则呈现出显著的区别。在引擎中设计制作场景通常是制作一个完整的空间，人们在这个空间内往往可以自由行走，或与环境进行交互。用游戏关卡的思维来讲，可能更符合引擎场景的设计制作，即引擎场景是一个相对完整的空间，包括路径、空间及所有可以交互的环境物件或建筑道具等。

在引擎的虚拟现实场景设计中，我们通常要设计两部分内容：一是关卡内在核心功能的场景要素部分，这部分设计是内在的、功能化的，甚至不直接显现的，我们通常称之为关卡核心功能设计部分，如关卡空间、关卡道路、关卡交互要素。二是外在视觉呈现部分，即将前面关卡功能模块设计的关卡空间、关卡道路、关卡交互要素等进行视觉化，让人们看到视觉丰富的虚拟现实场景，如台阶、地板、树木、岩石、建筑、道具。

1. 虚幻引擎场景的内在核心功能设计

虚幻引擎场景的内在核心功能设计主要包括关卡路径、关卡空间、关卡节点等，以其独特的运行机制作用于虚拟现实场景的底层设计中，它们多是从游戏设计延伸过来，是游戏或虚拟现实场景设计中的核心功能部分。只有满足既定功能的设计才是有用的设计。这部分内容通常是通过游戏或虚拟交互过程中某些特定事件的发展顺序、空间感知的过程等与现实世界极为相似的感知逻辑进行设计。图 1-2-1 显示的是游戏与虚拟现实场景设计过程中的关卡路径、关卡空间、关卡节点等相关场景核心功能的关卡设计图。

图 1–2–1

2. 虚幻引擎场景的主要可视化元素的设计与制作

虚幻引擎场景的主要可视化元素的设计与制作具体涉及虚拟现实场景中具体的空间组件、道路、植被、建筑、道具及特效等元素，即人们在游戏或虚拟现实场景中可以直接看到的主要内容。图 1-2-2 为游戏或虚拟现实场景设计的第一阶段关卡的基础设计。我们通常会使用一些基本的几何体来建造最基础的关卡空间和路径，并通过控制角色在场景中的路径和空间内不停地跑动来检查关卡设计的合理性和各位置的基础效果。

图 1–2–2

图 1-2-3 是在关卡设计的基础上，逐步丰富完善的道路和空间环境效果截图。可以看到，路面和道路两旁的石块栏杆都已经制作完毕，我们可以通过控制角色在场景中跑动来测试道路、空间及道具的摆放是否合理和美观，同时也可以通过植物、光影等场景元素丰富场景视觉效果。

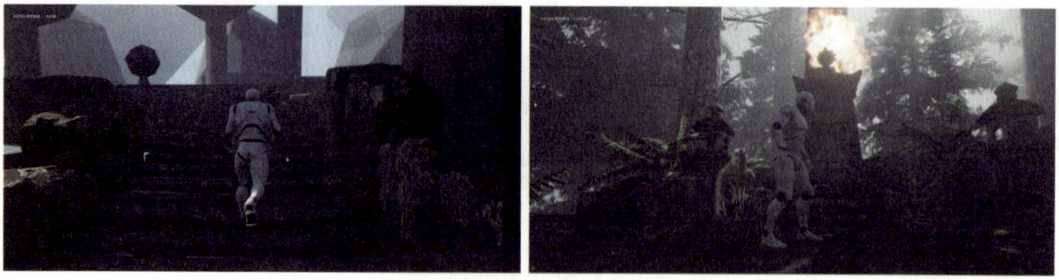

图 1-2-3

第三节　虚拟现实场景设计与制作的流程

虚拟现实场景设计与制作的流程是指我们从概念想法到视觉设计，再到引擎制作等，虚拟现实场景设计与制作过程中涉及的各关键环节及逐步推进的完整过程。我们可以将虚拟现实场景设计与制作简要地分为前期基础设计、中期制作与细化、后期功能的细化与优化三个主要环节。

1. 前期基础设计

前期基础设计主要是指虚拟现实场景的前期设计阶段，包括绘制关卡设计图、使用 BSP 搭建简模关卡、摆放基础地形、通过调整灯光营造基础场景氛围等。前期基础设计涉及场景概念图设计与关卡设计图，场景概念图设计主要侧重场景的视觉效果，而关卡设计图更偏向于交互设计空间。图 1-3-1 中的左图主要是关卡平面设计图，右图是根据关卡设计图在引擎中搭建的基础关卡。

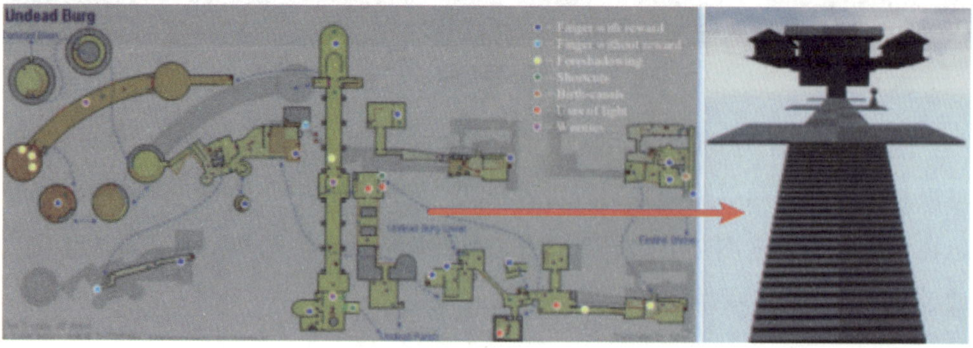

图 1-3-1

2. 中期制作与细化

中期制作与细化是将场景的空间、道路、建筑、道具及植被等场景主体元素制作呈现的过程，是引擎关卡制作中的主体环节。在这个环节中，我们主要把握如何对虚拟现实场景的路径与空间进行细化，如何设计与安排建筑与道具，如何细化植被及相关元素等。在场景基本路径和空间搭建完成后，设计工作也基本接近尾声，此时场景制作的重点就会倾向于更加外显的视觉元素，如模型材质、动态特效及光影氛围等元素。图 1-3-2 中的左图是本书案例中所搭建的基础关卡场景，从中我们可以看到它与之后细化过的场景（右图）之间的联系与区别。右图是在左图的基础上细化完成的。

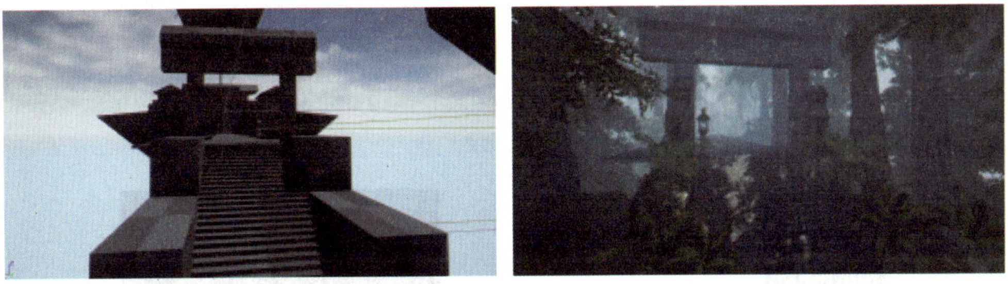

图 1–3–2

3. 后期功能的细化与优化

后期功能的细化与优化是指对在上一环节制作完成的场景进行功能上的细化与视觉效果方面的优化。所谓功能的细化是指游戏或虚拟现实场景设计之初的核心功能，在制作的场景中进行具体的隐性或显性的制作细化，以满足关卡场景设计过程中应该有的核心功能。在这一阶段，我们将指导大家构建虚拟现实场景中的交互环境、交互道具、视觉特效等相关功能要素，并对其进行细化和呈现。

此外，制作引擎场景最为重要的环节之一就是性能优化。这部分的工作主要围绕场景的功能、视觉效果及实际运行效率（帧速率等）进行调整优化和平衡。游戏与虚拟现实项目中，稳定的性能和舒适的呈现是第一要素。我们要在确保项目基本稳定运行和舒适体验的基础上，呈现更优秀的视觉效果。

第四节　虚拟现实场景设计与制作的主要工具

本节我们简要介绍在虚拟现实场景设计与制作过程中常用的工具，UE4 内部使用的工具、外部工具，以及其他用来制作三维资源的工具。

1. UE4 内部工具

在 UE4 中集成了大量制作复杂三维场景的实用工具，包括地形工具（Landscape）、植物工具（Foliage）、BSP 笔刷编辑工具（Brush Editing）等。图 1-4-1 所示的是 UE4 内部工具——Landscape、Foliage、Brush Editing、Mesh Paint 及其列表。

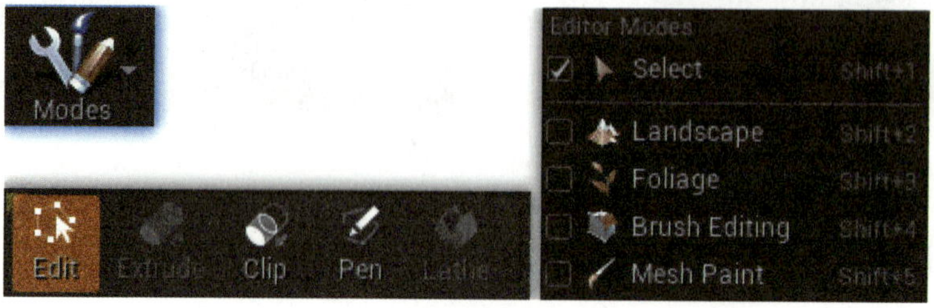

图 1-4-1

在新版本虚幻引擎 4.25 中，官方将制作工具进行整合，如图 1-4-2 所示，使功能分化更加明确，也方便使用者在不同工具和模块之间切换使用。

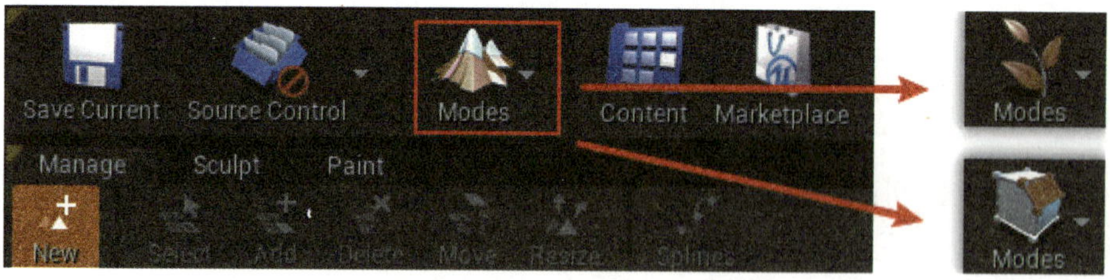

图 1-4-2

2. 外部工具

外部工具是指使用虚幻引擎以外的制作虚拟现实场景的辅助工具。本书重点给大家介绍两款重要外部场景制作工具——SpeedTree、Quixel。外部工具主要为场景提供资源，SpeedTree（图 1-4-3 上）与 Quixel（图 1-4-3 下）都拥有自己庞大且独一无二的美术资源库，合理利用这些外部工具，可以使场景制作的过程更加高效。SpeedTree 能够制作逼真细腻的树木、植被，Quixel 则提供了大量基于真实环境图像建模技术及激光扫描技术建立起来的场景资源，包括各种真实的岩石、建筑组件、道具等。

图 1–4–3

Quixel 工具集合以 Quixel Magascan 为核心，为设计师提供了大量三维扫描数据资源。工具中的两个核心软件 Mixer 和 Bridge 则是场景制作的核心工具。Mixer（图 1-4-4 右）用于绘制材质贴图，它通过调用并修改 Quixel 丰富的素材库资源进行生产。Bridge（图 1-4-4 左）用于管理包括材质贴图、扫描模型在内的所有美术资产。

3. 三维资源工具

三维资源工具主要是指用来制作建筑、道具等重要场景元素的三维软件工具，如 3DMax、Maya、Blender、ZBrush、Substance Painter，它们或集中于三维模型制作，或三维模型雕刻，或三维贴图材质制作，等等。图 1-4-5 显示的是常用三维资源制作工具图标。

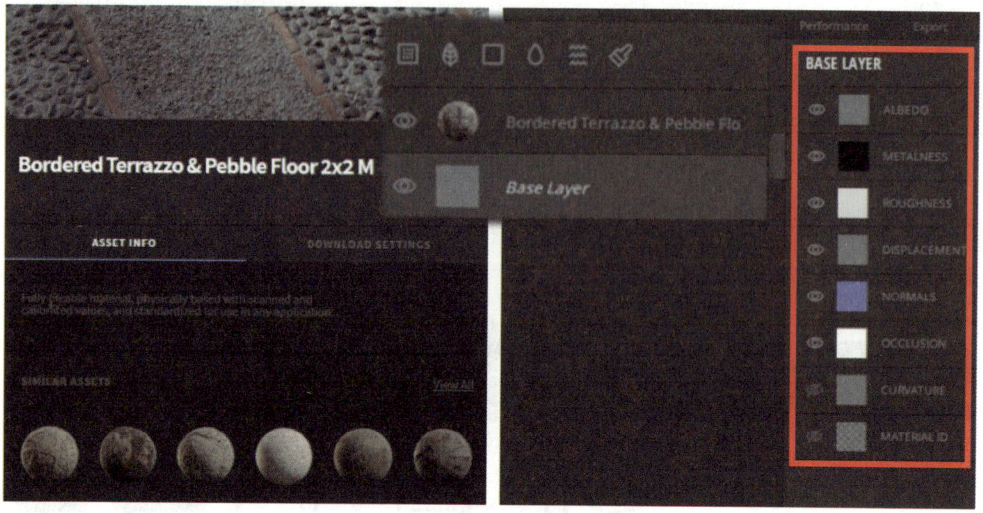

图 1-4-4

图 1-4-5

第五节　本课程的学习内容概述

本书及配套视频教材所讲解的内容主要分为两大部分。第一部分是流程概述与软件介绍，这部分包括第一章至第四章。其中，第一章为概述，第二章为UE4 内部工具的介绍和应用，第三章和第四章为外部工具的介绍。第二部分包括第五章至第十五章，这部分内容主要以讲解高水平的虚拟现实场景制作案例为主，在各个环节中为大家详细展示虚拟现实场景制作的思路、方法与技巧。具体内容及章节分布如下表所示。

表 1–5–1　本课程各章节概述

	章节	内容
第一部分	第一章　概述	课程概述
	第二章　虚拟现实场景设计与制作基础工具	工具介绍
	第三章　虚拟现实场景设计与制作外部工具（一）	介绍专业植物软件 SpeedTree
	第四章　虚拟现实场景设计与制作外部工具（二）	介绍 Quixel 资源及其应用
第二部分	第五章　虚拟现实场景设计与制作（一）	场景关卡设计与制作
	第六章　虚拟现实场景设计与制作（二）	创建基础环境
	第七章　虚拟现实场景设计与制作（三）	采用太阳光、天空光、高度雾、后期处理体积等方式，调整基础光照、营造氛围
	第八章　虚拟现实场景设计与制作（四）	对道路与空间进行细化（场景关卡交互核心区域）
	第九章　虚拟现实场景设计与制作（五）	对地形进行细化
	第十章　虚拟现实场景设计与制作（六）	对植被资源进行细化
	第十一章　虚拟现实场景设计与制作（七）	制作关卡交互环境与交互节点中的道具与特效
	第十二章　虚拟现实场景设计与制作（八）	对地形进行填充和优化
	第十三章　虚拟现实场景设计与制作（九）	更多场景细化方法
	第十四章　虚拟现实场景设计与制作（十）	制作夜景光照与氛围
	第十五章　虚拟现实场景设计与制作（十一）	对夜景环境进行优化

图 1-5-1 至图 1-5-4 为整套课程案例完成后的最终效果和人物在场景中跑动的效果。

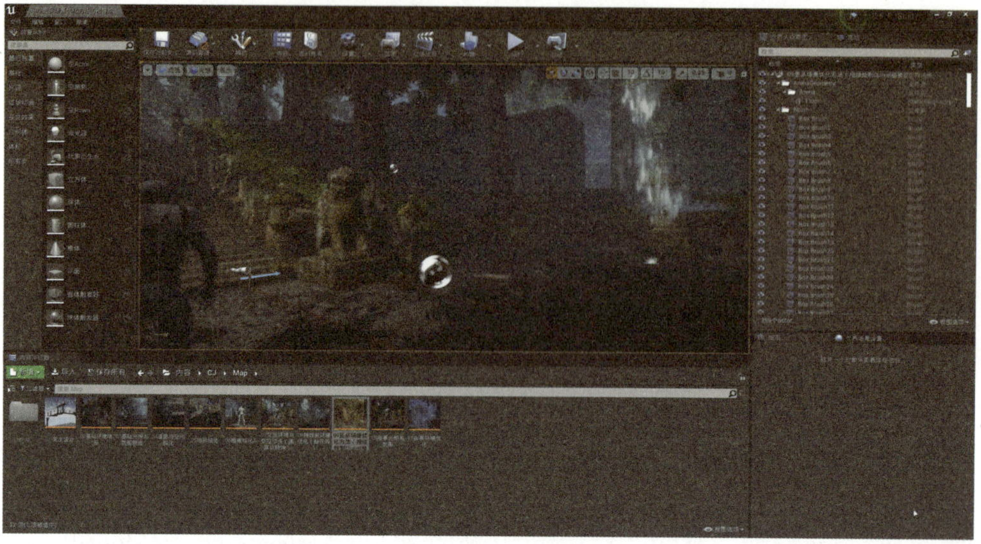

图 1-5-1

图 1-5-2

图 1–5–3

图 1–5–4

第六节　本课程的学习与练习方法

本节我们讲解一下本教材与配套视频教程的使用方法。本教材分为图书教材、视频教程、练习素材、拓展实践四个部分，具体内容及学习方法如下。

图书教材

对照图书教材，学习课程基础知识。书中系统讲解了虚拟现实场景的制作知识，可以随时与教材进行对照和查阅。

视频教程

对照视频教程，学习课程核心知识、制作流程，以及详尽的案例制作方法。视频教程对实际操作部分进行了非常深入的具体制作，通过深入学习，可以对课程所涉及的每个功能模块、知识点都有比较全面的认识和掌握。

练习素材

使用素材进行案例快速制作练习，掌握课程核心知识。通过教材提供的配套素材来进行练习，参照图书教材和视频教程内容进行案例实践制作。

拓展实践

参照图书教材和视频教程中的方法，进行更多的自主练习与实践。结合课程方法与素材资源，自主练习和尝试更喜欢或者希望达成的制作效果和目标，发挥创造力和想象力进行延伸和拓展发掘。

第二章　虚拟现实场景设计与制作基础工具

虚拟现实场景设计与制作基础工具一共有 4 个，分别为地形工具（Landscape）、植物工具（Foliage）、BSP 笔刷编辑工具（Brush Editing）及网格体绘制工具（Mesh Paint），本章我们将分别对这几种工具进行讲解。

第一节　地形工具

1. 地形工具介绍

进入引擎中，在主工具栏的模式面板中打开地形工具，在下拉菜单中选择地形，即可打开。在地形工具中有管理、雕刻和绘制三个标签，打开后会自动前往管理模式标签。如果当前关卡中不存在其他地形，系统会提示你创建一个。在地形管理模式中，可创建新地形，并修改现有地形及其组件。

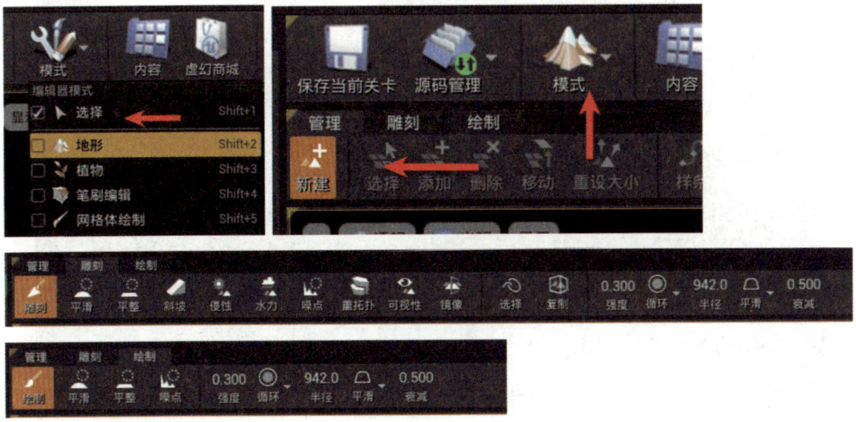

图 2-1-1

2. 地形工具使用案例

接下来我们通过具体的例子来学习地形制作工具。我们使用 Unreal Engine 4.25 版本进行学习。

【创建项目】

根据图示创建空白的游戏项目，选择项目创建的位置和名字，注意不要勾选初学者内容包。

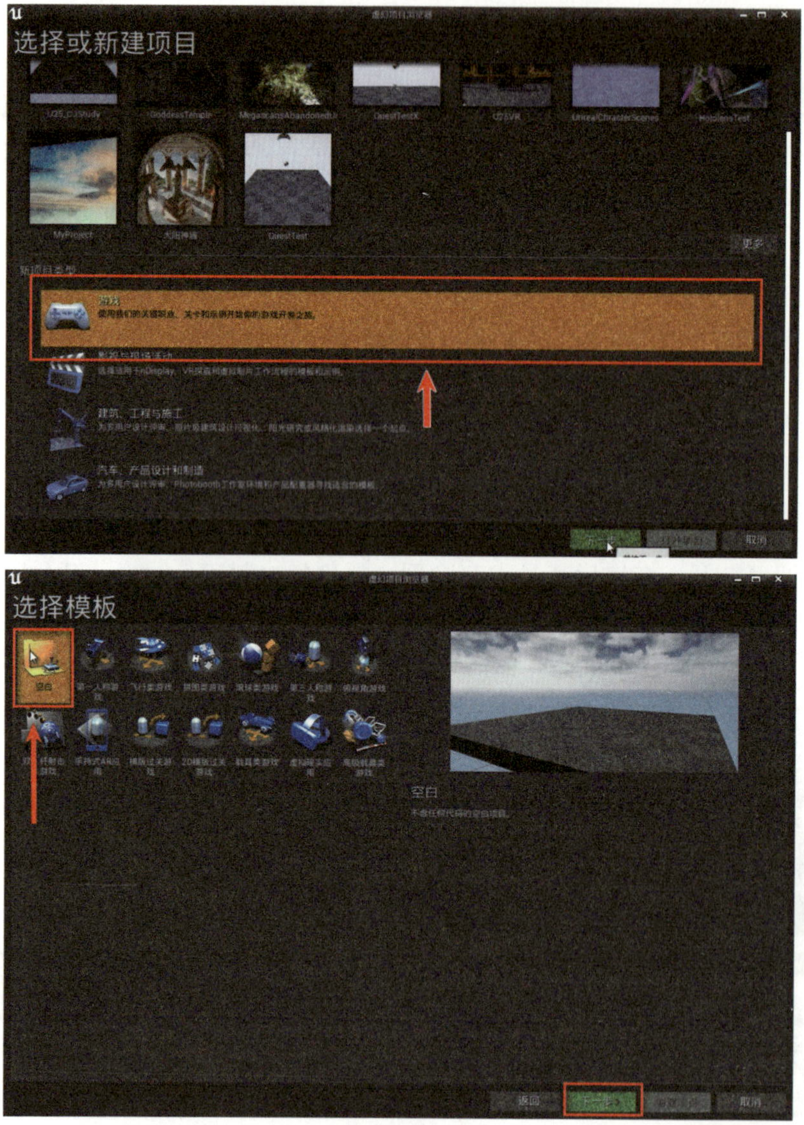

图 2-1-2

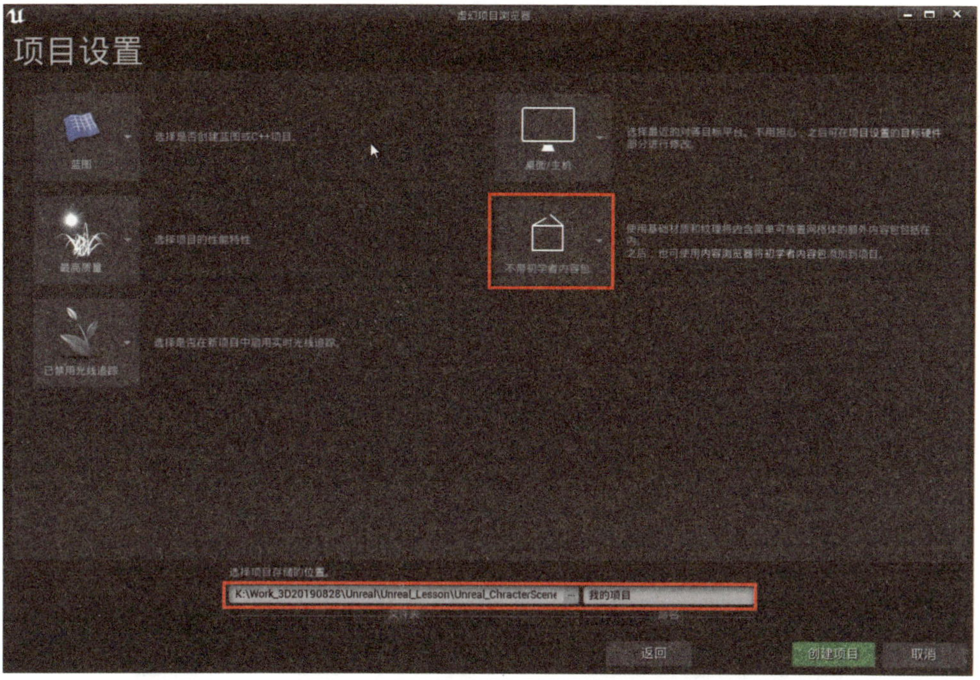

图 2-1-3

【地形工具的创建】

在窗口上方的模式中找到地形工具。打开后，会自动前往管理模式标签。如果当前关卡中不存在其他地形，系统将提示你新建一个。在地形管理模式中，可创建新地形，并修改现有地形及其组件。

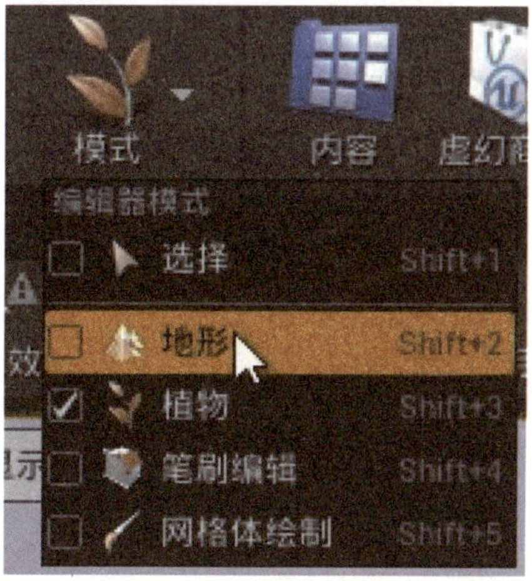

图 2-1-4

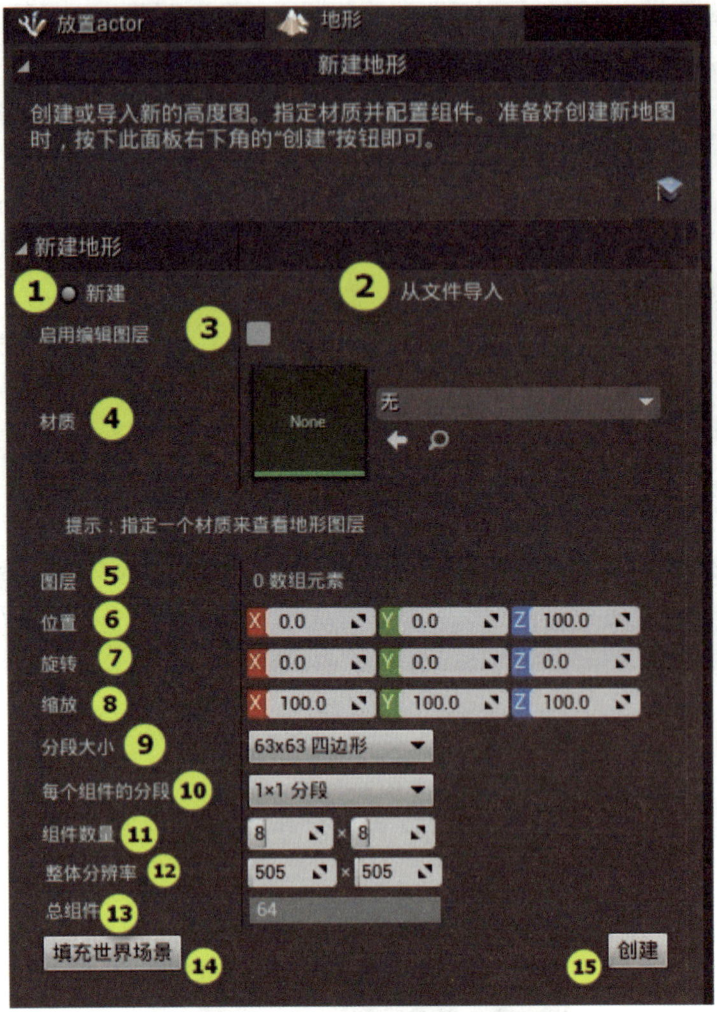

图 2–1–4（续）

图 2-1-4 中各序号功能如下：

① 在关卡中新建一个地形元素。

② 引入在外部程序中创建的地形高度图。

③ 启用非破坏性地形图层与样条。

④ 为地形指定材质。

⑤ 显示地形材质中的所有层。

⑥ 设置世界场景中创造地形的位置。

⑦ 设置世界场景中地形的旋转。

⑧ 设置世界场景中地形的比例。

⑨ 较小的组件尺寸可以把地形设置为更多的分段，但 CPU 的消耗将更高。组件的尺寸小意味着组件的体积减小。地形较大时须使用分段尺寸，因为设置多个分段尺寸、放大地形比例，可以提高 CPU 的容量。

⑩ 每个分段都是地形的基础单元。一个组件可能有 2×2 的分段，意味着一个组件一次可渲染四个不同的小单元。使用分割的分段尺寸可减少 CPU 计算时间。

⑪ 和数值尺寸共同用于地形尺寸的设置。此数值的上限为 32×32，因为每个组件都会产生 CPU 消耗，所以超过此上限可能引起地形的性能问题。

⑫ 地形使用的前端数量。

⑬ 为地形创造的组件总数。

⑭ 使地形尽量变大，填满整个区域。

⑮ 使用特定设置在世界场景中创建地形。

在本节课中，我们使用如下数值的地形工具。

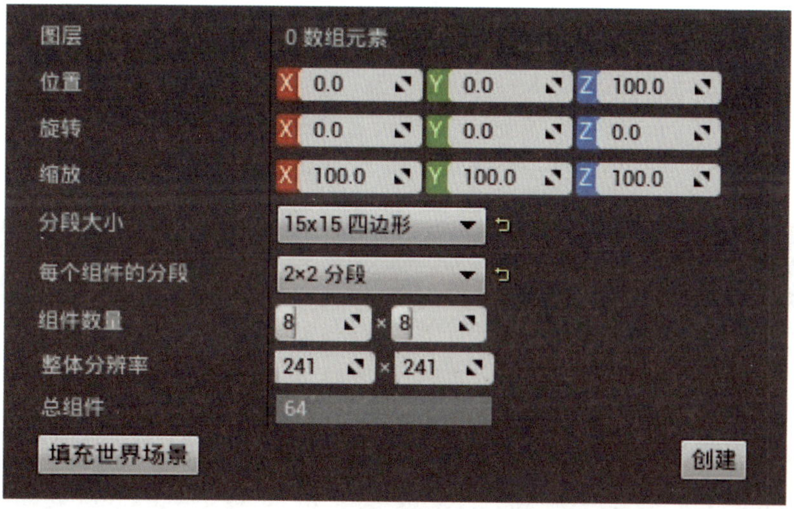

图 2–1–5

【构建光照】

在创建好地形工具后，去除组件与组件中的分割线，使不受到干扰。首先在窗口中打开世界场景设置标签，在 Lightmass 下找到强制无预计算光照并勾选，接着在上方的构建中选择仅构建光照，如图 2-1-6 所示。

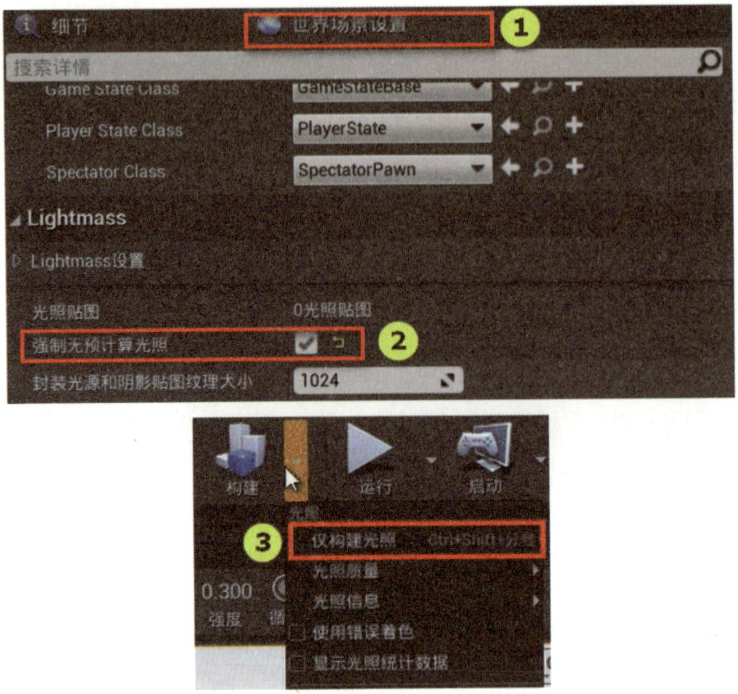

图 2-1-6

【地形各工具的使用】

接下来，我们对地形的各种工具进行具体的讲解。每一种工具都可以在左边的工具面板调节具体的强度、尺寸及衰减参数，如图 2-1-7 所示。

图 2-1-7

下表是图 2-1-7 中各种工具的具体功能和操作图示。

表 2-1-1　地形工具中各种工具的功能和图示

序号	工具	功能	图示
①	雕刻	点击鼠标左键可升高地形，按 Shift + 鼠标左键可降低地形。	
②	平滑	此工具可拉平地形顶端的 Z 轴位置，从而使其影响范围中的地形变得平滑。	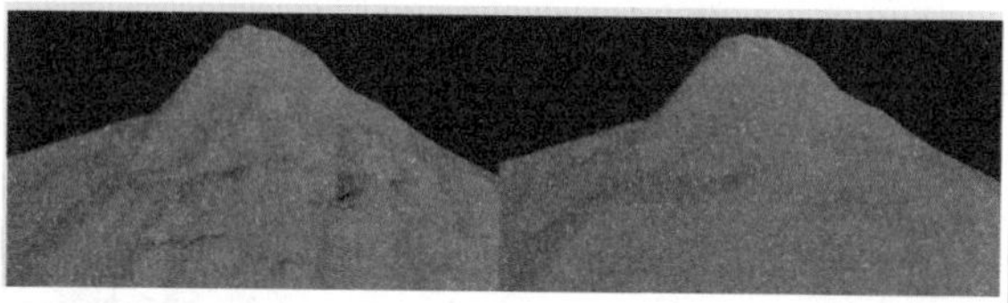
③	平整	此工具可升高或降低其影响范围中的地形，并与开始使用此工具时所处位置的Z轴高度相同。	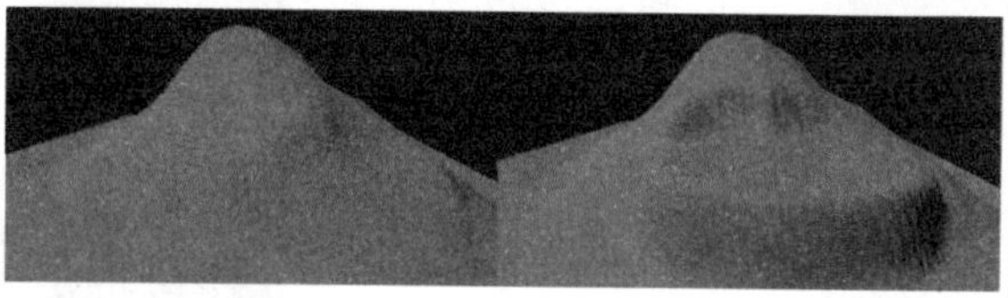
④	斜坡	此工具可在两个特定的点之间创建一个斜坡，根据设置添加衰减参数。注意：此工具无法使用任何笔刷。	
⑤	侵蚀	此工具可模拟土壤从高处向低处移动的效果。高低落差越大，产生的侵蚀效果越强。该工具在侵蚀上应用噪点效果，可呈现出自然真实的随机外貌。	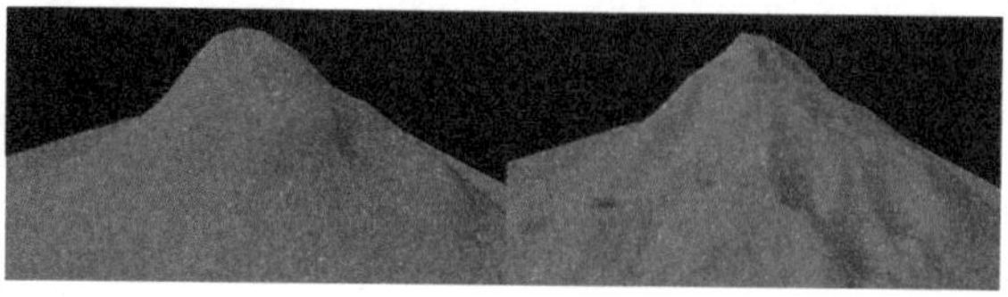

（续表）

序号	工具	功能	图示
⑥	水力	水力侵蚀工具利用水力侵蚀模拟可调整高度图的高度。可使用噪点过滤器设定初始降雨的出现位置，以计算出的模拟量来确定初始降雨的水流、消融、水流迁移和蒸发情况。该工具的计算结果用于降低高度图。	
⑦	噪点	此工具可将噪点过滤器应用到高度图或长度权重上。其强度决定噪点的量。	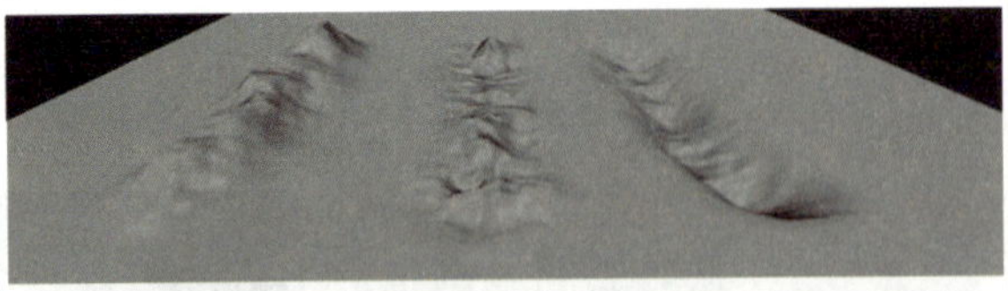
⑧	重拓扑	该工具使用了 X 或 Y 方向的偏移贴图，导致地形渲染及其他工具的绘制变慢，因此建议使用重建工具。	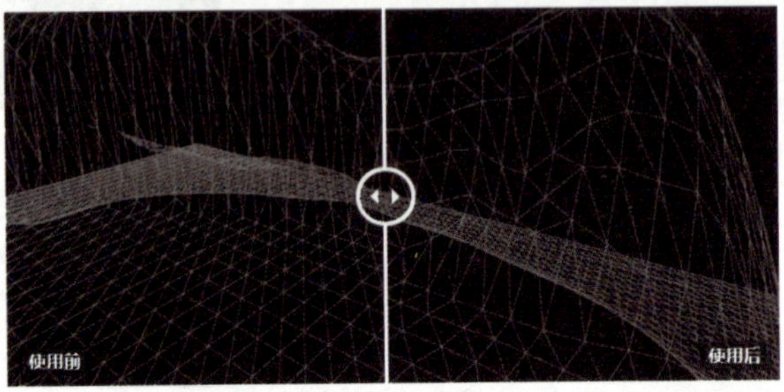
⑨	可视性	结合地形厚度材质使用时，此工具可用于遮挡地形的可视性和地形碰撞。	
⑩	镜像	镜像可以将地形按照轴向向另一边进行镜像复制。	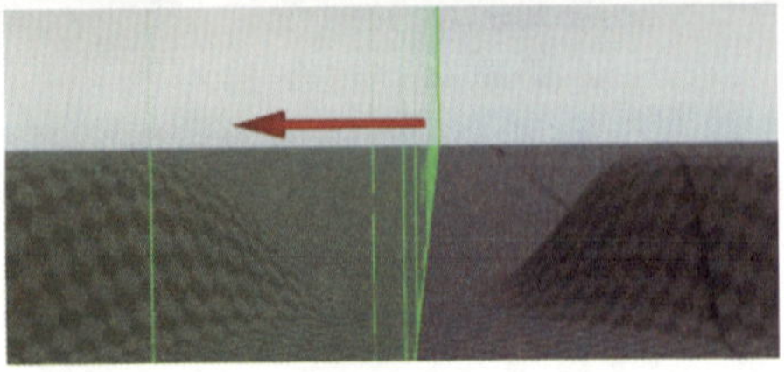

（续表）

序号	工具	功能	图示
⑪	选择	可在地形上放置一个表格遮罩，对造型或布局进行更精确的控制，使地形无法被编辑。	
⑫	复制	可从地形的一块区域复制地貌数据，将其粘贴到另一块区域，甚至可以保存复制、粘贴的数据，用于其他地形中。	
⑬	强度	工具的力度数值。	
⑭	循环/alpha/图案/组件	此下拉菜单用来控制笔刷的外观。 循环：连续不断绘制图案； alpha：可导入alpha图片来控制笔刷形状； 图案：此笔刷将在整个地貌上画出重复的遮罩； 组件：此笔刷可上下移动整个地形组件。笔刷的大小将同时影响覆盖的分段。	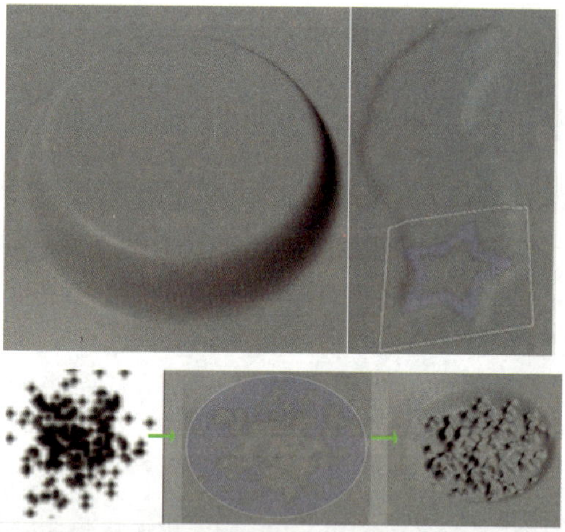
⑮	平滑/线性/球形/尖端	此部分可修改笔刷的衰减方式。 平滑：拥有良好引入引出的衰减； 线性：一个常量衰减； 球形：此衰减起初较缓，在靠近笔刷边缘时结束； 尖端：此衰减迅速下坠，然后趋于平缓，梯度轻微而平缓。要求精度和有一定的过渡时使用最佳。	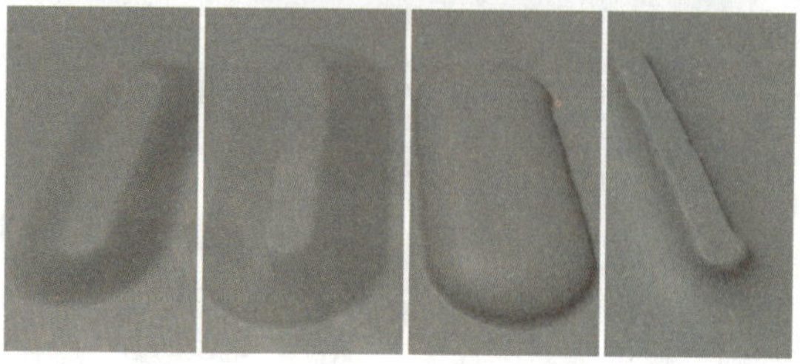

在每个工具的左边可以调节工具的具体参数，将通过 Ps 制作的 png 图片导入内容文件夹中，再添加至纹理，便可以在地形上制作特殊的效果，如图 2-1-8 所示。

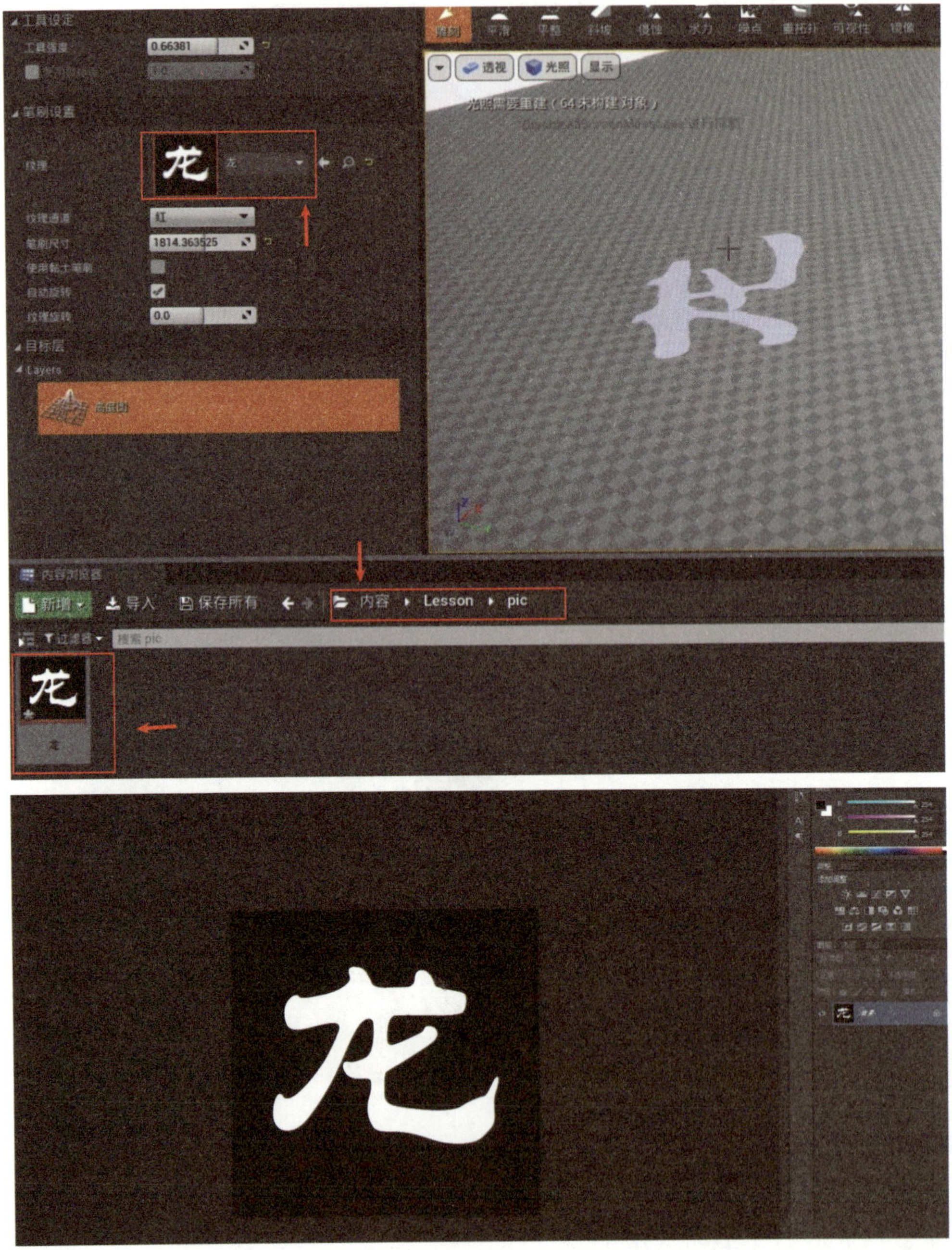

图 2-1-8

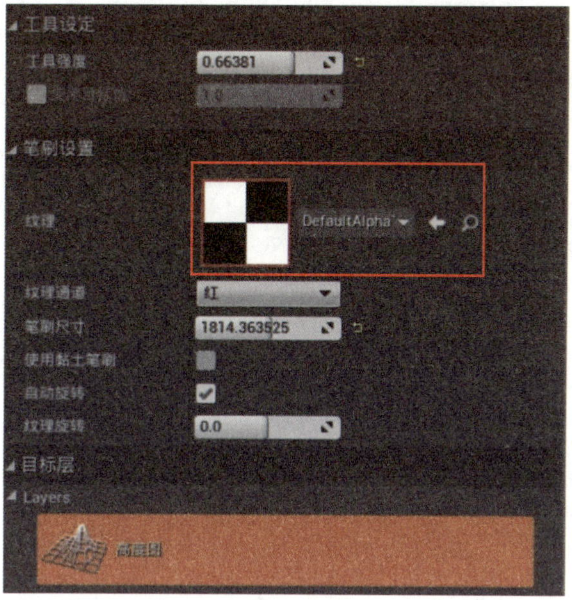

图 2-1-8（续）

【地形工具案例讲解】

接下来，我们通过第三人称游戏的案例来对其他地形工具进行讲解。首先，在当前项目中添加第三人称内容，按照图示顺序找到关卡。将关卡另存在自己建立的文件夹中。为了区分，可以更改文件夹的颜色，另存为一个新的关卡用来备份。命好名字后，在新的关卡中按照创建地形的方法重新创建地形。

图 2-1-9

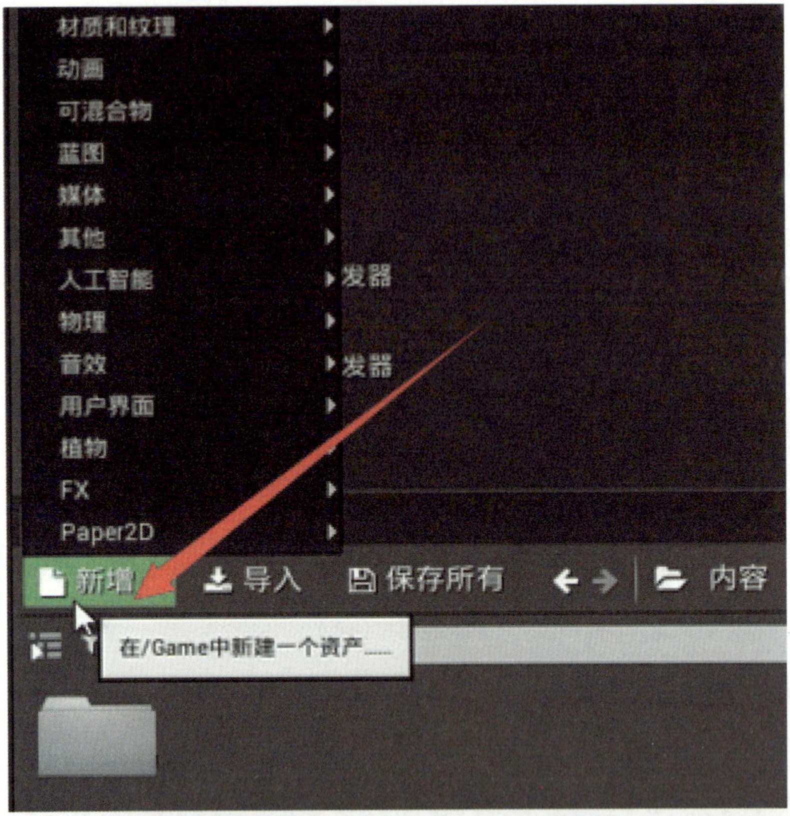
材质和纹理
动画
可混合物
蓝图
媒体
其他
人工智能
物理
音效
用户界面
植物
FX
Paper2D
发器
发器
新增
导入
保存所有
内容
在/Game中新建一个资产……

将内容添加到项目
蓝图功能
C++功能
内容包
搜索
第一人称游戏
飞行类游戏
拼图类游戏
滚球类游戏
第三人称游戏
俯视角游戏
双摇杆射击类游戏
协作查看器
手持式AR应用
产品配置器
横版过关游戏
2D横版过关游戏
载具类游戏
虚拟现实应用
高级载具类游戏
第三人称游戏
第三人称游戏模板拥有一个可游玩的角色，摄像机位于角色身后偏上的位置。您可以通过鼠标、键盘、手柄或触摸式设备上控制角色移动，摄像机会跟随角色，通过过肩式视角观察世界。此视角突出主角，在动作及冒险类游戏中非常流行。关卡中还包含一些对象，可以让角色跳到上面。
此包中所使用资产的类型：
Animation Sequence, Animation Blueprint, Skeleton, Blend Space 1D, Skeletal Mesh
+添加到项目

图 2-1-9（续）

内容浏览器
新增
导入
保存所有
内容
ThirdPersonBP
Maps
过滤器
搜索 Maps
贴图构建数据注册表
ThirdPerson ExampleMap
ThirdPerson ExampleMap_ BuiltData

图 2-1-9（续）

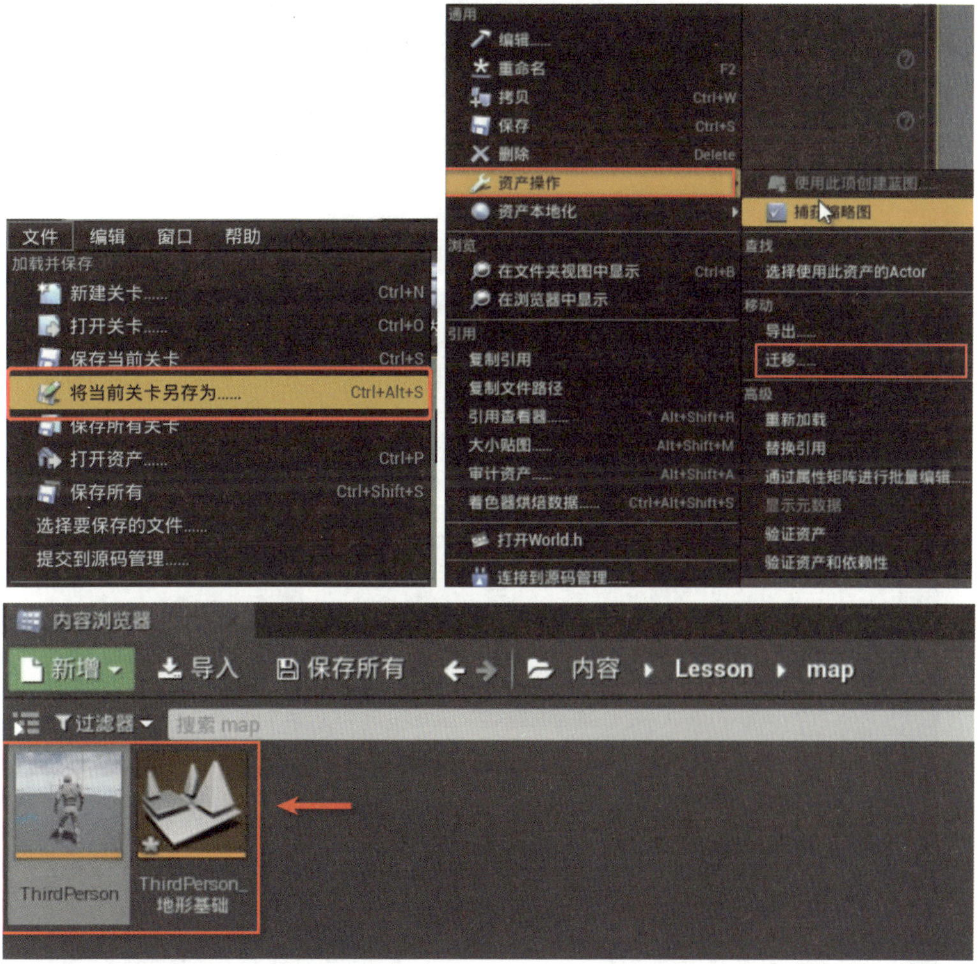
文件
编辑
窗口
帮助
加载并保存
新建关卡...... Ctrl+N
打开关卡...... Ctrl+O
保存当前关卡 Ctrl+S
将当前关卡另存为...... Ctrl+Alt+S
保存所有关卡
打开资产...... Ctrl+P
保存所有 Ctrl+Shift+S
选择要保存的文件......
提交到源码管理......
通用
编辑......
重命名 F2
拷贝 Ctrl+W
保存 Ctrl+S
删除 Delete
资产操作
资产本地化
浏览
在文件夹视图中显示 Ctrl+B
在浏览器中显示
引用
复制引用
复制文件路径
引用查看器...... Alt+Shift+R
大小贴图...... Alt+Shift+M
审计资产...... Alt+Shift+A
着色器烘焙数据...... Ctrl+Alt+Shift+S
打开World.h
连接到源码管理......
使用此项创建蓝图......
查找
选择使用此资产的Actor
移动
导出......
迁移......
高级
重新加载
替换引用
通过属性矩阵进行批量编辑......
显示元数据
验证资产
验证资产和依赖性
内容浏览器
新增
导入
保存所有
内容
Lesson
map
过滤器
搜索 map
ThirdPerson
ThirdPerson_ 地形基础

图 2-1-10

为了使地形更加清楚，给地形赋予材质。右边属性栏的地形材质是空的，在内容上点击右键，新建材质球。双击材质球进行编辑，按 3 键创建颜色节点，将颜色改为纯白色，连接至基础颜色并进行保存。将材质球拖至右边，赋予地形。

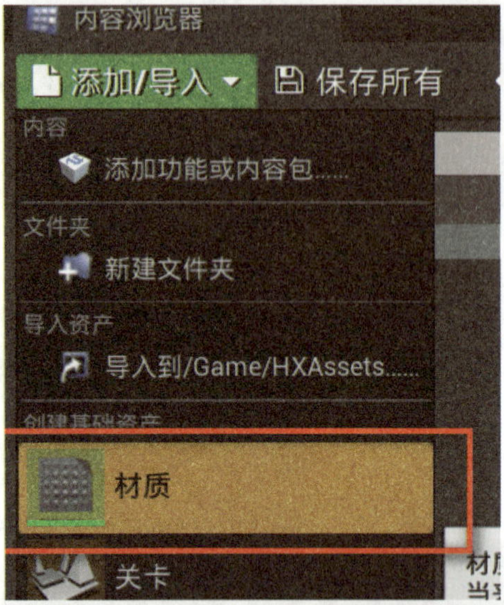

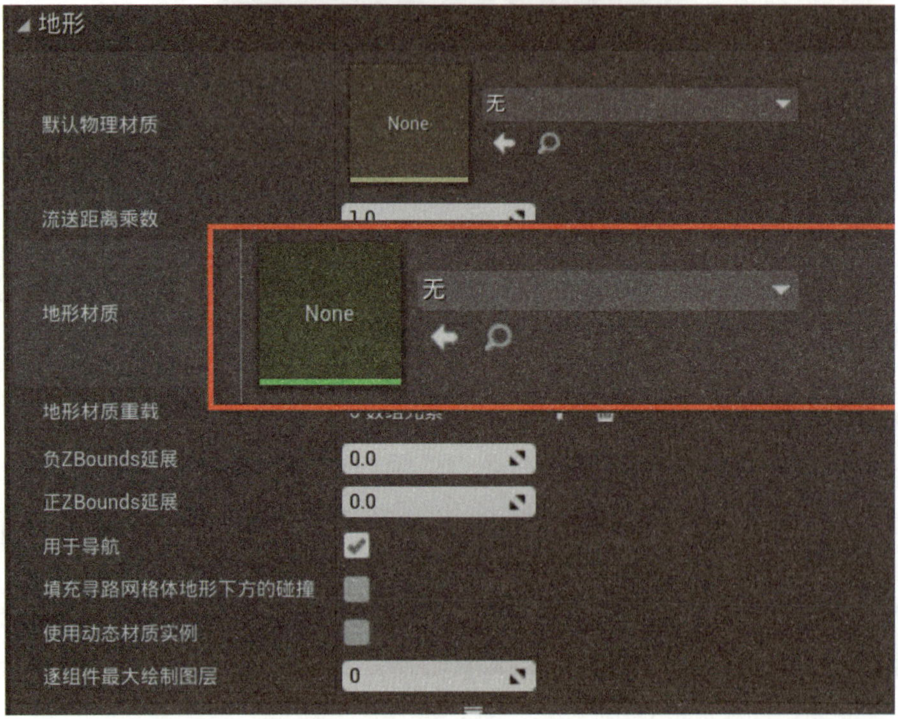

图 2-1-11

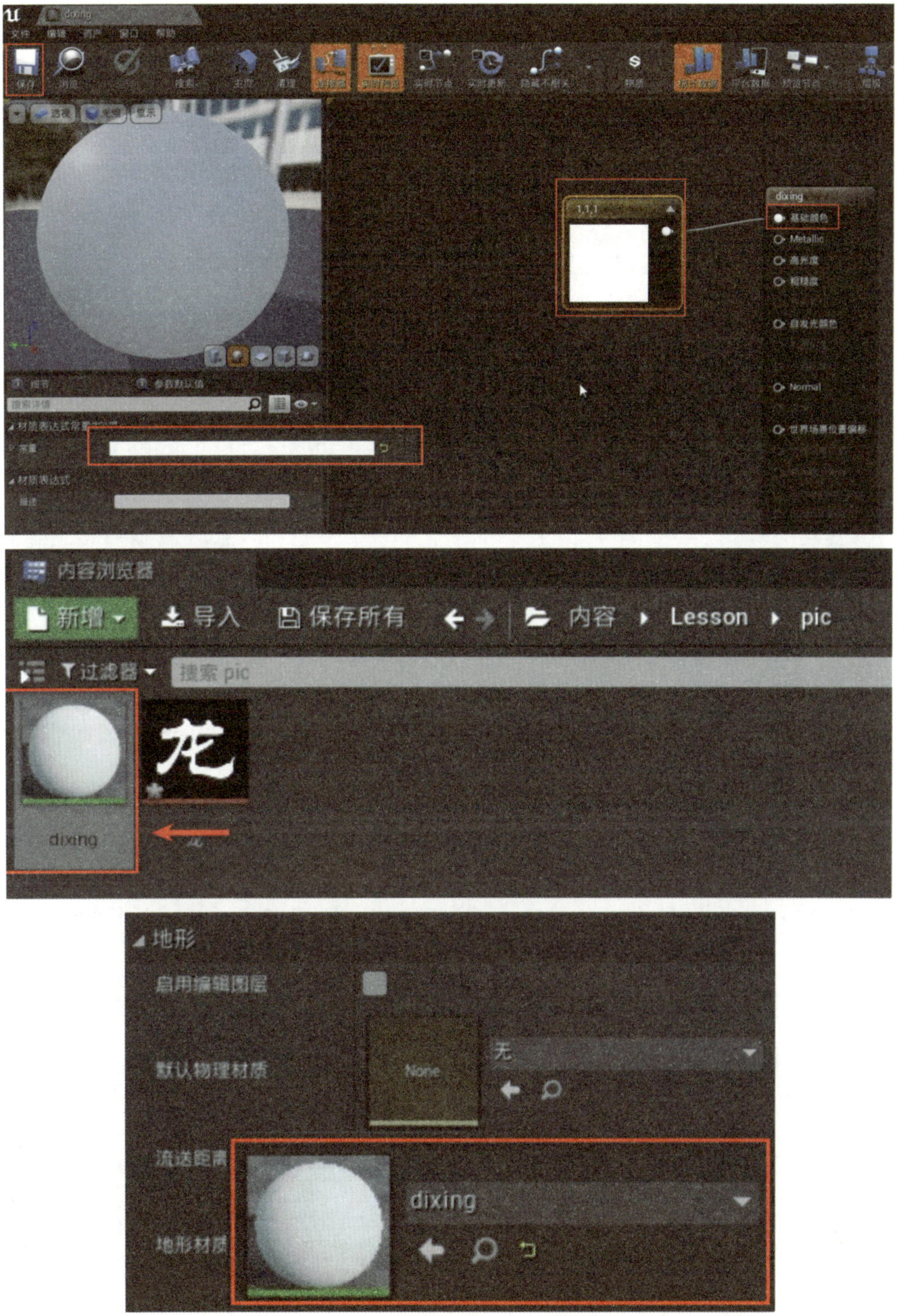
dixing
Metallic
Normal
内容浏览器
新增
导入
保存所有
内容
Lesson
pic
过滤器
搜索 pic
龙
dixing
地形
启用编辑图层
默认物理材质
None
无
流送距离
地形材质
dixing

图 2-1-12

【可视性工具】

在可视性工具中，只有给地形材质添加遮罩节点，才能正确使用可视性工具。

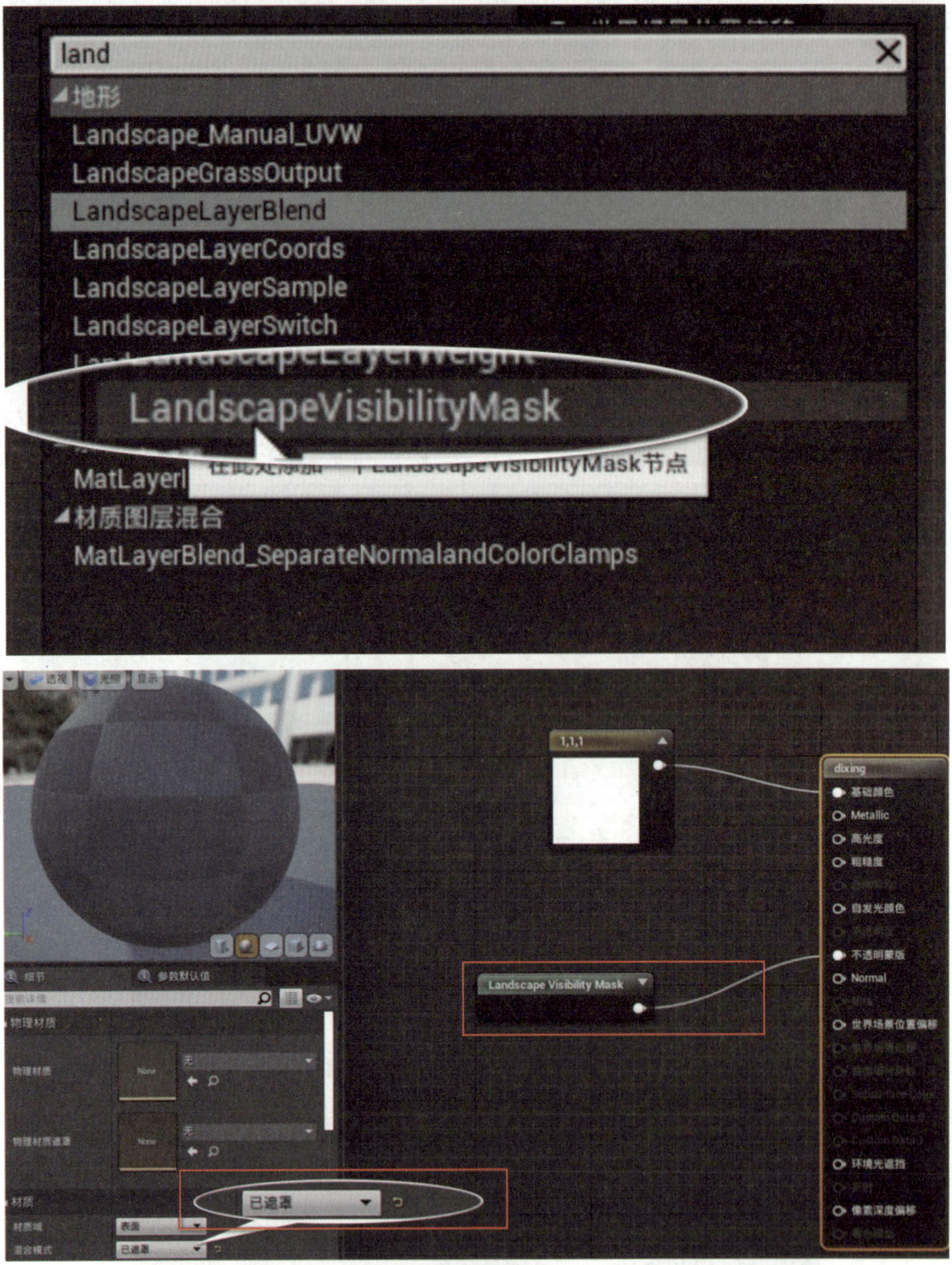

图 2–1–13

【样条工具】

最后，我们来讲解样条工具。按 Ctrl + 左键，设置样条的首个控制点。控制点的 Sprite 看起来像一座经过雕刻的地形山峰。再次按 Ctrl + 左键，创建另一个控制点，通过样条段将其与第一个控制点相连。替换项成为新的控制点，重复以上步骤替换、添加更多控制点。也可按 Alt + 左键，生成新的样条控制点和分段。选择一个现有控制点，然后朝着要放置新控制点的方向按 Alt + 左键进行转换。如果选择样条任一端的点，按 Alt + 左键会添加新分段并延长样条。进行该操作时，可在视口中查看新分段的外观。

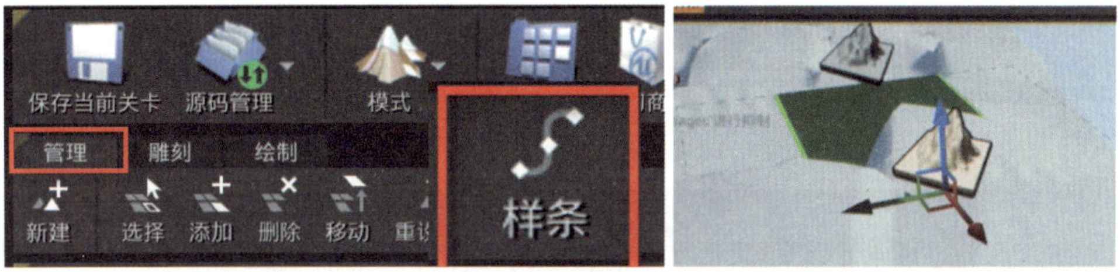

图 2-1-14

将样条应用到地形按钮（适用样条为横向），根据样条信息修改地形高度图和图层权重图。高度图会升高或降低来适应样条，两边都有平滑的余弦混合衰减。高度图是由样条控制点的属性控制的，如样条的宽度、衰减及各个样条分段的高度。

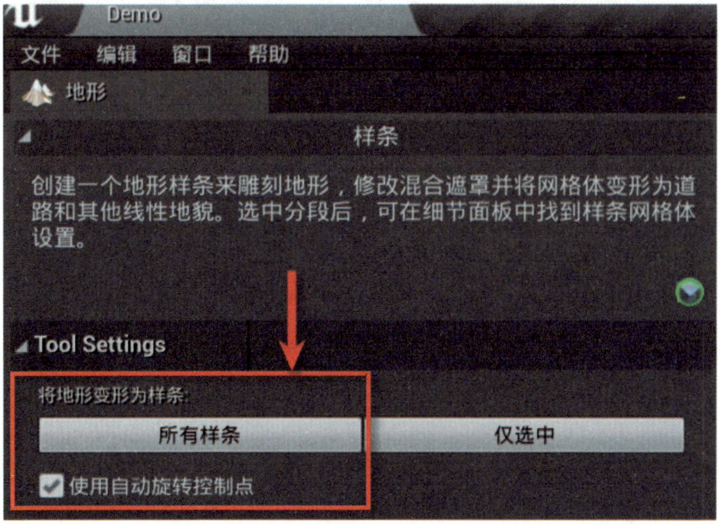

图 2-1-15

在细节面板中可对样条的点进行属性编辑：

【**位置**】控制点相对于地形的位置。

【**旋转**】控制点的旋转，控制任何相连的样条分段的切线方向。

【**宽度**】样条的宽度，显示为实线，影响所有已连接的分段。

【**侧衰减**】样条任一侧的余弦混合衰减区域的宽度，显示为虚线。

【**端衰减**】只有一个附加分段的样条末端控制点。余弦混合衰减区域的长度会平滑地终止样条分段。

【**层名称**】将样条应用到地形时，地形混合遮罩多层的命名。

【**升高地形**】将样条应用到地形时，高度地形来配合样条。适用于路堤上的道路。

【**降低地形**】将样条应用到地形时，降低地形来配合样条。适用于河流和沟渠。

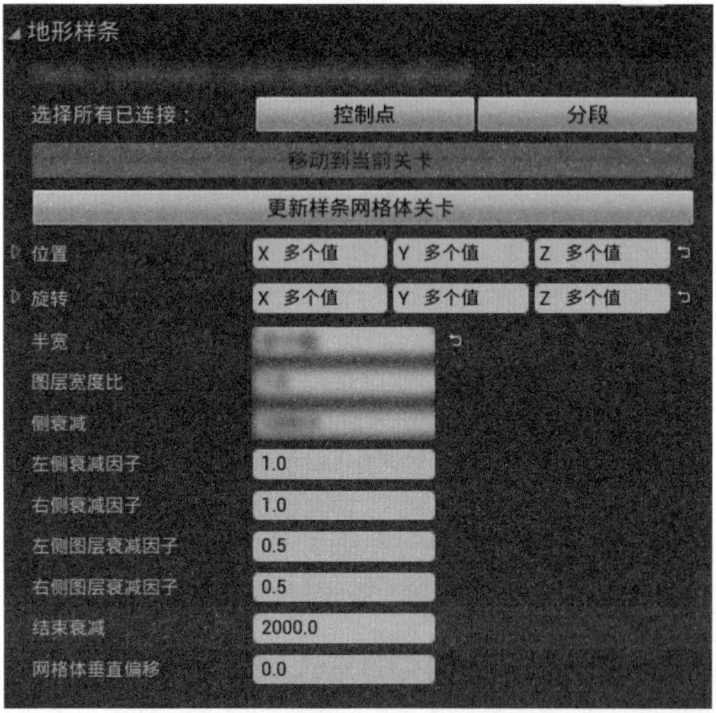

图 2-1-16

【**在样条中添加静态网格体元素**】

首先，创建静态网格体，并赋予材质。选择自己想要的文件夹，创建静态网格体。

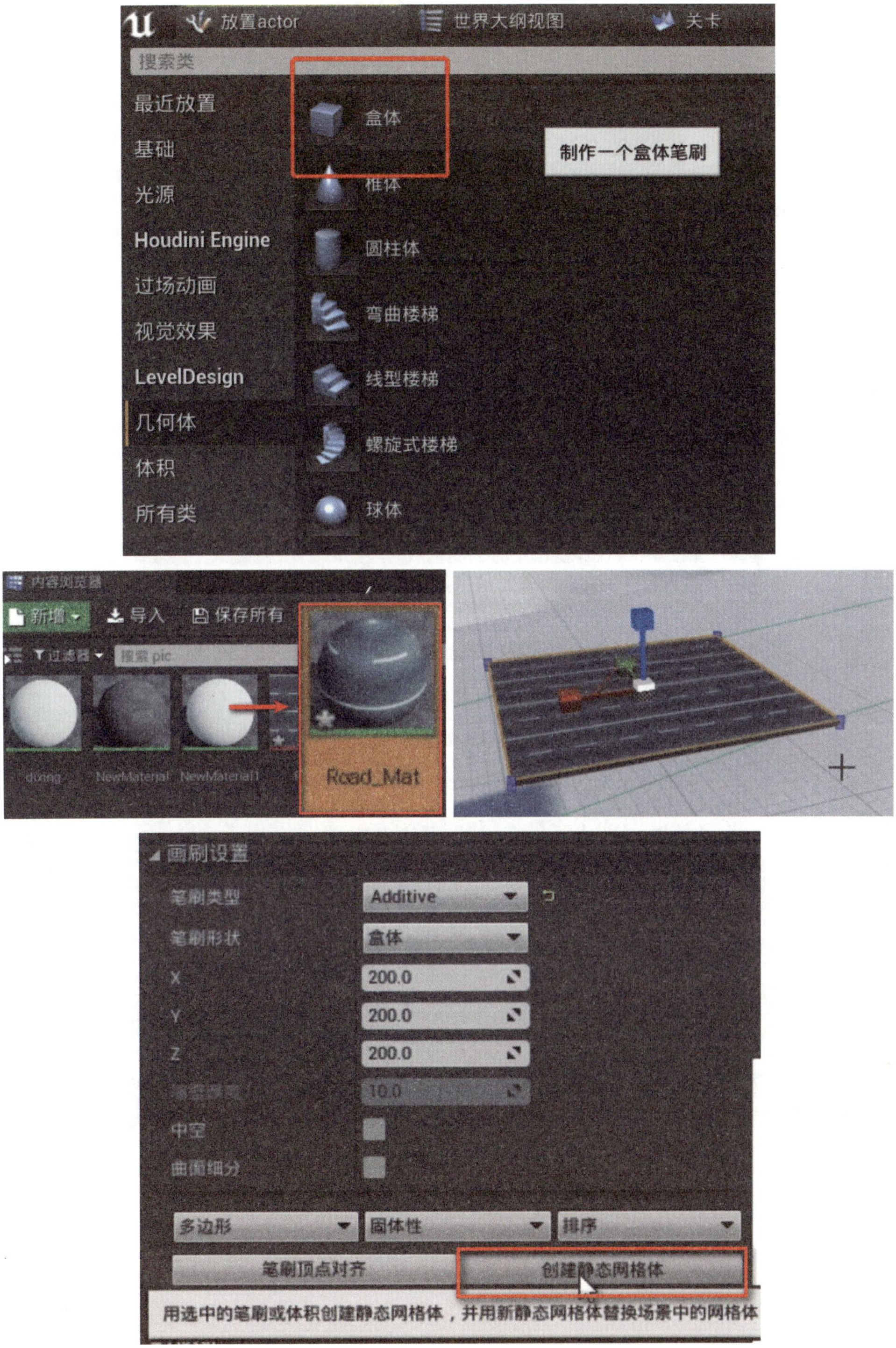
放置actor
世界大纲视图
关卡
搜索类
最近放置
基础
光源
Houdini Engine
过场动画
视觉效果
LevelDesign
几何体
体积
所有类
盒体
椎体
圆柱体
弯曲楼梯
线型楼梯
螺旋式楼梯
球体
制作一个盒体笔刷
内容浏览器
新增
导入
保存所有
过滤器
搜索 pic
Road_Mat
画刷设置
笔刷类型
Additive
笔刷形状
盒体
X
200.0
Y
200.0
Z
200.0
中空
曲面细分
多边形
固体性
排序
笔刷顶点对齐
创建静态网格体
用选中的笔刷或体积创建静态网格体，并用新静态网格体替换场景中的网格体

图 2-1-17

其次，在关卡编辑器内细节面板的地形样条部分中，单击选择所有已连接项目旁边的分段。此操作会重置静态网格体添加至样条的所有分段。

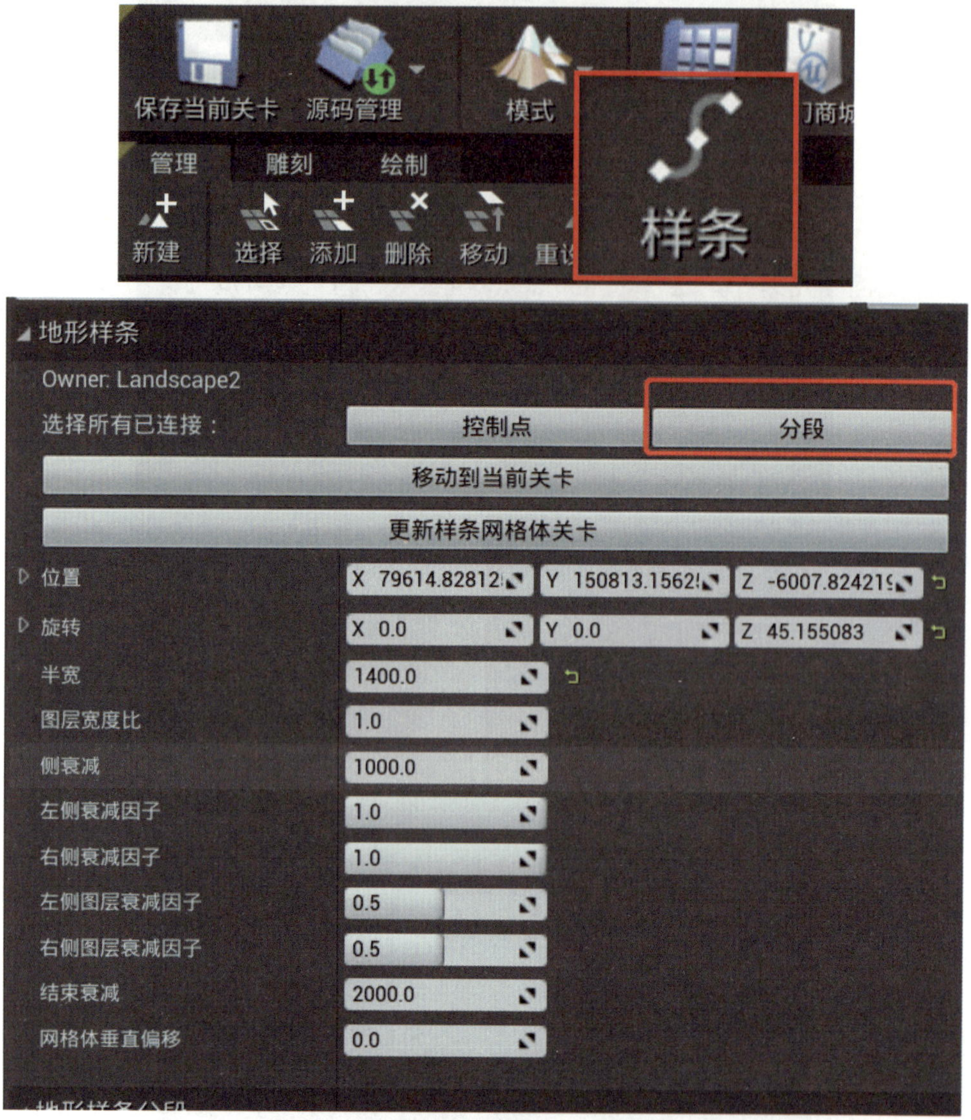

图 2–1–18

如果尚无元素，在地形样条网格体部分的样条网格体下，单击加号图标（ ）进行添加。

最后，展开刚添加的元素。在网格体（网格）旁，单击指定箭头图标（ ）指定选择的静态网格体，或者直接将网格体拖到右边进行覆盖。

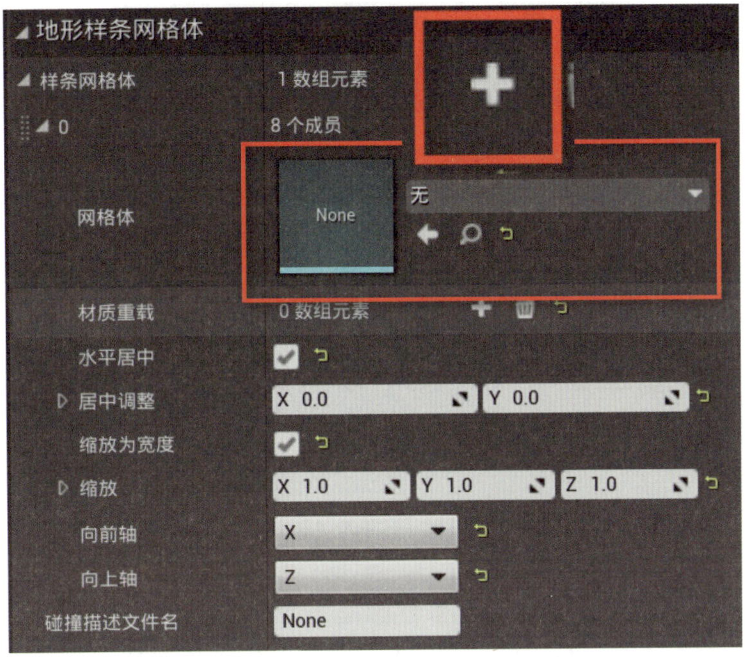
地形样条网格体
样条网格体
1 数组元素
0
8 个成员
网格体
None
无
材质重载
0 数组元素
水平居中
居中调整
X 0.0
Y 0.0
缩放为宽度
缩放
X 1.0
Y 1.0
Z 1.0
向前轴
X
向上轴
Z
碰撞描述文件名
None

图 2-1-19

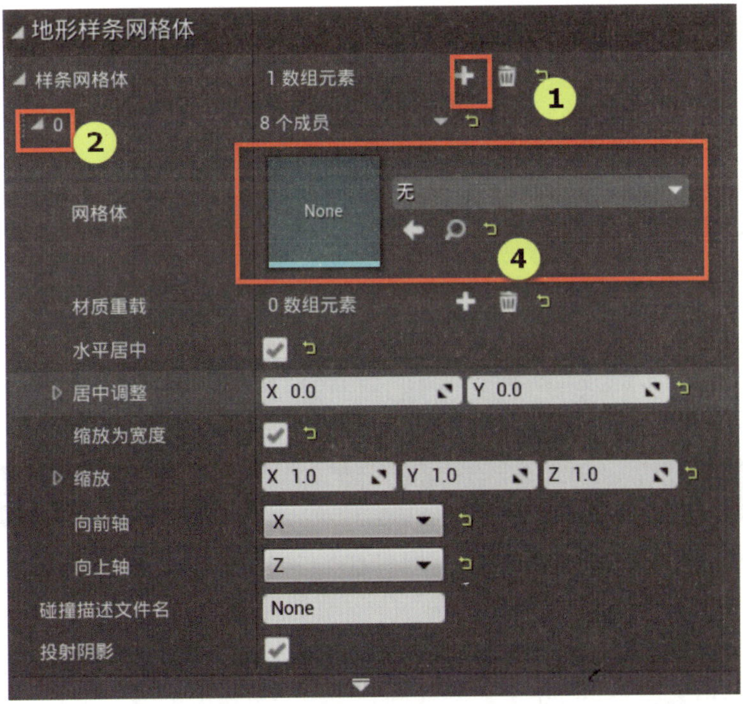
地形样条网格体
样条网格体
1 数组元素
1
0
2
8 个成员
网格体
None
无
4
材质重载
0 数组元素
水平居中
居中调整
X 0.0
Y 0.0
缩放为宽度
缩放
X 1.0
Y 1.0
Z 1.0
向前轴
X
向上轴
Z
碰撞描述文件名
None
投射阴影

图 2-1-20

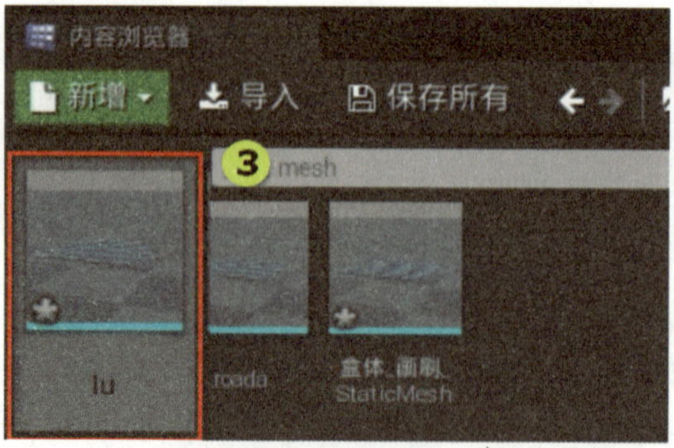

图 2-1-20（续）

第二节　植物工具

本节我们来学习模式中的植物工具。在模式中选择植物工具后，在下方会出现一排工具栏。

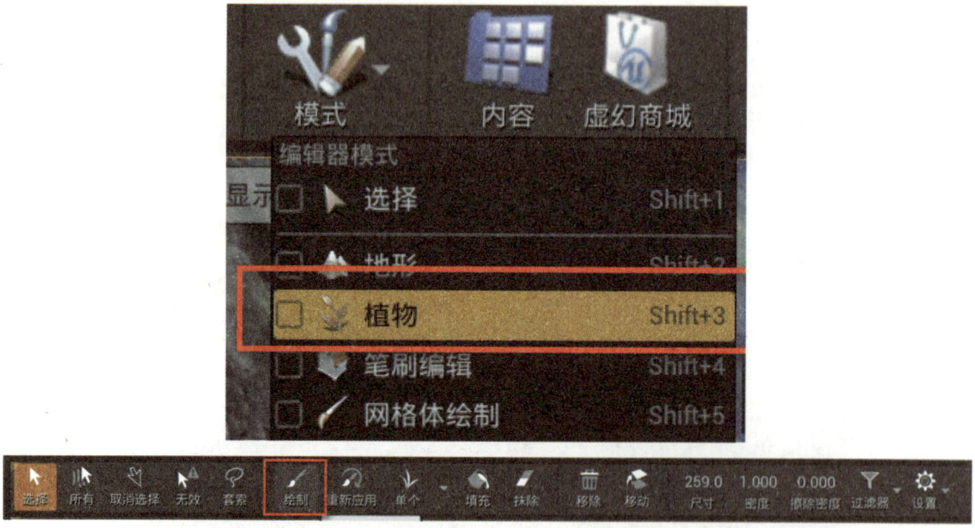

图 2-2-1

1. 绘制工具

将提前准备好的示例中的植物拖动到左边的植物面板中。

图 2-2-2

鼠标悬停在植物上方，勾选左上角的复选框，便能在默认绘制工具状态下在地形中绘制出植物。

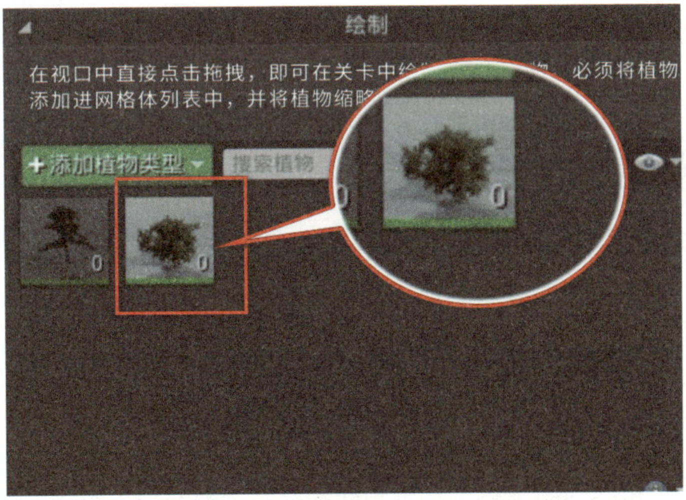

图 2-2-3

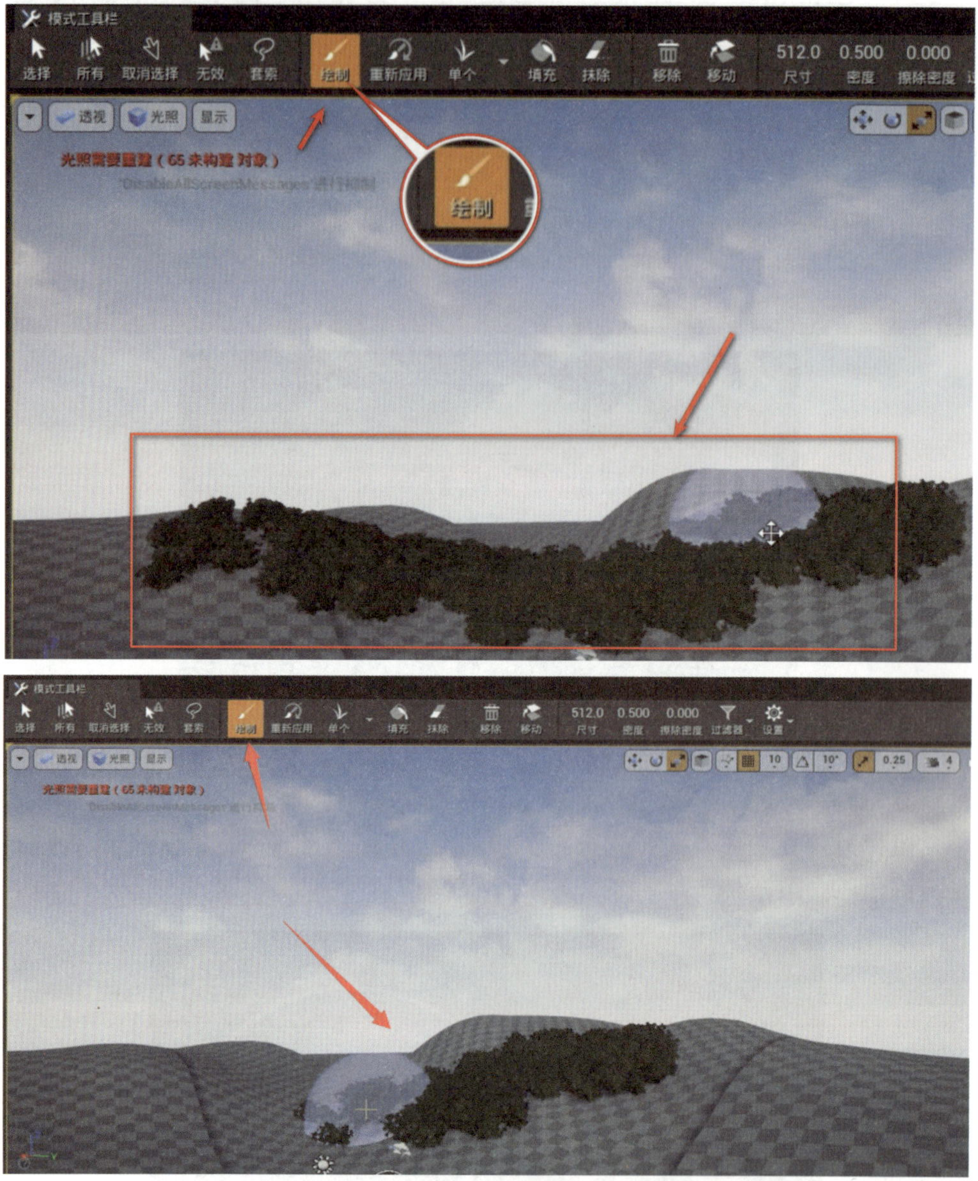

图 2-2-3（续）

在左侧植物面板放置替换的静态网格体时，可以采用缩放或旋转的方式，控制实例的放置，然后再调整下方显示的属性，即可对属性进行访问。网格体在此处是输入时要使用的静态网格体类型。

在此处可调整多个属性，如密度植物网格体之间的最小距离、植物的半径，以及植物网格体是否可以被缩放和缩放的方向。

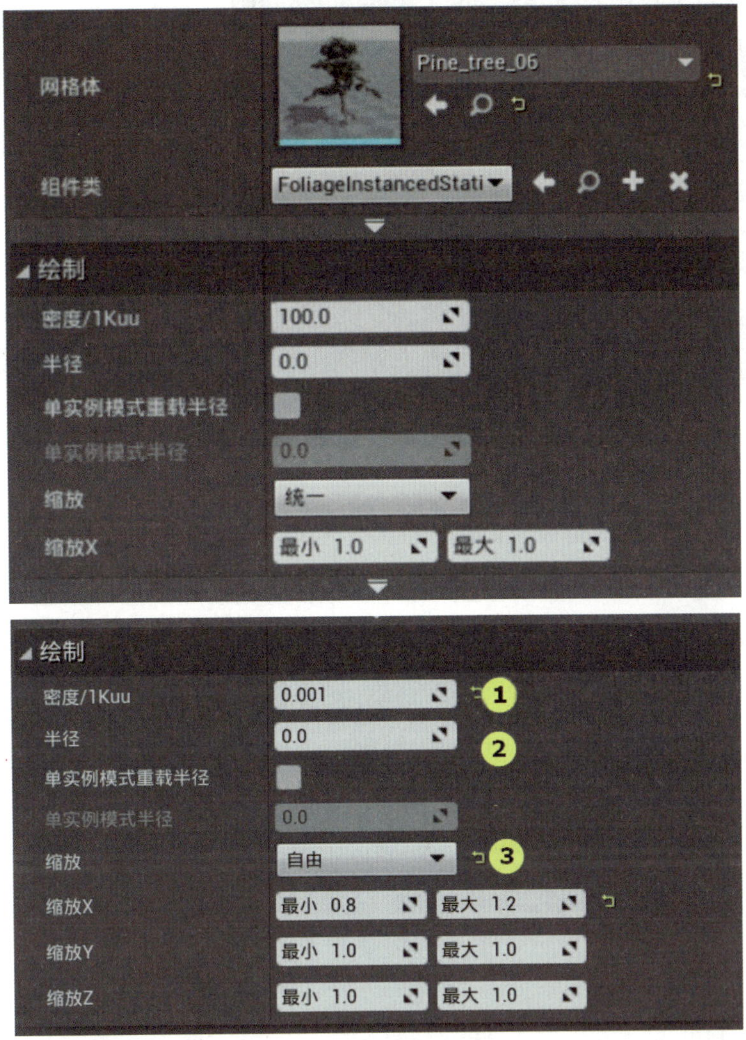

图 2-2-4

此属性控制植物网格体在关卡中被替换时如何进行放置，对齐到法线可以确保树的生长方向与地面垂直。

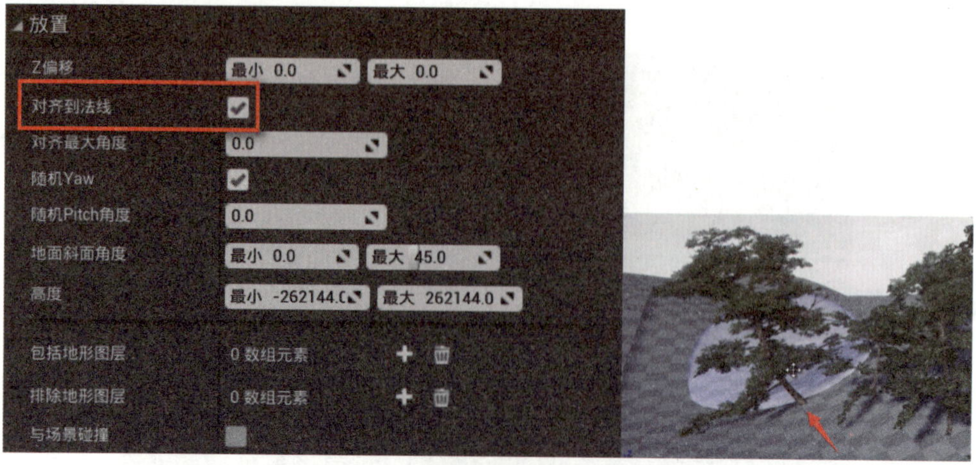

图 2-2-5

2. 选择工具

接下来是模式工具栏中的选择工具。选择工具启用后，点击植物网格体的单个实例即可选中。按住 Ctrl 键，同时点击关卡中的植物网格体，即可一次性选中多个植物网格体。按住一个操控轴，选定的实例可随便移动，根据控件模式进行旋转或缩放；按住 Alt 移动操控轴，可以复制该实例，还可以对此植物进行删除。

图 2-2-6

3. 套索工具

利用套索工具可以同时放置多个植物网格体。可使用过滤设置来确保放置在特定对象上的植物网格体不会被替换。如果想选择植物网格体，按住鼠标右键并在场景中移动鼠标右键即可。如果想取消选择植物网格体，在放置时按 Shift 键即可。选择选项后，可以切换至常规选择工具，进行植物网格体复制、移动和移除等操作。

4. 无效工具

选择无效植物实例。

5. 重新应用工具

将当前设置重新应用到植物。

6. 单个工具

放置所选植物的单个实例，可选择所有选中项和循环选中项。循环选中项可以循环放置所有选中的全部植物。

7. 填充工具

填充工具的功能和替换工具的类似，其主要不同在于单击即可覆盖植物中的整个 Actor。在希望被植物覆盖的静态网格体上点击鼠标左键，即可使用填充工具。单击鼠标键的次数越多，添加的植物就越多，如图 2-2-7 所示，在此圆

图 2–2–7

柱体表面用树进行了填充。移除植物的方法是按住 Shift 键，点击鼠标左键，这样就可以移除植物的静态网格体。

点击过滤器，可以选择在什么物体上放置植物。

图 2-2-8

在制作地形的时候，也可以利用植物工具放置其他物体，比如需要放置多块石块时，可以调节密度等参数进行放置。如下图所示，可以将制作好的石块资产拖入左边植物栏，使用植物工具放置，制作出较为随机、自然的环境。

图 2-2-9

同样，植物工具还可以用来制作草地。将草地的密度调小，大小调节合适，便可以在地形上绘制出草地。但要注意密度不宜过大，以免植物面数过多消耗资源。

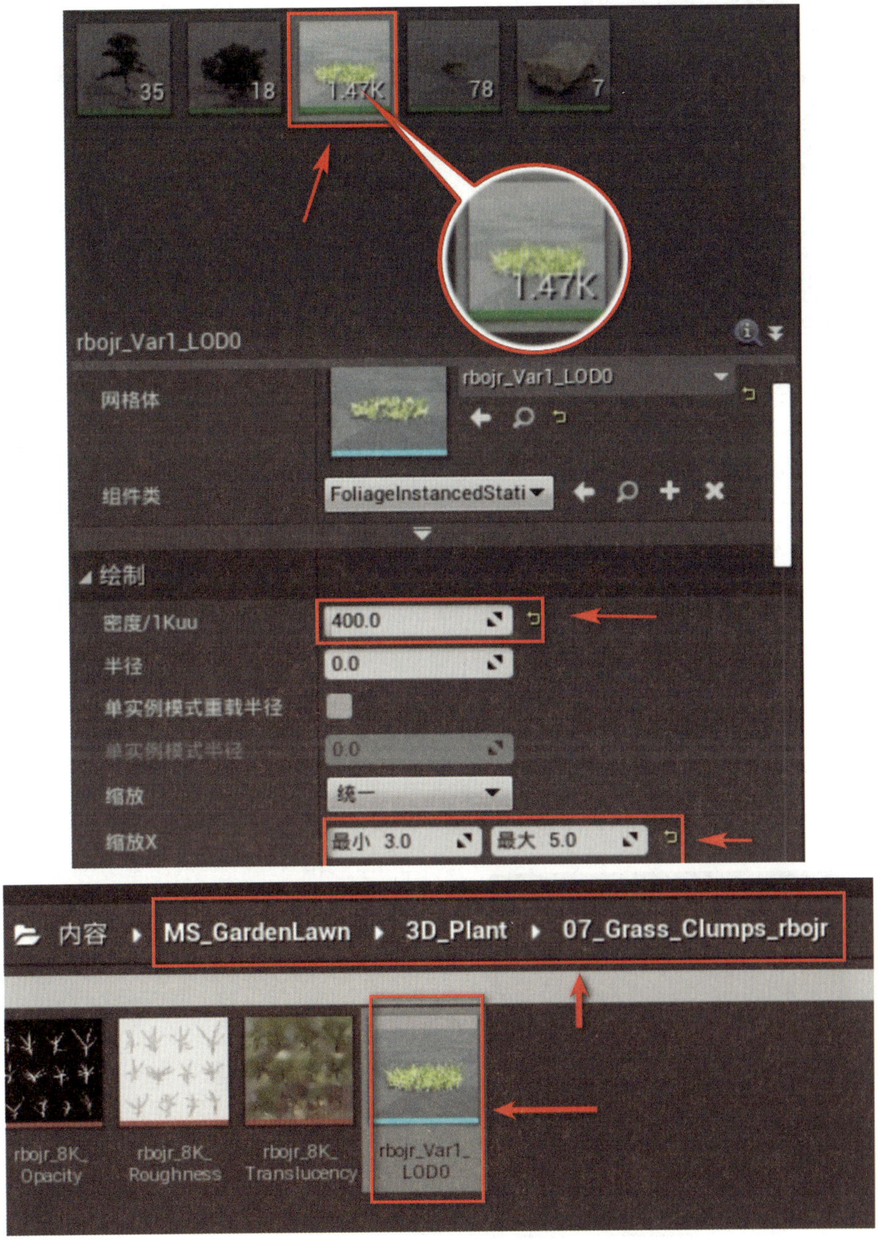

图 2-2-10

图 2-2-10（续）

第三节　BSP 笔刷编辑工具

一、BSP 笔刷编辑工具介绍

在 UE 4 中有很多不同的方法可以创建、编辑场景中的几何体。通常来说，相对于直接创建几何体而言，使用静态网格体是比较好的做法（性能很好）。同时，由于静态网格体要求在引擎外部的 3D 建模软件中创建，因此可以使用引擎的几何体编辑工具快速为游戏原型搭建场景。关卡设计师通常使用这个工具创建关卡，再在关卡上堆积美术资源。如左图所示，我们打开模式下的笔刷编辑工具。

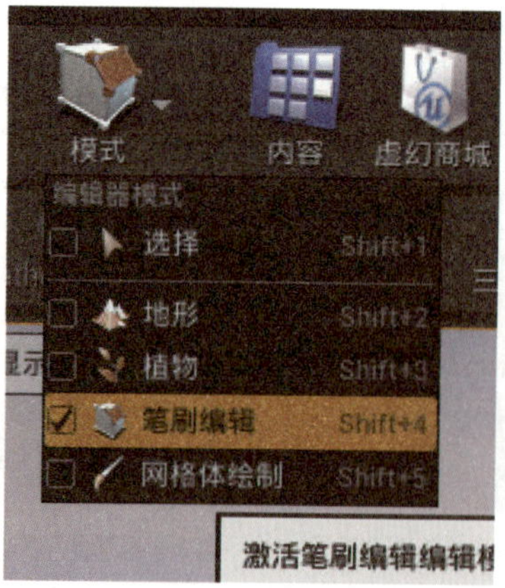

图 2-3-1

在左边的放置菜单栏中选择需要放置的几何体，并将该几何体拖动到右侧视口的编辑工具制作关卡。

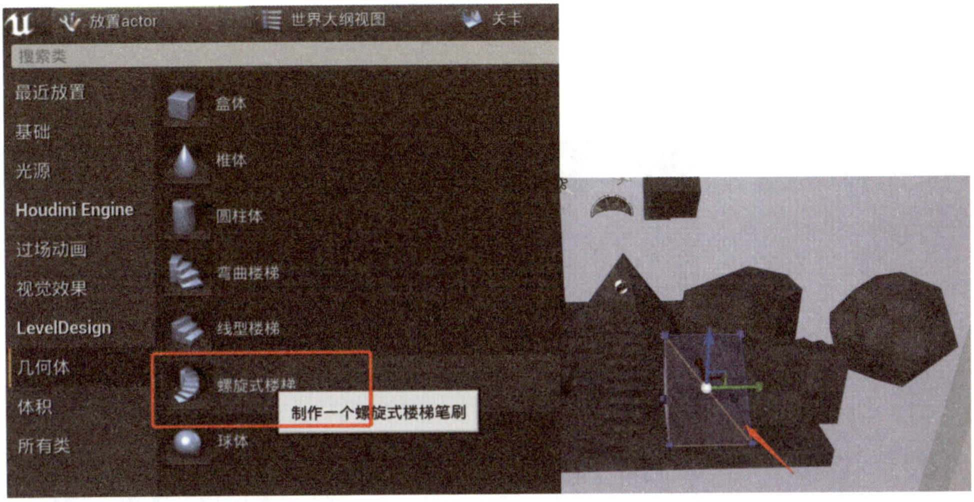

图 2–3–2

在布局中可以切换视口。

图 2–3–3

下表是 BSP 笔刷编辑工具中各种工具的具体功能和操作图示。

表 2–3–1　BSP 笔刷编辑工具中各种工具的功能和图示

工具	功能	图示
编辑	直接在视口中选择面、边缘或顶点，选择操控器来平移、旋转、缩放几何体。	

（续表）

工具	功能	图示
挤压	将选中的几何体元素向前移动。如有需要，可以在移动的几何体后创建新的几何体。在挤压的过程中可以设置分段。	
剪切	给定分割平面，将几何体划分为两半，选择性地丢弃其中一半。此操作只能在正交视口中实现，使用空格键来定义分割面的顶点，然后按回车键进行应用。在构建几何体的过程中可以应用剪切。	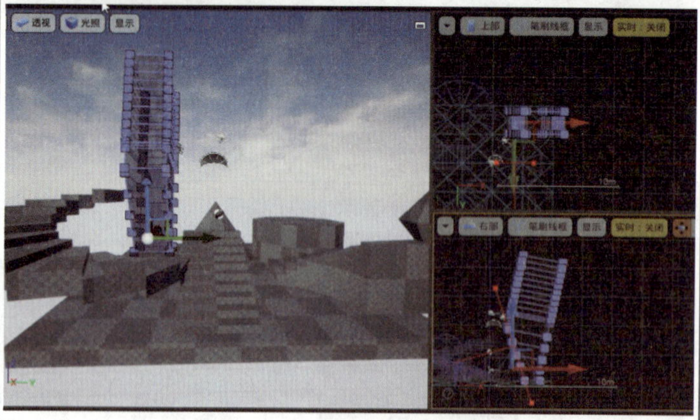
画笔	直接将顶点绘制到正交视口中，借此创建新几何体。按空格键放置顶点，按回车键关闭多边形。	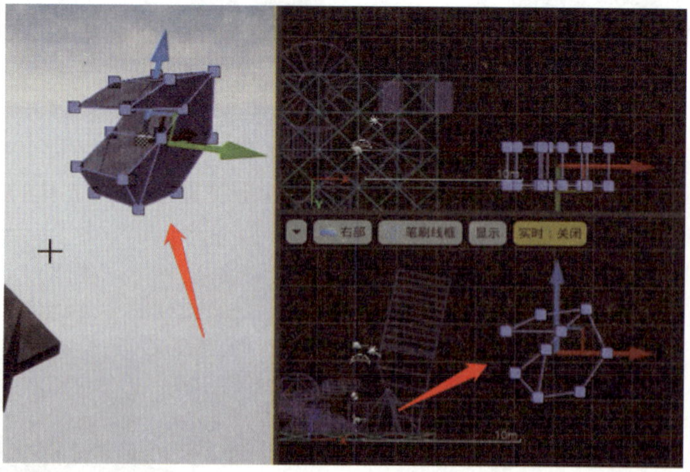

（续表）

工具	功能	图示
Lathe修改器	选取笔刷形状（启动创建笔刷形状后通过画笔工具选取）。首先创建基本几何体盒体，然后围绕枢轴点旋转创建弯曲笔刷。按住Alt后，点击鼠标中键拖动来创建枢轴，然后切换至顶视图视口，点击应用。	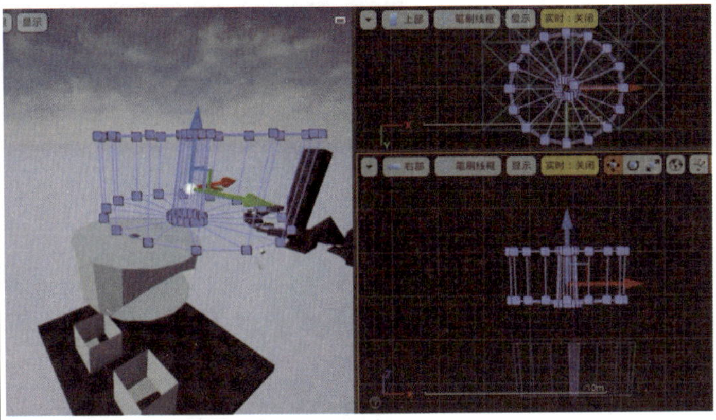
创建	在选择的顶点处创建新多边形。必须顺时针选择顶点，才能创建向外法线的多边形。	
翻转法线	翻转所选多边形的法线，使之朝向其他方向。	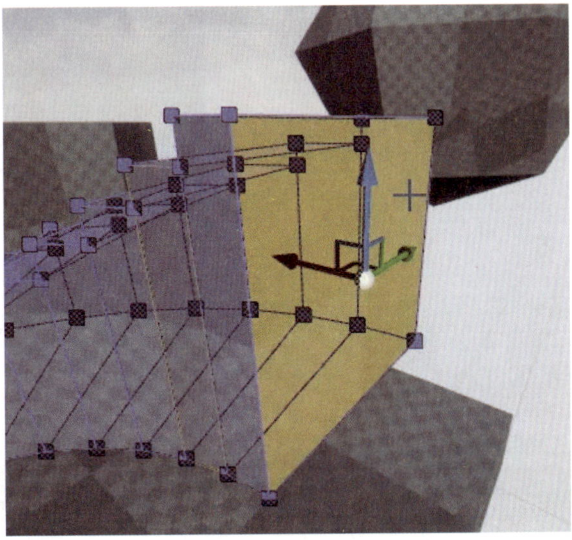

（续表）

工具	功能	图示
分割	创建一系列锚点，以此创建阻挡体积或自由形状几何体。注意：2D 视口中必须有聚焦，才能使用画笔工具。在一个正交视口中要创建至少三个锚点，使用空格键确定锚点。在第一个锚点的上方创建另一个锚点来完成整体形状。	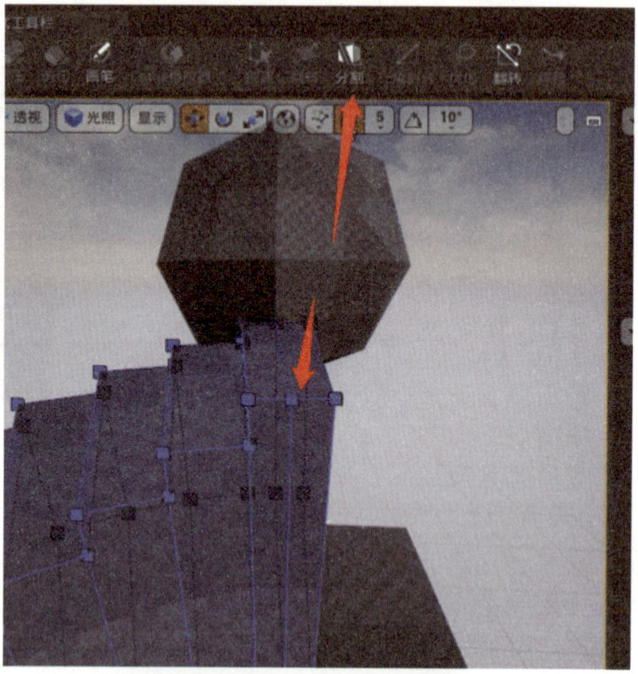
三角剖分	将选中的多边形拆分为三角形。	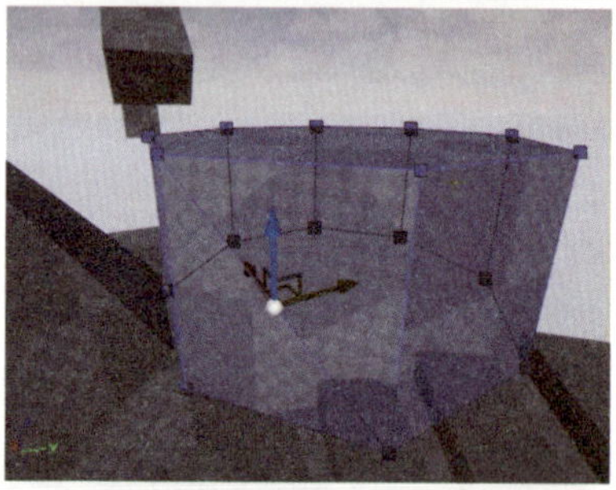
优化	合并可形成单个凸面多边形的所有多边形，以此优化选中的几何体。	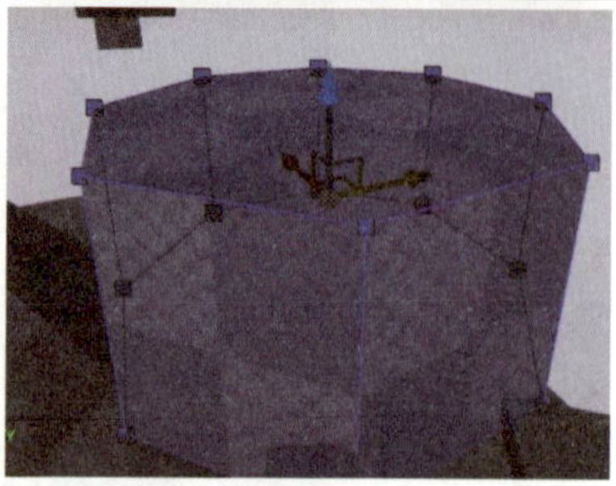

（续表）

工具	功能	图示
翻转	选择连接两个三角形的某条边，旋转边缘，使之与之前未连接的顶点相连。	
焊接	将选择的所有顶点合并到首个选择的顶点。	 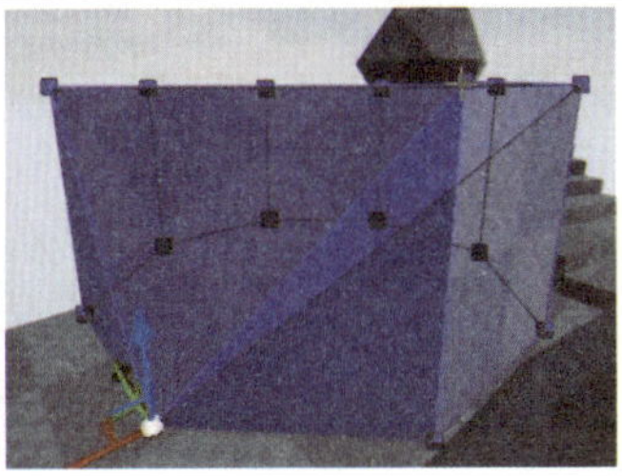

二、BSP 笔刷编辑工具的具体应用

BSP 笔刷编辑工具还可以用来进行布尔运算。我们通过小案例来演示一下。创建两个重叠的几何体。

图 2–3–4

在右边细节面板中将笔刷类型从 Additive 改为 Subtractive。此时盒体显示为相减后的形状。

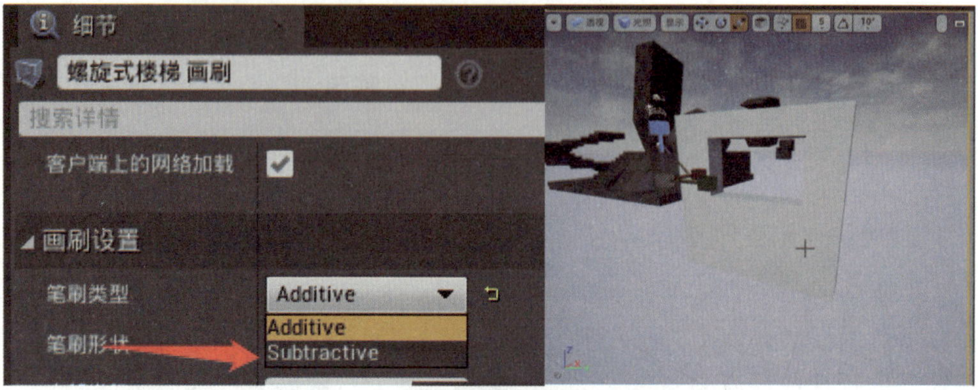

图 2–3–5

同时，通过对表面属性的控制，可以对物体的材质进行编辑。

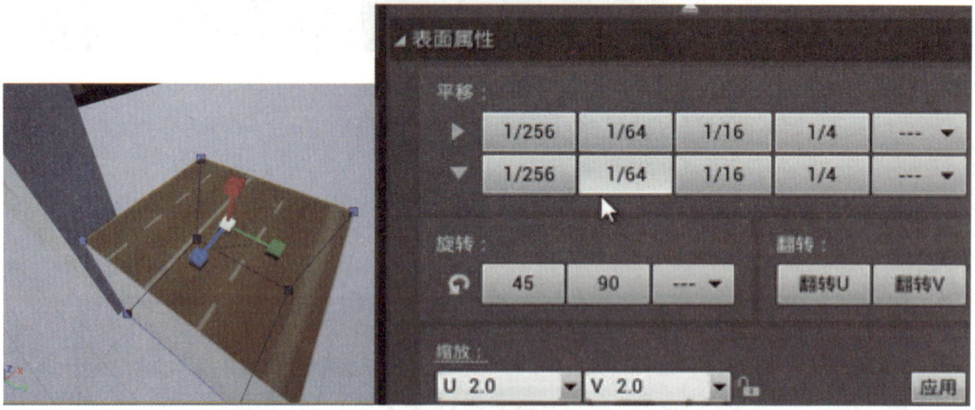

图 2–3–6

第四节　网格体绘制工具

一、网格体绘制工具介绍

网格体绘制工具是在编辑器视口中交互式地在网格体上绘制顶点颜色的工具。网格体绘制又叫顶点绘制。在使用时选择一个网格体，切换工具绘制顶点颜色，在纹理之间混合或直接绘制到纹理文件上。在绘制顶点时，要保证平面有足够的细分，即足够的顶点来进行绘制。

表 2-4-1　网格体绘制工具及功能介绍

工具	功能
绘制工具	打开网格体绘制工具，便可以从左边的网格体绘制栏绘制出两种不同的颜色。
切换颜色工具	可以切换两种材质。
填充工具	可以将当前颜色填充整个网格体。
导入工具	在网格体中导入外部贴图。
复制工具	可以将绘制好的网格体的颜色复制到另一个网格体中。

二、网格体绘制工具的使用

首先在左侧创建平面，创建好平面后要先给平面赋予材质，在内容里新建材质球。

图 2-4-1

打开刚刚创建好的材质球，按 3 键创建两个颜色节点并选择两种不同的颜色。

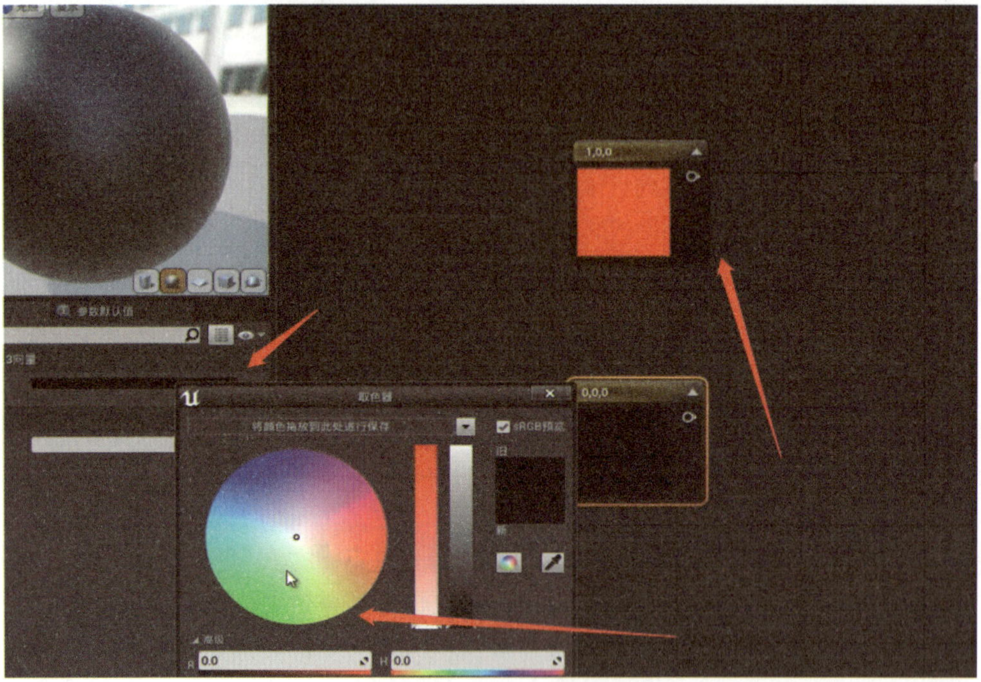

图 2-4-2

然后搜索出 Vertex Color 节点，按 L 键创建 Lerp 节点，进行连接。

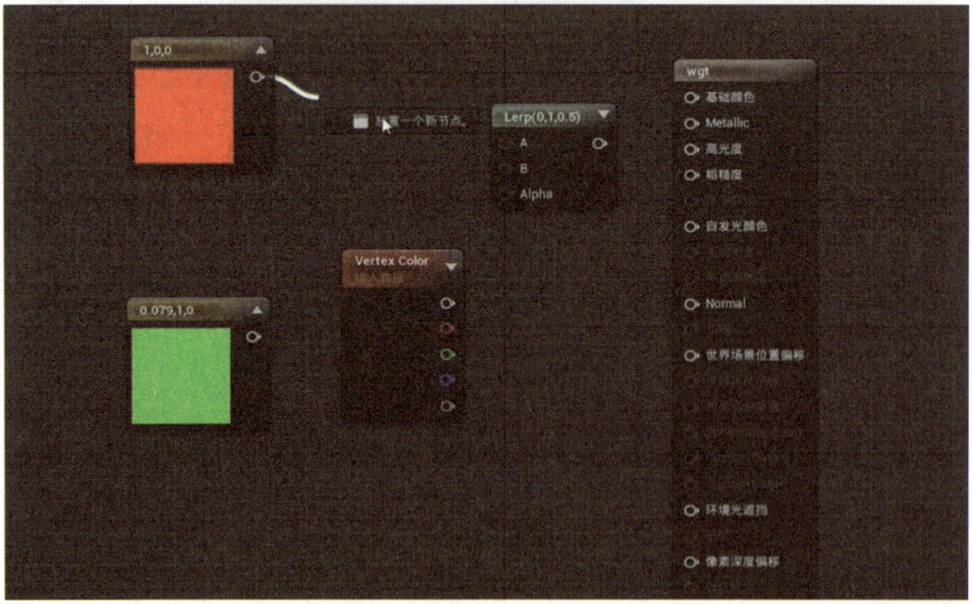

图 2-4-3

如图 2-4-4 所示，把两个不同颜色的节点连接到 A 和 B，Vertex 节点连接到 Alpha，再将 Lerp 连接到基础颜色上。

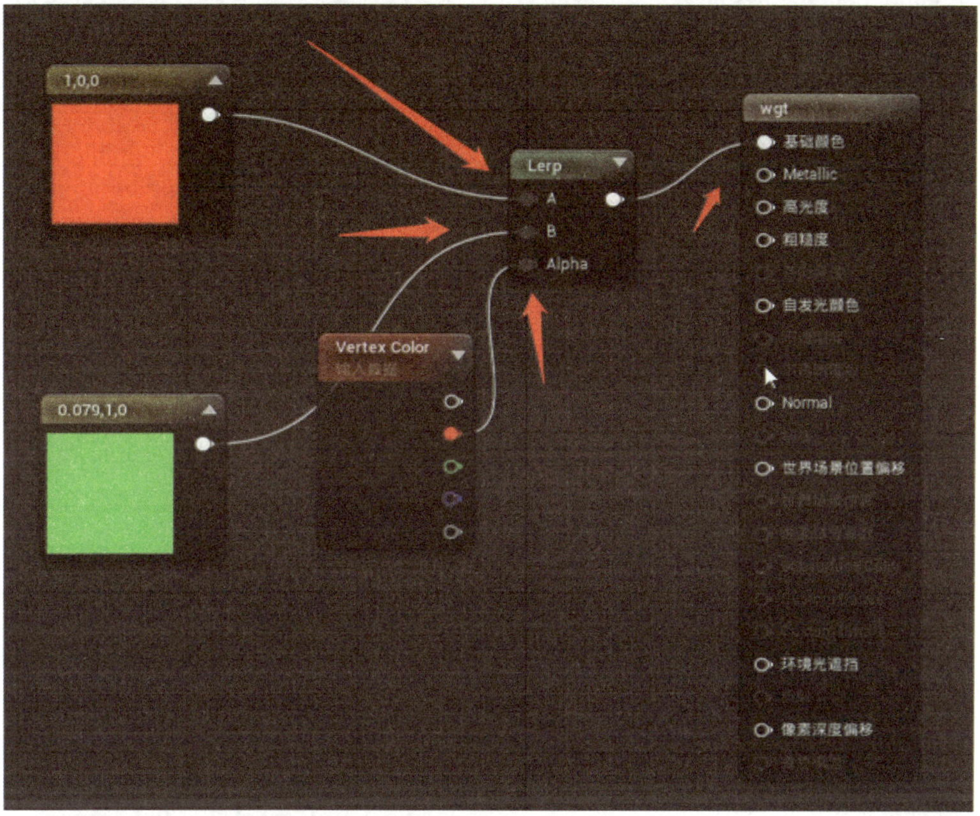

图 2-4-4

然后拖动材质球到创建的网格体上。

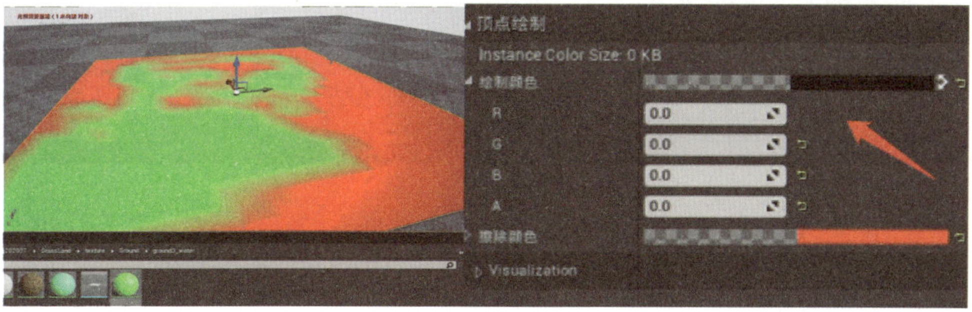

图 2-4-5

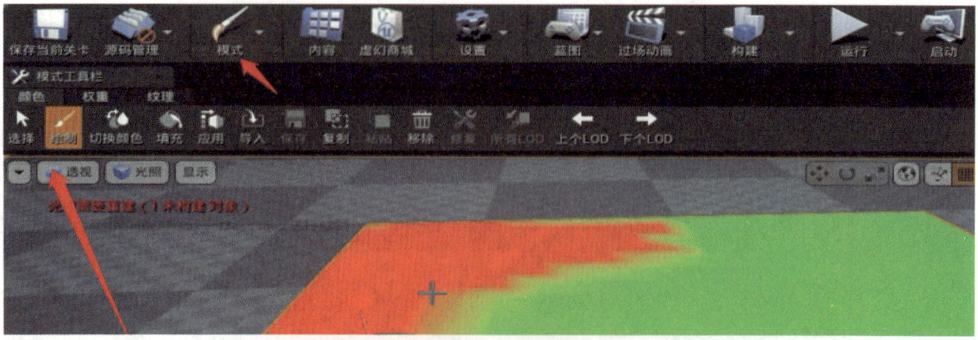

图 2-4-5（续）

三、网格体绘制工具的具体应用

在了解完原理后，我们进行具体应用。打开我的项目，在路径中找到材质的贴图。将其导入（拖进）新建的材质球中。如下图所示，上面四张贴图为第一种材质的贴图，下面四张贴图为第二种材质的贴图。

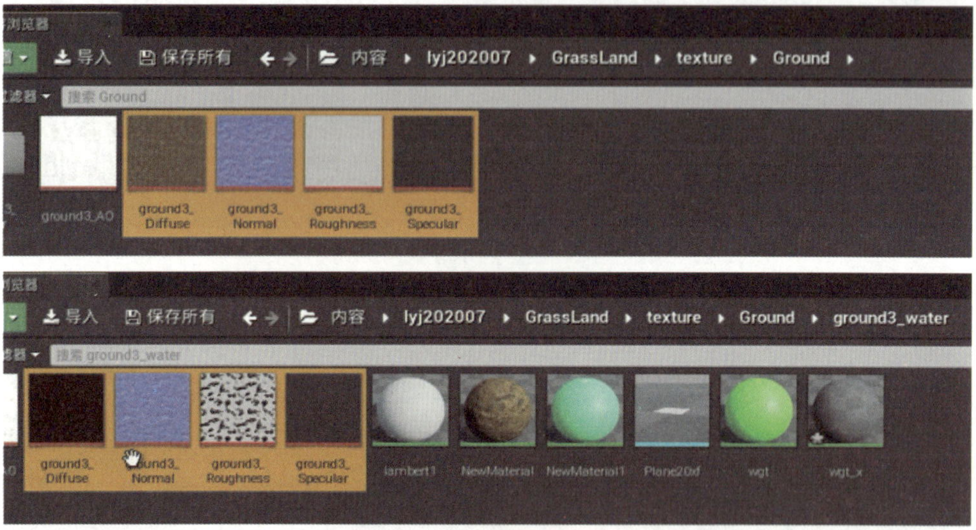

图 2-4-6

从基础颜色贴图开始，用上述绘制顶点颜色的方法将其连接好。

我们来测试一下基础颜色是否可以绘制。由于连接的是红色，所以我们在顶点绘制工具中将 R 通道调为 1，然后调整笔刷尺寸进行绘制。

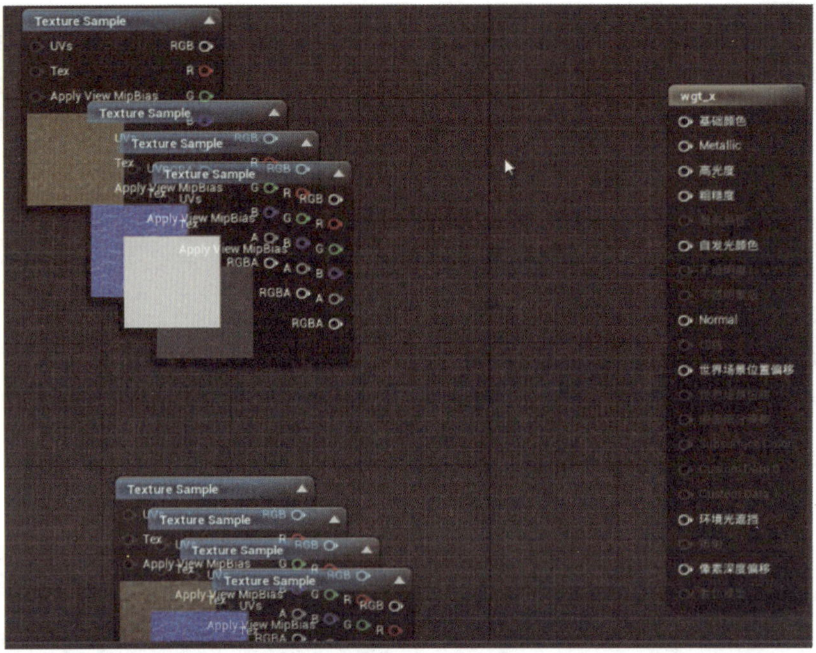
Texture Sample
UVs
Tex
Apply View MipBias
RGB
R
G
B
A
RGBA
wgt_x
基础颜色
Metallic
高光度
粗糙度
自发光颜色
Normal
世界场景位置偏移
环境光遮挡
像素深度偏移

图 2-4-7

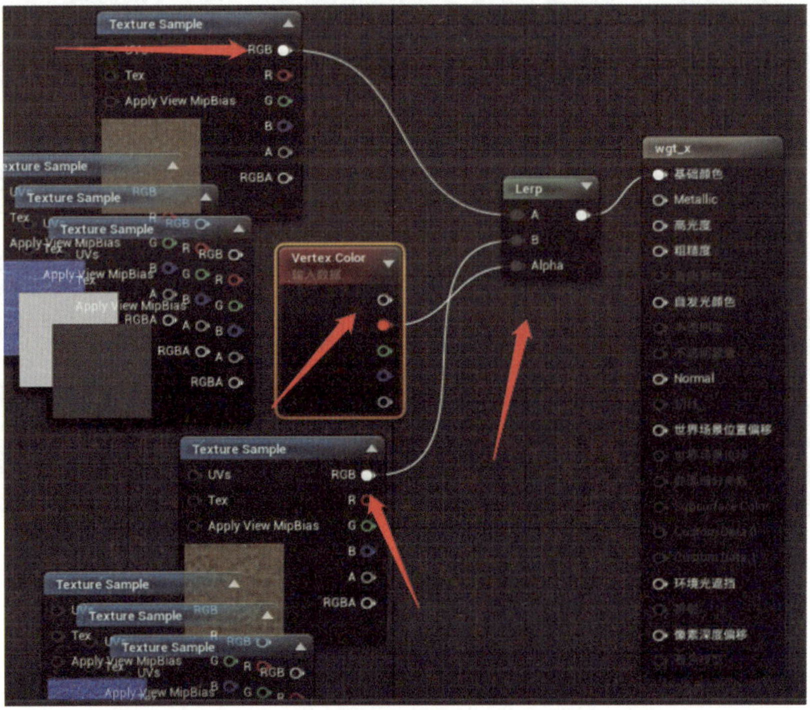
Texture Sample
UVs
Tex
Apply View MipBias
RGB
R
G
B
A
RGBA
Vertex Color
Lerp
A
B
Alpha
wgt_x
基础颜色
Metallic
高光度
粗糙度
自发光颜色
Normal
世界场景位置偏移
环境光遮挡
像素深度偏移

图 2-4-8

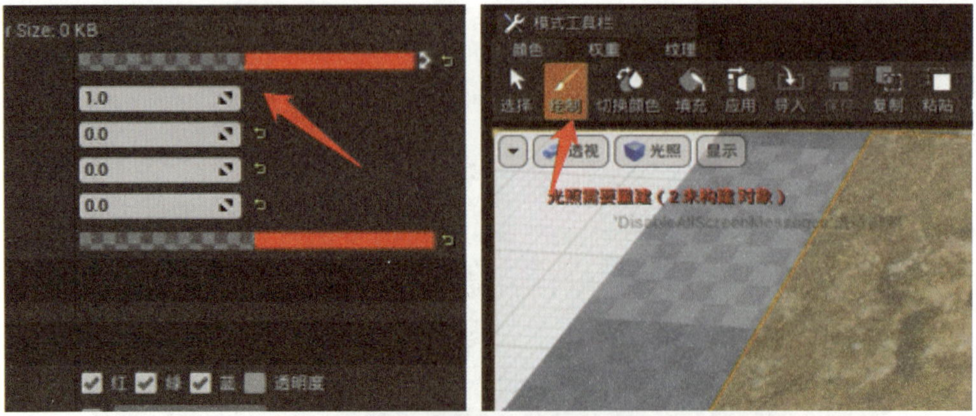

图 2-4-9

将法线、粗糙度、高光贴图按照颜色贴图的方式连接上。

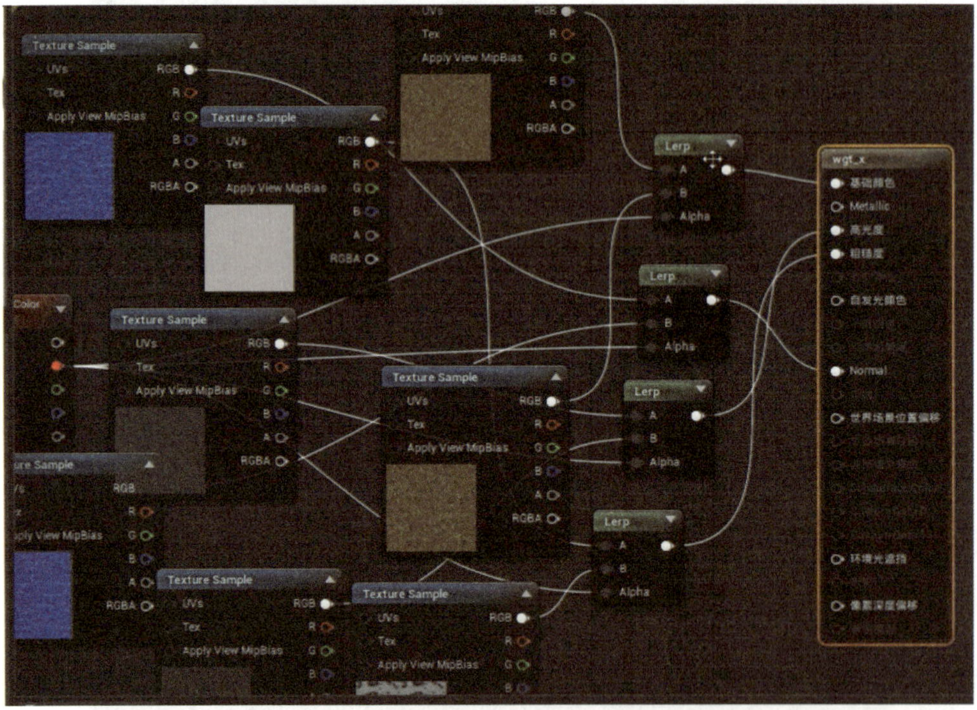

图 2-4-10

此时，再选择绘制或者填充工具，就可以绘制出两种材质的效果。

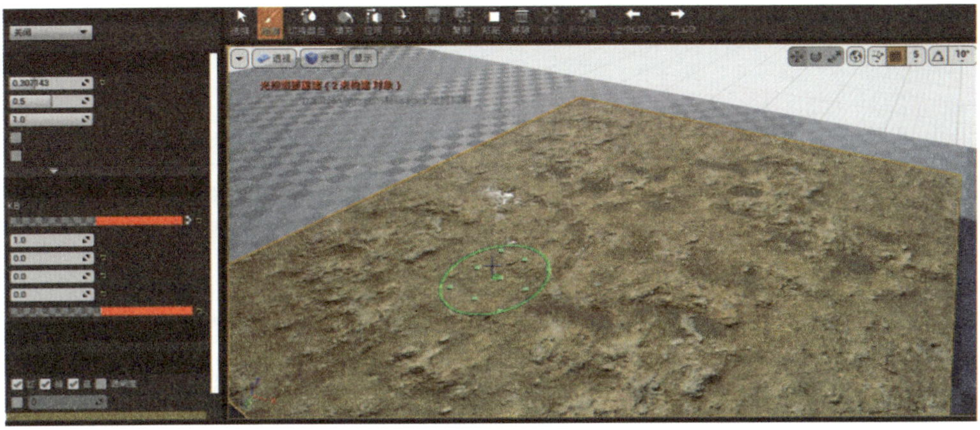

图 2-4-11

网格体绘制工具可以应用更多颜色，制作更丰富的效果，如下图所示，在 Vertex 节点中用不同的颜色连接不同的材质。

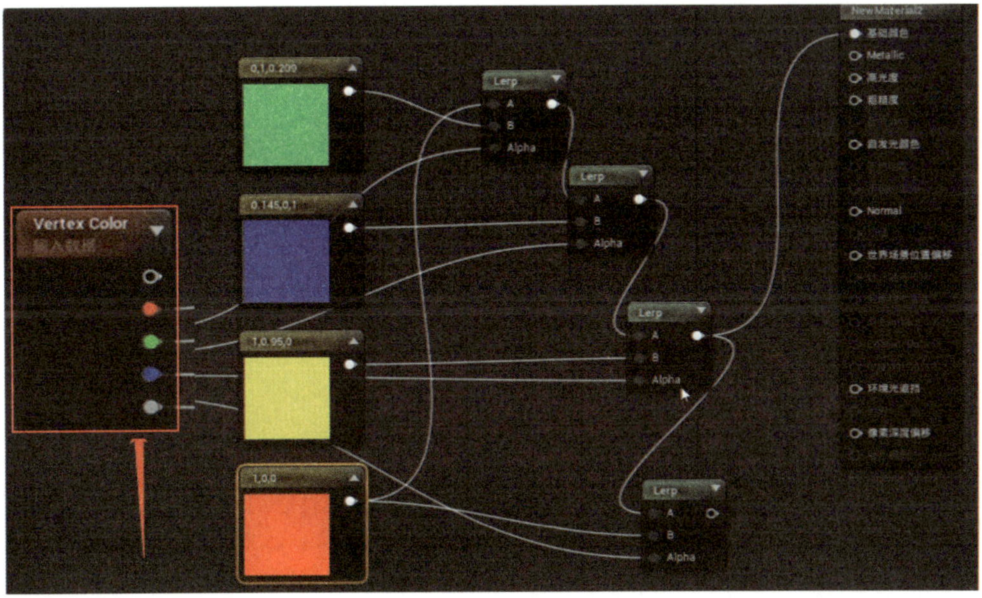

图 2-4-12

第三章　虚拟现实场景设计与制作外部工具（一）

——专业植物软件 SpeedTree

SpeedTree 是一个非常专业，专注于植物建造的工具，它可以把各种类型的植物都制作得非常准确、细致，包括模型贴图及动力学特征都能够准确模拟。下图是 SpeedTree 的基本界面。

图 3–1

用制作资产的软件制作虚拟现实场景、游戏或影视动画中的植物时，要满足三个基本要求：一是模型数量不能过大，二是模型贴图的质量要过关，三是它和引擎的对接要方便可靠。

SpeedTree 主要用于植物制作，它与各种引擎，如 UE4、unity、Maya 都可以进行非常好的连接，不论是模型、贴图、材质，还是动态，都能非常完美地导入。

接下来，我们介绍一下 SpeedTree 的细节及相关内容。在这一章中，我们会学到三部分内容，一是简介，二是 SpeedTree 制作流程，三是用 SpeedTree 制作一棵完整树的过程，完成动力学模拟后导出，然后再导入引擎中，实现植物的模型和贴图制作及动力学效果。接下来我们会通过完整流程了解 SpeedTree。

第一节　SpeedTree 简介

SpeedTree 用一个最简单的短句可概括形容为：当下最专业的植物制作软件。虽然 Maya、3DMax 内部自带植物制作工具，但是 SpeedTree 在制作效率、制作质量、流程通用性方面，总体来说更为优秀。SpeedTree 不但在虚拟现实项目上可以用到，还广泛应用于游戏、电影、VR（在图像化植物模拟方面，SpeedTree 有极大贡献）。

大家可以在 SpeedTree 的官方网站上看到 SpeedTree 的宣传视频。以下几张是电影《星球大战》中的截图，大环境都是用电脑特效制作，所有的植物都是用 SpeedTree 制作的，效果非常逼真。

图 3-1-1

图 3–1–2

许多特效大片，如《阿凡达》等电影中的植物都是用 SpeedTree 制作的。下面几张截图是 SpeedTree 在游戏方面的应用。

图 3–1–3

图 3–1–4

图 3-1-5

虽然 SpeedTree 只用于制作植物，但它在这方面的功能十分强大。我们可以通过视频截图简单了解一下流程，看看一棵树是怎么在 SpeedTree 中制作出来的。

图 3-1-6

第二节　SpeedTree 的应用流程

【软件版本】

通过第一部分的介绍我们看到 SpeedTree 在影视、游戏方面有非常广泛的应用。接下来，我们了解一下 SpeedTree 的具体应用流程。下图是 SpeedTree 公司的软件体系。

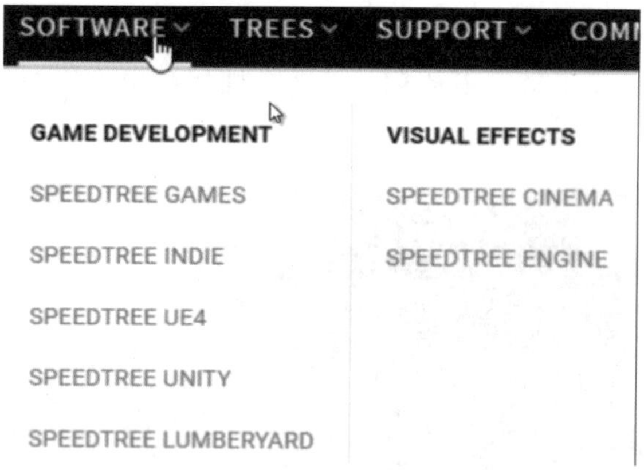

图 3-2-1

进入 SpeedTree 官网，我们会看到 software 栏里有不同版本的 SpeedTree 软件，应用于不同领域。有对应游戏开发的版本，如针对 UE4、unity 等引擎，SpeedTree 开发出工具专门针对引擎对接，这些版本的内部核心功能是一样的。我们使用的是 UE4 版本，那么针对的接口就为 UE4。当我们开发视觉特效，就需要使用专门针对视觉特效的 Cinema 版本，用于影院级成品。它具有针对 Maya、3DMax、Houdini 等软件的插件。注意：本课程是学习使用 UE4 进行制作，使用其他软件版本无法导入 UE4。

【应用流程】

首先介绍 SpeedTree 树的结构，它采用的是一个节点连接另一个节点的方式。例如，树连接树干，树干下面有树根，上面有树枝、树叶。更复杂的方式有：树连接树干、树根及扩散的根部、根断掉的地方等；树枝也分大树枝、小树枝、断裂树枝、整体树枝等；最后是树叶。我们在制作的时候，无须建模，只需要一步步将其连接起来就可以了。

从下列截图中我们可以看到，虽然节点不同，有大树枝、小树枝，但是图中每选择一个节点就能看到对应调节的消息，调节相对复杂。如果选择树干，可以调节粗细长短、扭曲度、树干的分支方向变化、动态模拟的效果等参数。

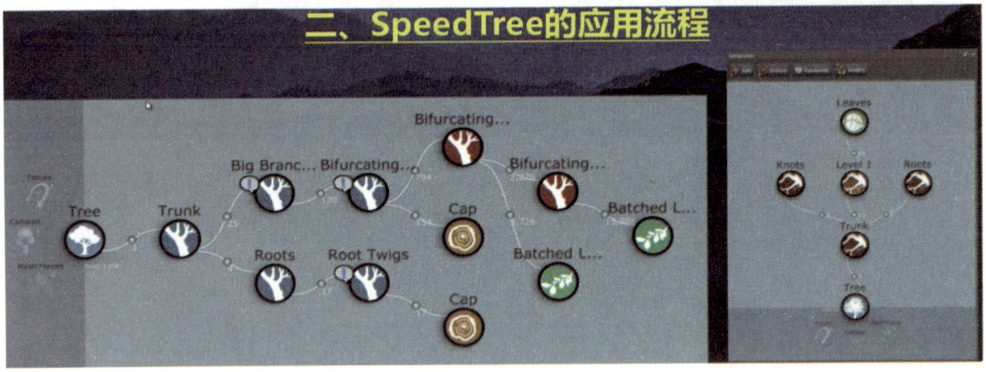

图 3–2–2

图 3–2–3

我们可以在下图里看到将 SpeedTree 里制作的树木导入 UE4 的效果。在没有打光的前提下，两个软件显示的是一样的，连接也完全无缝。可以在内容浏览器里看到导入进来的模型、材质、贴图。除了可以在 SpeedTree 里面创建之外，官方网站还提供了很多关于树的商店，以及树木库，我们可以根据需求购买、下载并导入。

图 3-2-4

第三节　完整的 SpeedTree 制作流程

【自带植物】

接下来我们将讲解使用 SpeedTree 制作一棵完整植物并导入 UE4 的过程。首先进入 SpeedTree，选择文件，点击新建。

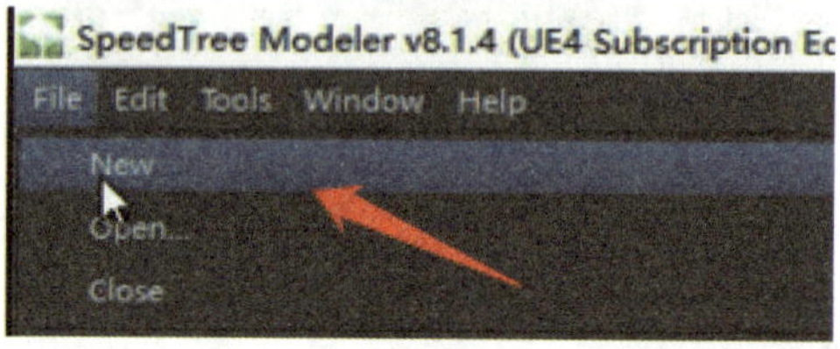

图 3-3-1

新建时，可以看到很多各种各样的植物，它们是软件本身自带的。

打开第二种自带植物，可以看到它较为简单。在左边面板里我们看到一棵简单的树，其中有树木节点，包括树干节点、树枝节点，还有一个断了的树枝节点。我们在图 3-3-4 中可以看见，延伸的树枝、分支，以及树叶都可以与树木一一对应。

下面换一个复杂一点的自带植物。与上一个植物相比，这个较为完整。我们选择一个带有贴图的树。从图 3-3-4 中可以看到，细节非常清晰，质量也较高，所以用 SpeedTree 制作电影级植物绰绰有余。虚拟现实场景对细节的制作要求也较高，如果我们走到植物旁边，发现材质纹理有问题，便会影响整个场景的真实性。图 3-3-4 所示的细节在虚拟现实场景中就非常真实，贴图接缝处理得都较为细腻。

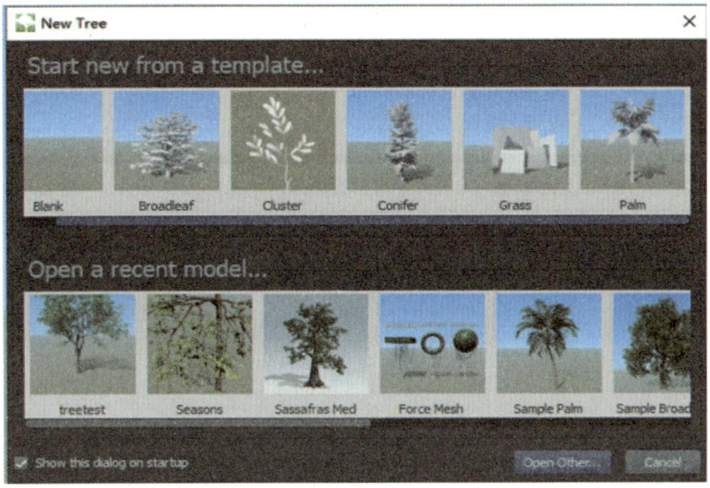

图 3–3–2

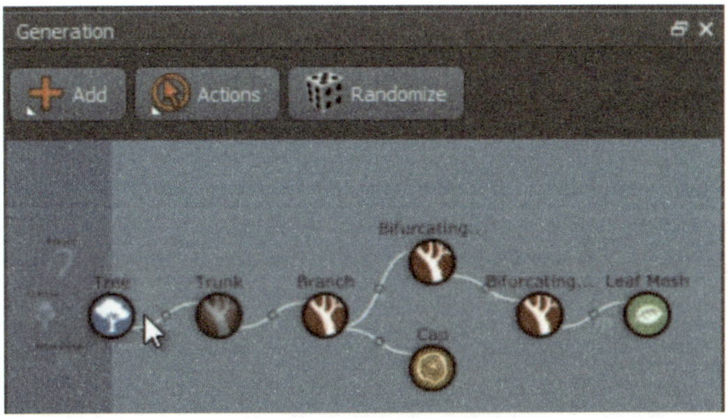

图 3–3–3

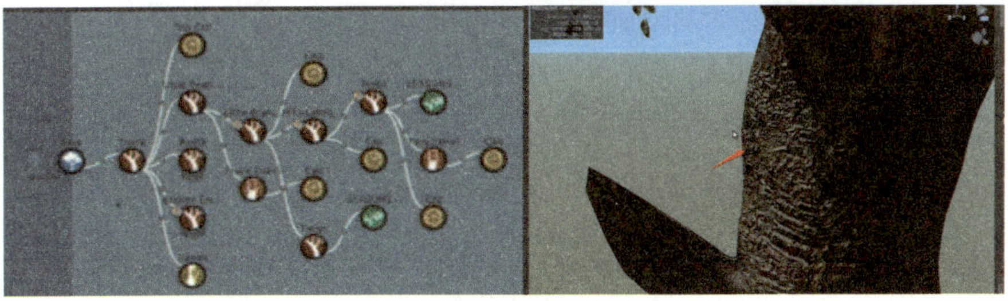

图 3–3–4

【新建植物】

首先我们来了解一下 SpeedTree 的基础界面。我们用 SpeedTree 新建一个空白场景，中间视图为主要操作的窗口。在最上方的标题栏，我们看到使用的版本是 SpeedTree Modeler v8.1.4（UE4 Subscription Edition-Beta 4），即 SpeedTree 建模工具 8.1.4 的 UE4 版本。使用时一定要启用与 UE4 的连接，才能将在 SpeedTree 中做好的植物导入 UE4 引擎。

图 3–3–5

【编辑面板】

下图中的面板是核心节点编辑界面。在这个面板中依次有一些工具，点击添加（Add）可以选择节点进行添加。在下方，我们可以看到一排标签。当增加一个树干节点，或者选择一个任意节点时，就可以用下面对应的编辑工具对节点的属性进行编辑。选择所有（ALL），打开下方的属性，就可以对许多参数进行调节，每一种调整都会出现不同的效果，呈现在制作的植物上。

图 3–3–6

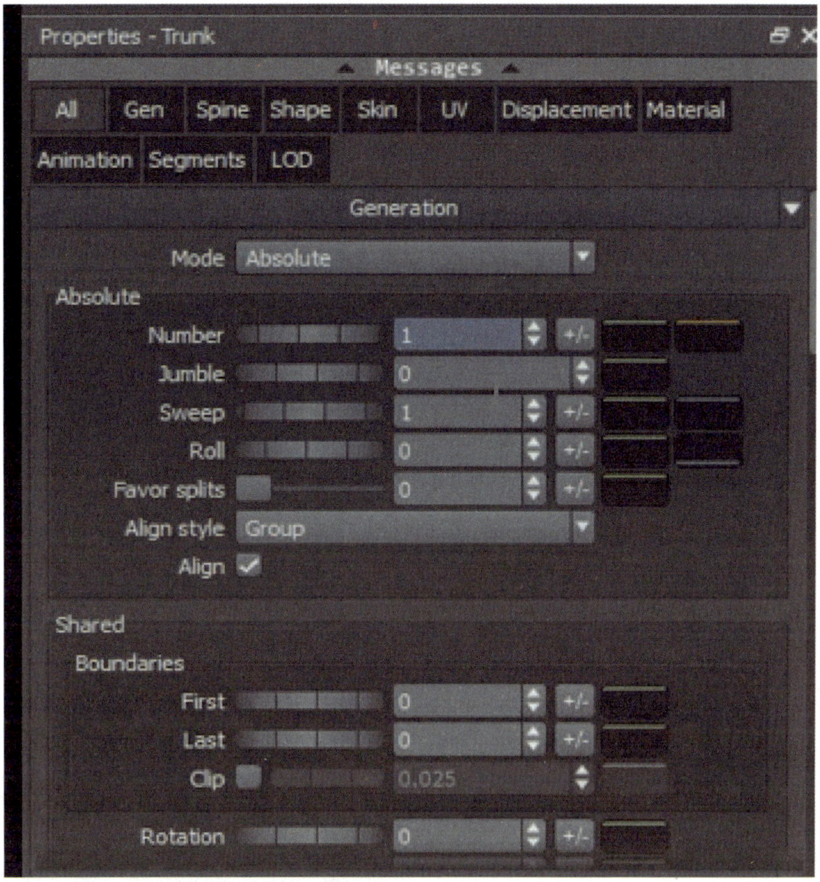

图 3–3–6（续）

先创建一个主树干，接下来点击 Add 为其添加其他拓展树干。我们看到，每个节点的调节参数基本上是一样多的，只是内容不同，所以我们只需要理解其中一个节点的属性调节方法，就可以举一反三制作下级节点。

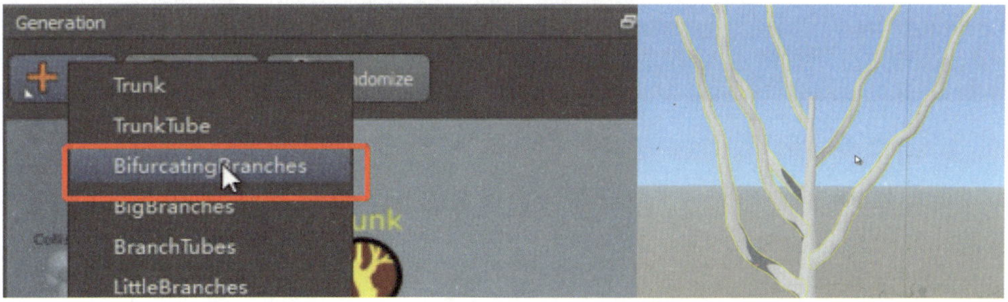

图 3–3–7

图 3–3–7（续）

【材质编辑面板】

接下来我们看右边的材质编辑面板。制作树时，一般我们会为其添加一种材质。

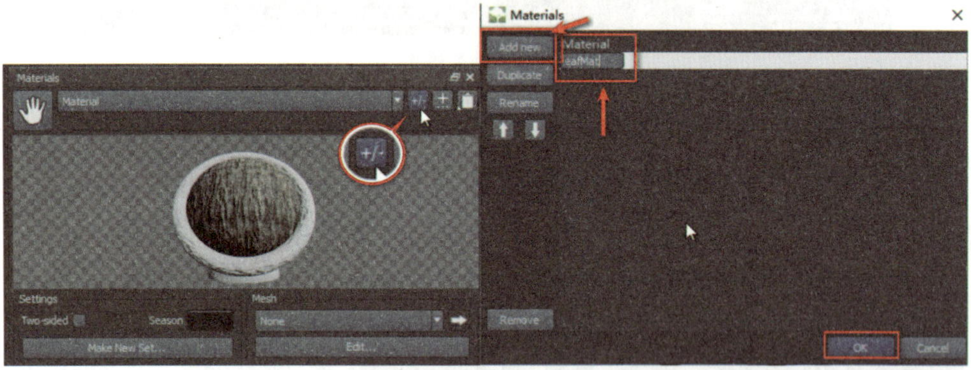

图 3–3–8

首先给视窗中的植物空白材质球设置具体的材质，选择其中的 Color 或者其他选项，找到并选择树干贴图，系统会询问是否选择其他相关联的材质。我们导入贴图时会发现，在导入颜色贴图的同时，法线贴图也导入进来了，这样就建立了树干的完整材质。当制作复杂植物时，比如制作树叶，就需要透明贴图、高光贴图或者 3S 贴图等更为复杂的贴图。

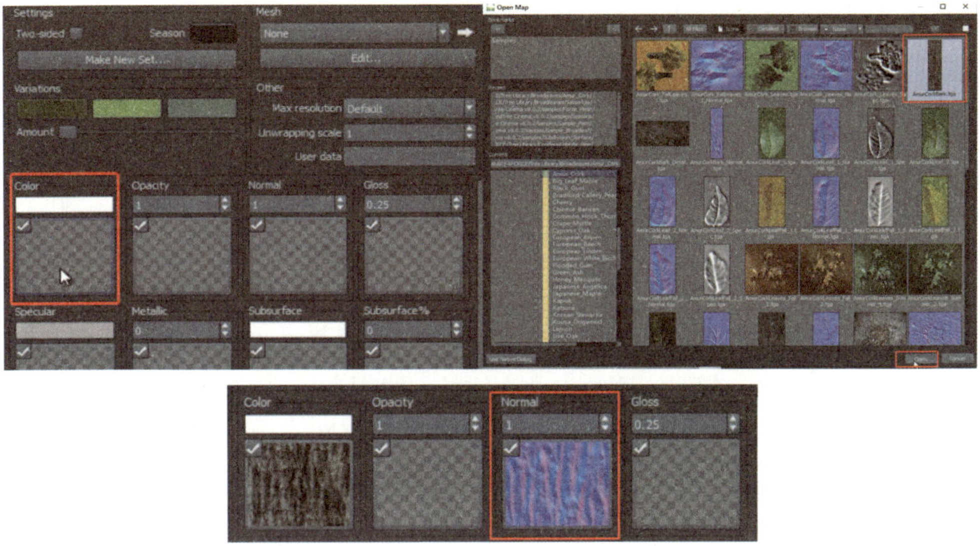

图 3–3–9

创建材质后，载入树干。在属性面板中找到材质（Material），由于之前没有创建材质，所以模式暂且为继承（Inherited）。刚刚创建的默认材质为默认命名——Material，选择并导入 Material 材质后，在主视图可以看到效果。

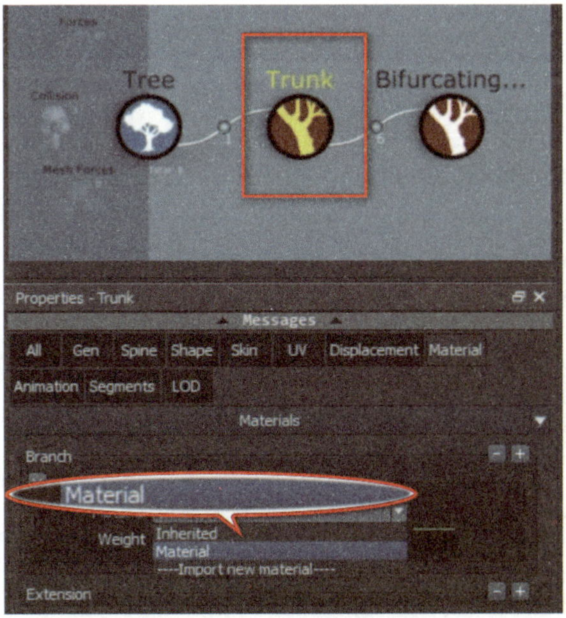

图 3–3–10

右下角有 OUTPUT 面板，是软件的应用提示，用来实时展示一些信息。主视图上方是辅助功能，如功能、动力学效果、光照等。

图 3-3-11

【树枝编辑】

制作好树干和大树枝后，先点击大树枝，然后点击 Add 来增加小的树枝（Little Branches），视图中就会出现小树枝。我们在属性编辑面板中会看到，树的形状是由前四项 All、Gen、Spine、Shape 决定的。例如，在场景中我们看见树干旁边放了人，我们可以用其作为参照来调节树的高度。点击 Trunk 节点，在 Spine 中调节 Length 的数值。

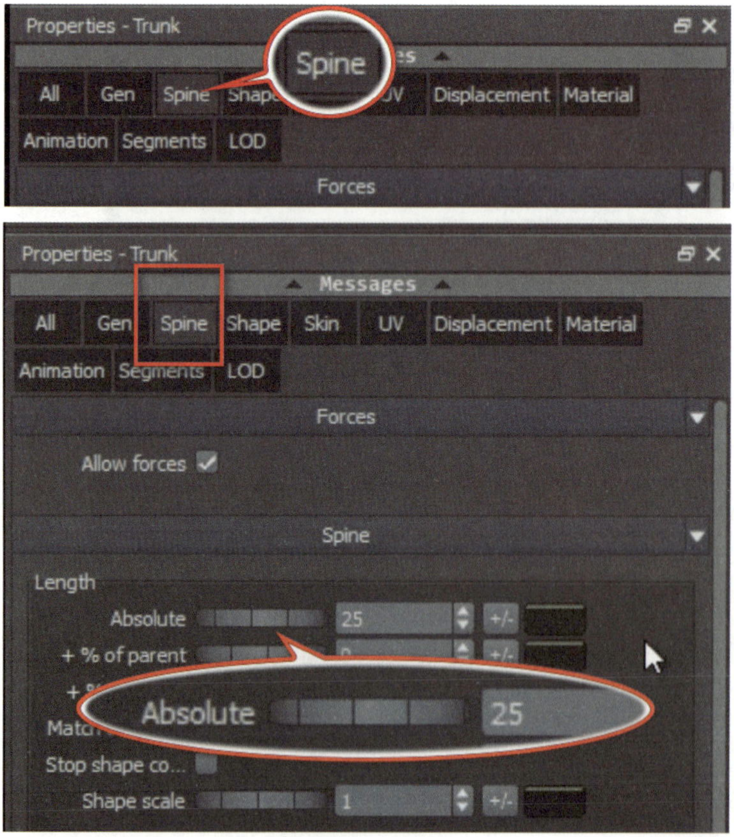

图 3-3-12

在树枝节点，我们可以通过调节数值来控制树枝的形状和大小，如下图所示，我们调节 Spacing，可以看到树枝的数量变多。但我们要注意，树枝的数量越多，多边形的尺寸就越大，树干是决定模型数据量大小最重要的元素。所以我们要将 Spacing 调节到合适的数值，让树干不要过于浓密。

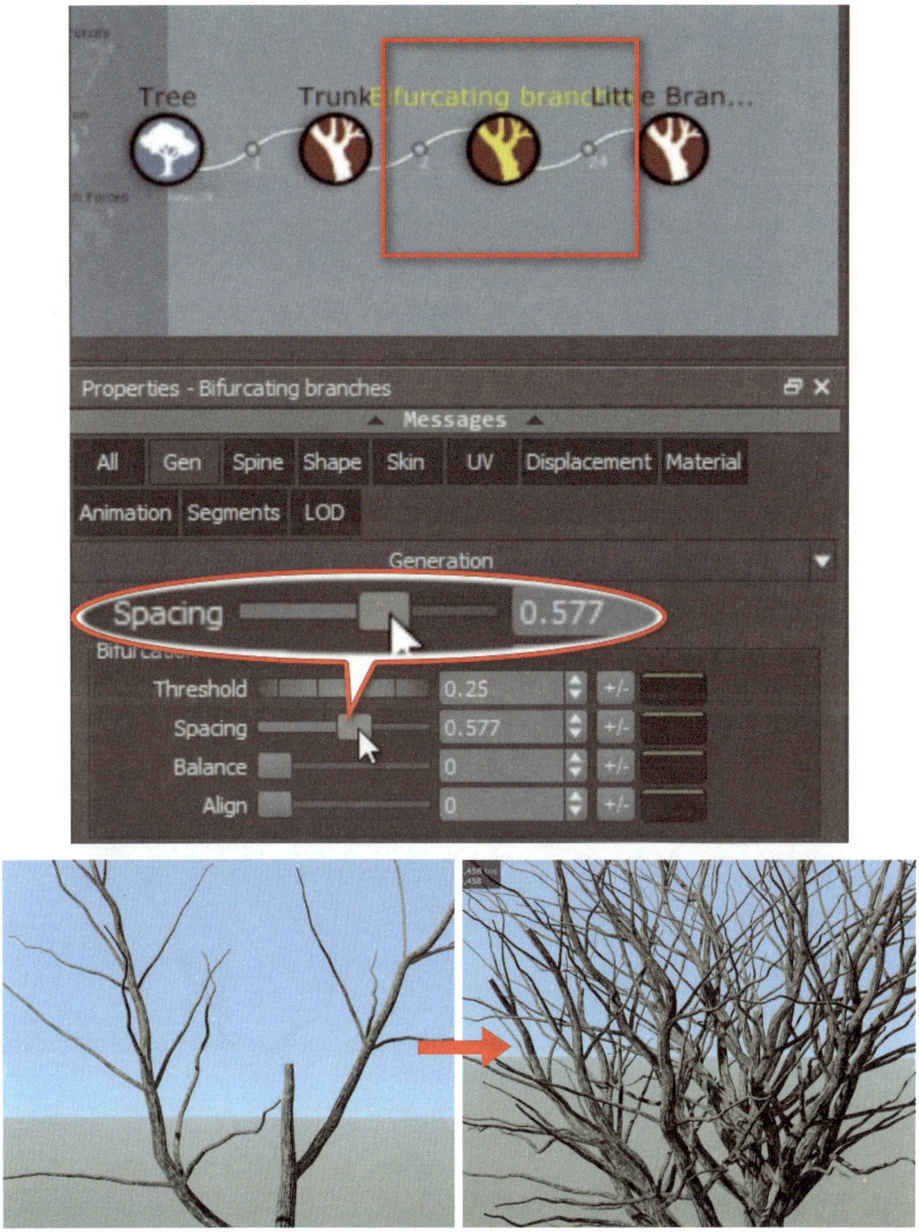

图 3-3-13

接下来，我们调节更细小的树枝（Little Branches）。我们看到图中的小树枝形状还有待优化，通过调节 Gen 中 Spread 的数值，可以让小树枝长得更均匀和自然，而不是聚集在同一个地方。

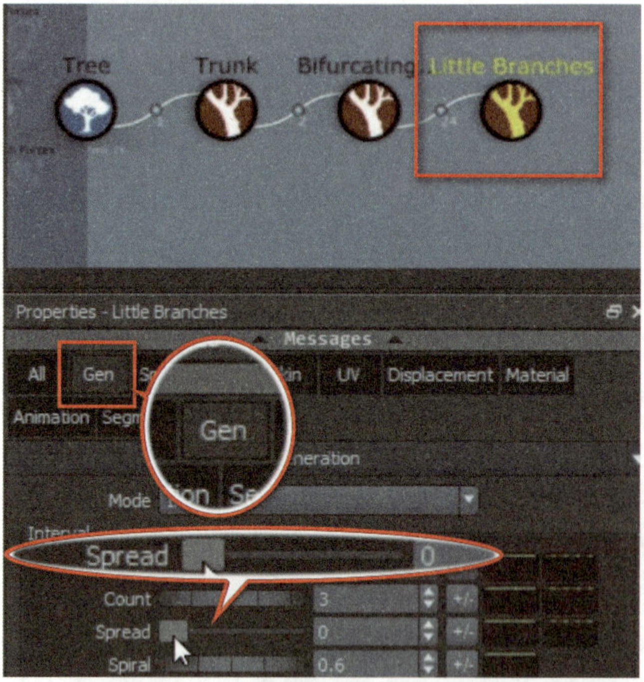

图 3-3-14

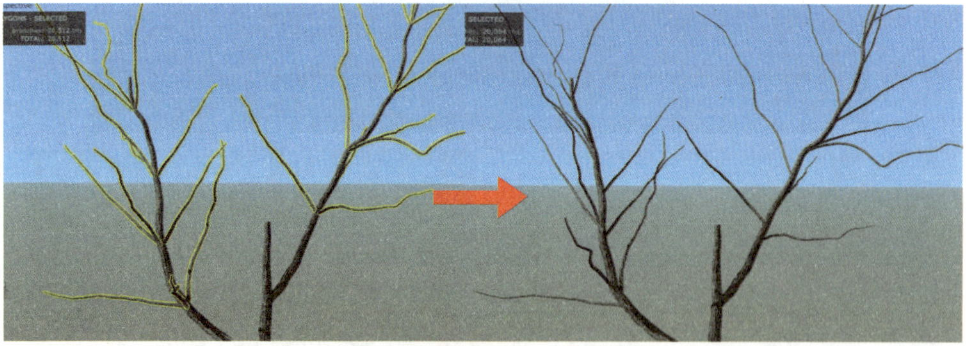

图 3-3-15

Spread 上方的 Frequency 和 Count 可以调节小树枝的数量，下方的 Spiral 可以控制树枝的旋转。不仅较小的树枝可以旋转，大树枝和主树干也可以通过旋转来优化外形，以达到我们需要的效果。

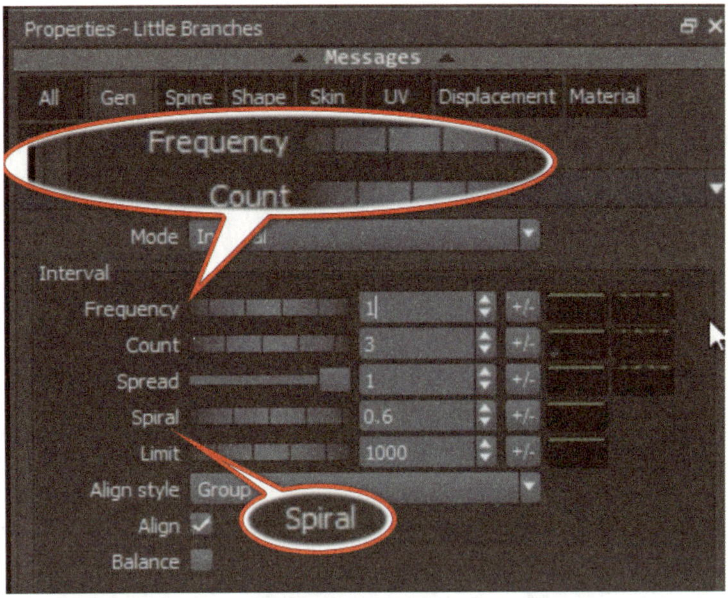

图 3–3–16

有了树干、大树枝和小树枝之后，我们可以再添加树梢。调节面板中 Gen 栏下 Spread 的数值，让树梢的排布较为扩散和均匀，不要过于集中。

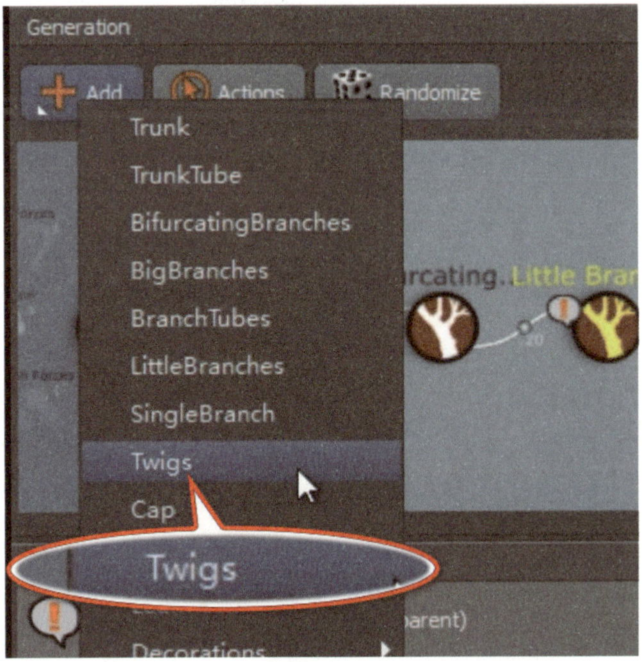

图 3–3–17

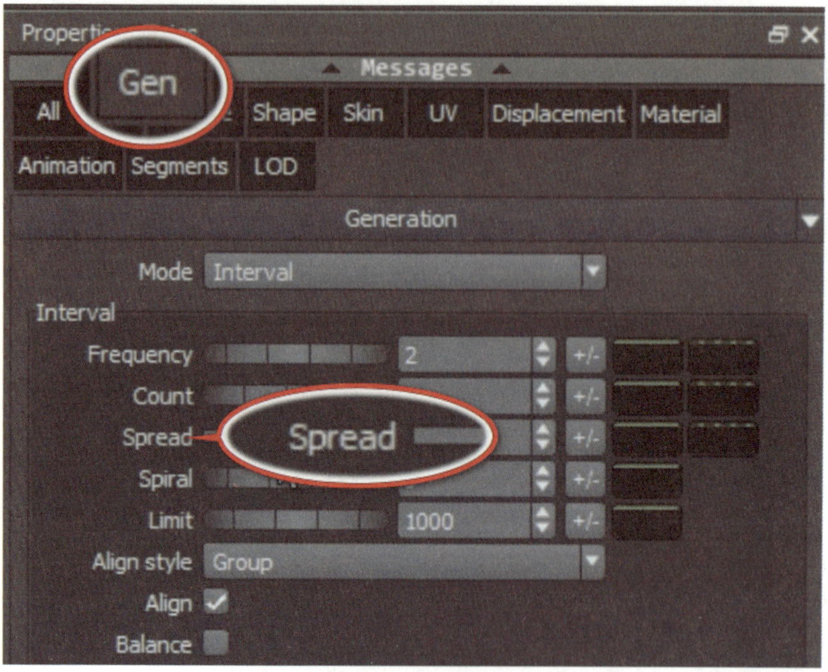

图 3-3-17（续）

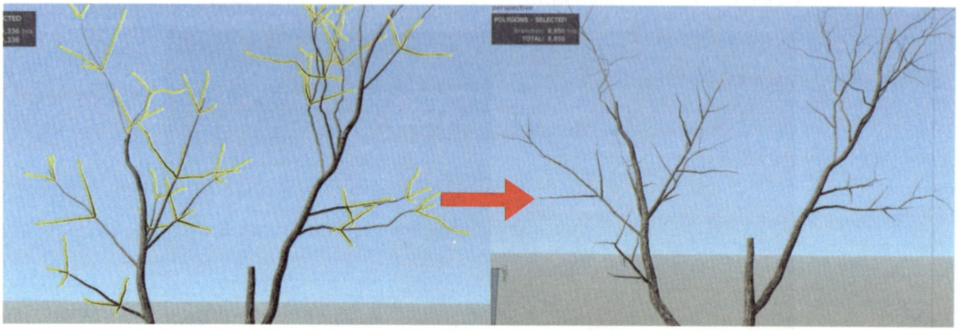

图 3-3-18

【树叶形状制作】

在制作完树干和树枝之后，我们来添加树叶。点击 Add 中的 LeafMesh 为植物添加树叶。我们看到，此时树叶的数量及角度的变化都不够完善。我们在编辑面板 Gen 栏下调整 Number 等数值，让树达到我们的要求。在 Orientation 中，我们可以调节树叶的方向；通过 All 栏下的 Leaves，我们可以调节树叶的大小。

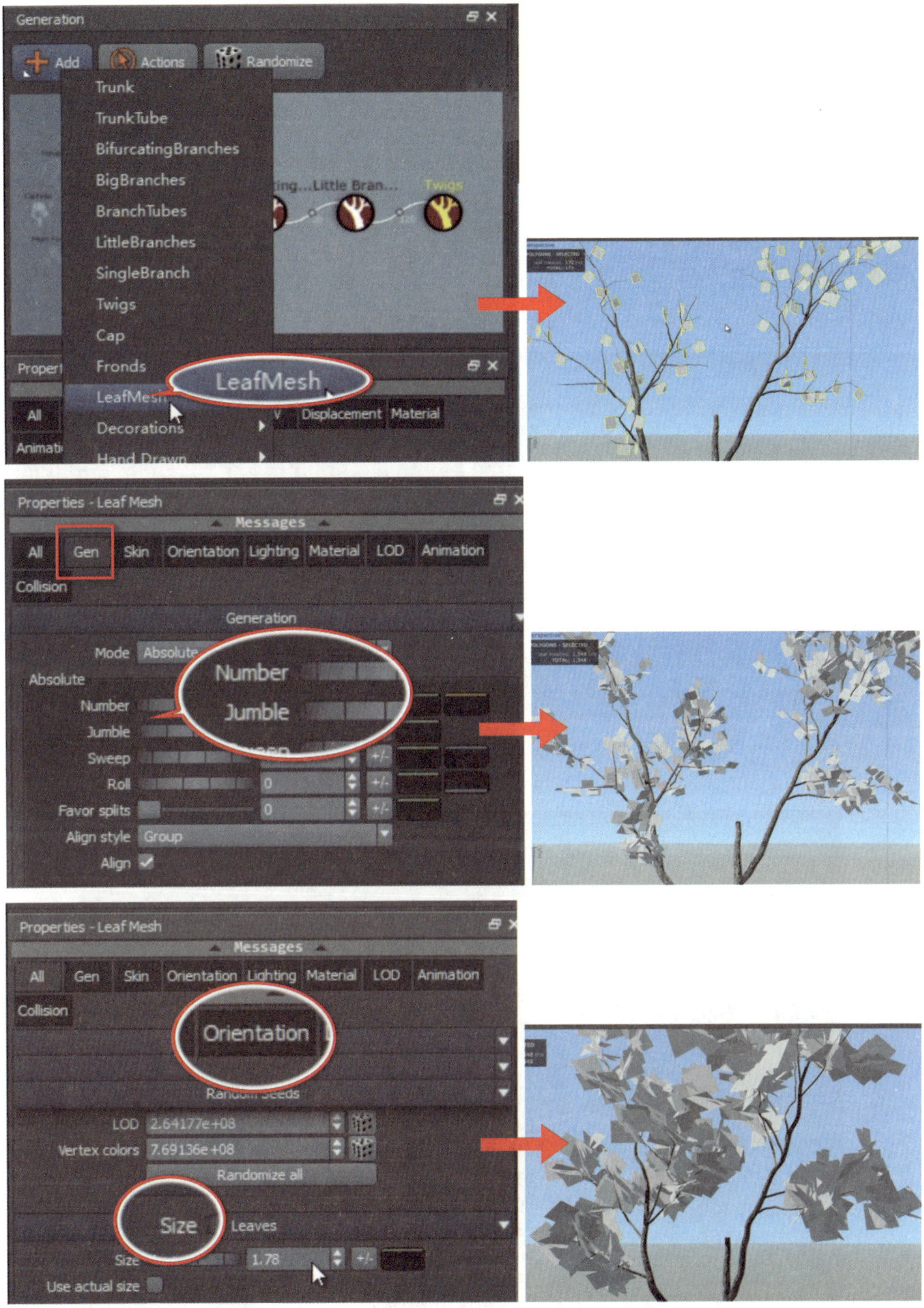
Generation
Add
Actions
Randomize
Trunk
TrunkTube
BifurcatingBranches
BigBranches
BranchTubes
LittleBranches
SingleBranch
Twigs
Cap
Fronds
LeafMesh
Decorations
Hand Drawn
LeafMesh
Displacement
Material
Properties - Leaf Mesh
Messages
All
Gen
Skin
Orientation
Lighting
Material
LOD
Animation
Collision
Generation
Mode
Absolute
Number
Jumble
Sweep
Roll
Favor splits
Align style
Group
Align
Number
Jumble
Properties - Leaf Mesh
Messages
All
Gen
Skin
Orientation
Lighting
Material
LOD
Animation
Collision
Orientation
LOD
2.64177e+08
Vertex colors
7.69136e+08
Randomize all
Size
Leaves
Size
1.78
Use actual size

图 3-3-19

【树叶材质制作】

接下来我们制作树叶的材质。点击右边材质面板，新建树叶材质，命名为leafMat，将材质改为我们创建的此树叶材质。选择其中 Color 或者其他，找到树干贴图，点击选择，系统会询问是否选择其他相关联的材质。我们导入贴图时会发现，在导入颜色贴图的同时，法线贴图也导入进来了，这样就建立起了树干的完整材质。树叶同时拥有透明贴图，我们点击 Opacity，同样选择下图中高亮的树叶贴图，将通道改为 Alpha，并调节下面的数值，将边界调整到理想效果。

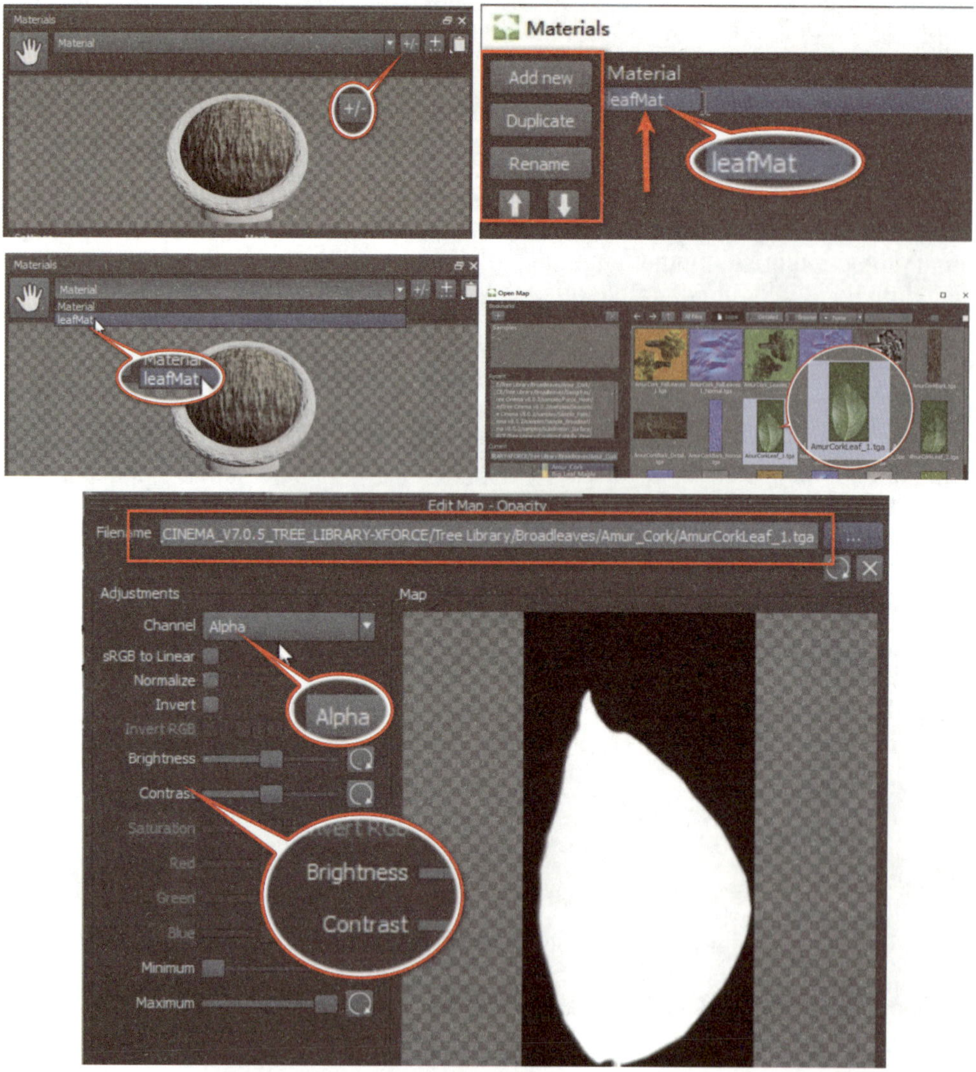

图 3-3-20

调整好贴图和材质后，我们在左侧核心属性编辑面板选中 Leaf Mesh 节点，下方选择 Material，在下拉菜单中选择刚刚制作好的 leafMat 材质，可以看到树叶的材质已经被赋予多边形。

图 3-3-21

但是从目前来看，这棵植物无论是树枝还是叶片都不太真实，我们可以再对不同节点的属性进行调整，对树木进行优化。例如，我们可以调节小树枝、树梢的数量，分别选中相应的节点，在下面的 All 属性里调节数量属性的数值，也可以调节树叶的数量，在 Orientation 中可以调节树叶的方向，使树显得更加自然。

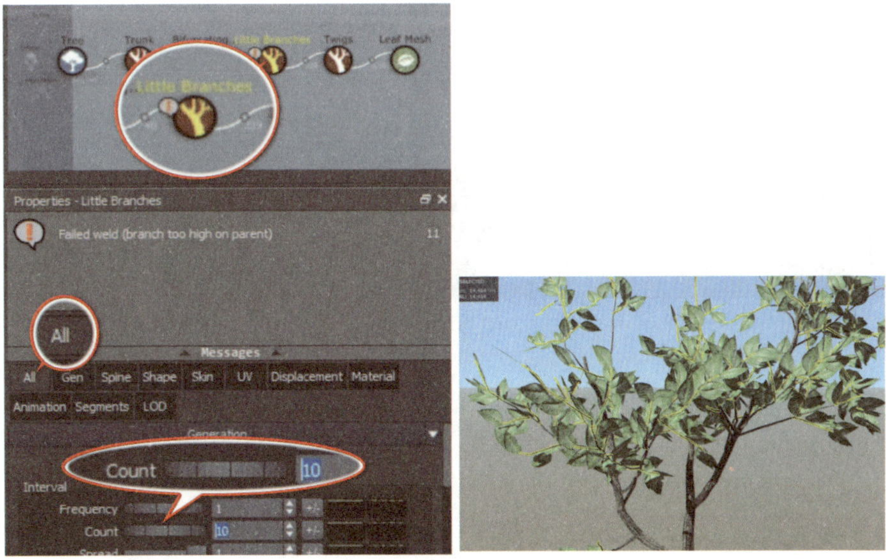

图 3-3-22

图 3-3-22（续）

图 3-3-23

图 3-3-23（续）

调整完基本的形状后，我们还可以调节动力学效果。我们在节点界面的空白处点击，选择下方的 Wind，在弹出来的风力创建面板中选择和我们的树木形状相似的树，通过滑块来调节质量等，然后选择导入。在后续的 UE4 中我们还可以对风力进行调整。

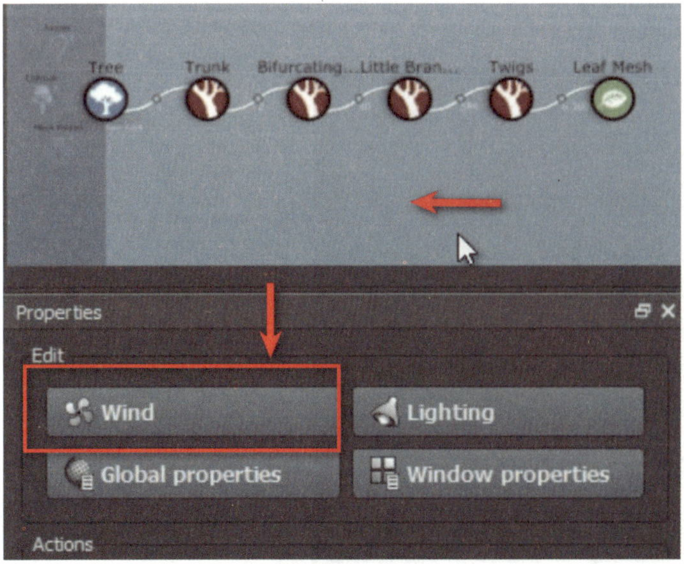

图 3-3-24

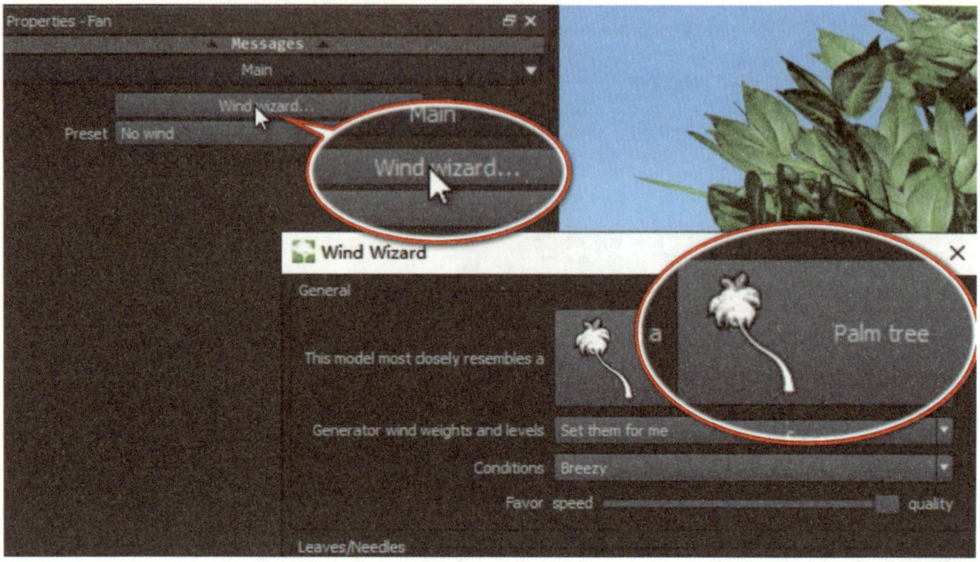

图 3–3–24（续）

【SpeedTree 导出】

在制作完成后，我们需要将植物导入 UE4。在导入之前，我们先保存制作好的植物，选择 Save as，将文件命名为 tree_lesson 进行保存。然后选择 File 中的导出到 UE4（Export to Unreal Engine 4），在项目文件夹中新建文件夹进行导出。在导出设置页码点击 Reset 恢复默认导出设置，点击导出，此时所有的多边形和贴图都会导出。

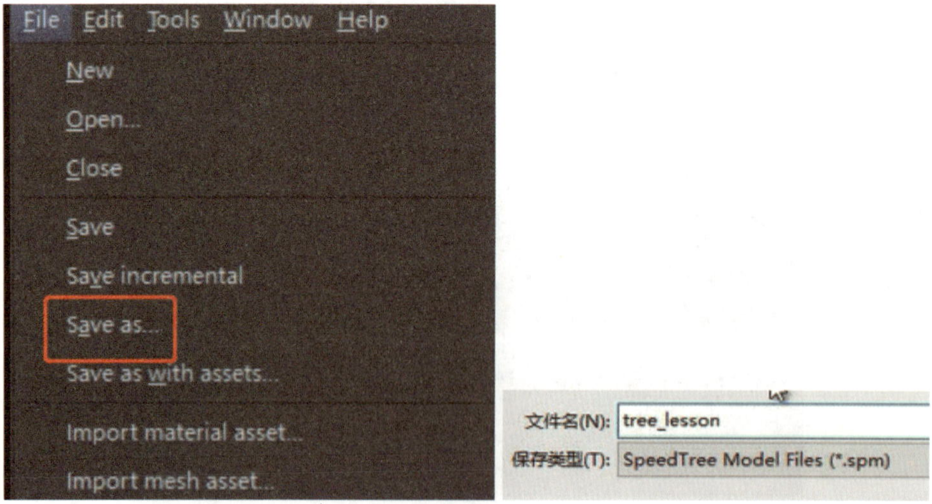

图 3–3–25

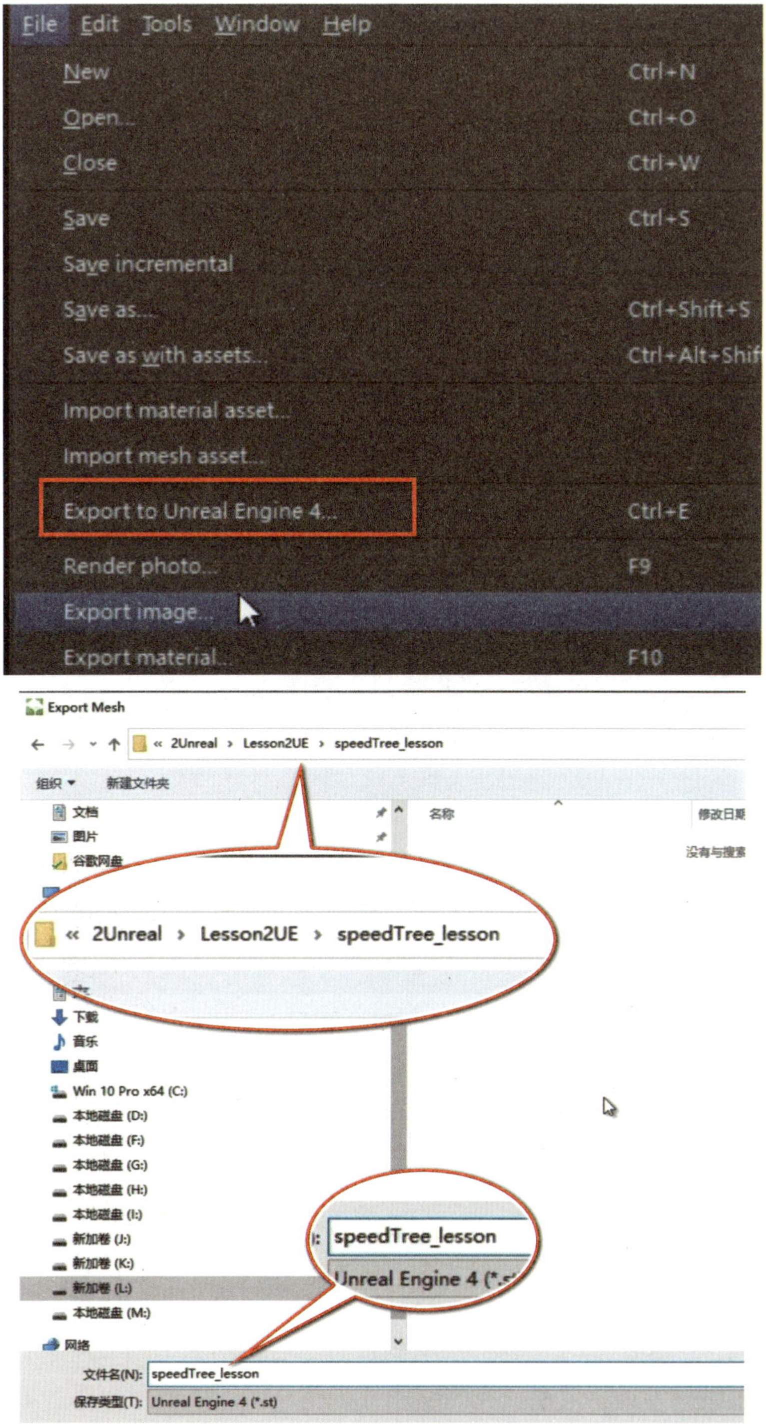
File
Edit
Tools
Window
Help
New
Ctrl+N
Open...
Ctrl+O
Close
Ctrl+W
Save
Ctrl+S
Save incremental
Save as...
Ctrl+Shift+S
Save as with assets...
Import material asset...
Import mesh asset...
Export to Unreal Engine 4...
Ctrl+E
Render photo...
F9
Export image...
Export material...
F10
Export Mesh
2Unreal › Lesson2UE › speedTree_lesson
组织
新建文件夹
文档
图片
谷歌网盘
名称
下载
音乐
桌面
Win 10 Pro x64 (C:)
本地磁盘 (D:)
本地磁盘 (F:)
本地磁盘 (G:)
本地磁盘 (H:)
本地磁盘 (I:)
新加卷 (J:)
新加卷 (K:)
新加卷 (L:)
本地磁盘 (M:)
网络
speedTree_lesson
文件名(N): speedTree_lesson
保存类型(T): Unreal Engine 4 (*.st)

图 3-3-25（续）

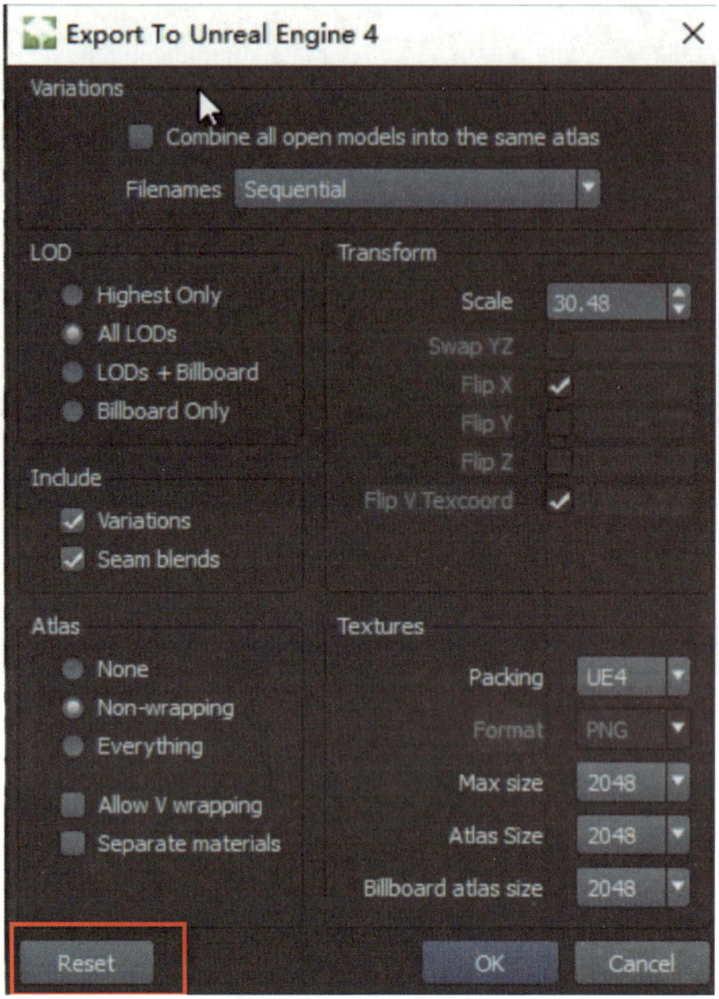

图 3-3-25（续）

【UE4 导入】

我们打开 UE4，新建关卡，选择默认关卡，在内容浏览器中新建 SpeedTree 文件夹，点击上方导入按钮，然后找到刚才植物保存的路径，找到带 st 后缀的文件并打开。

在导入面板中，我们首先勾选创建材质复选框，因为我们刚刚制作了材质，需要将其导入，故在 UE4 中我们需要新建材质球来承载刚刚的材质。次表面效果指的是模型的半透明效果，我们刚刚并未制作，所以不用勾选。最后再勾选顶点处理复选框，因为我们刚刚制作出了动力学效果，顶点处理是 Unreal 中动画制作导入最重要的选项。点击导入，我们可以看到所有的资产都已导入内容浏览器中。

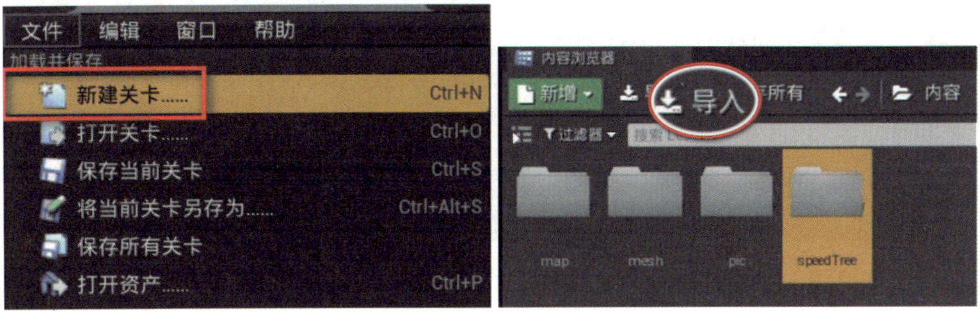

图 3–3–26

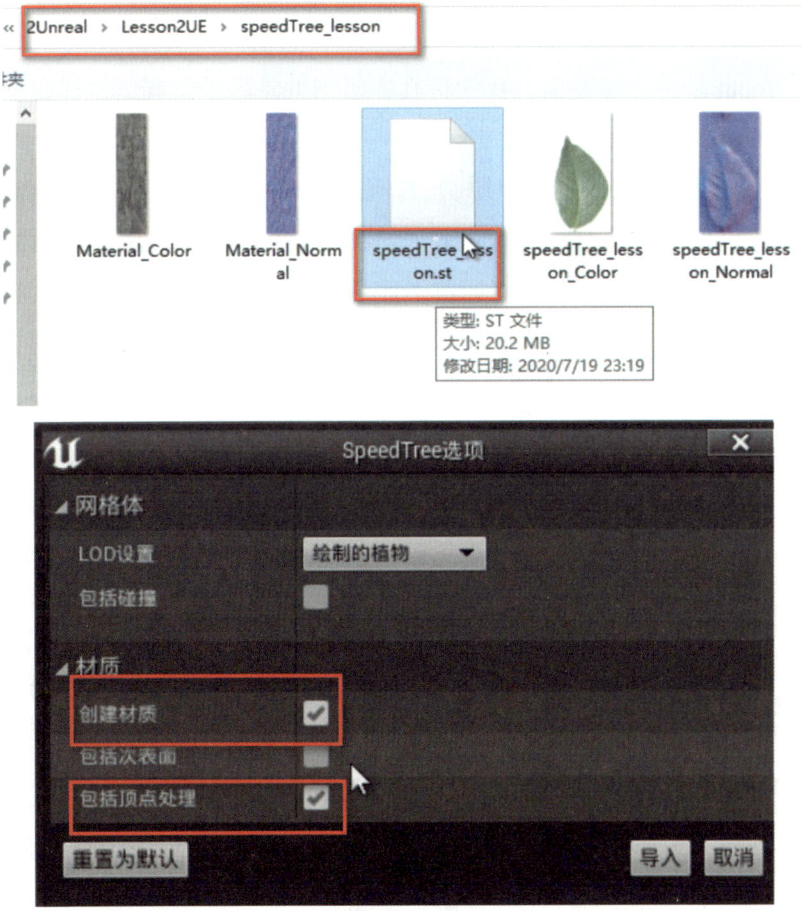

图 3–3–27

图 3-3-27（续）

我们将多边形直接拖入场景，然后给场景添加风力场。在左边放置 Actor 面板搜索框，输入 wind，找到方向风源拖入场。选择内容浏览器中的 Mat 材质球，双击打开材质编辑器。在 SpeedTree 节点中，WindInput 是风力输出，GeometryInput 是多边形输出，我们将其连接到世界场景位置，这样就会将动力学属性输入。

点击我们刚刚放置的方向风源，在右侧细节面板中调节风力的强度等数值，场景中的植物就因受风力影响动起来了。我们打开下方内容编辑器中的树叶材质球，在左侧细节面板中材质表达式下面的几何体类型中选择叶、风类型中选择快，然后点击保存，在场景中观看效果。然后回到材质编辑器的细节面板，调整为最佳，再次点击保存。

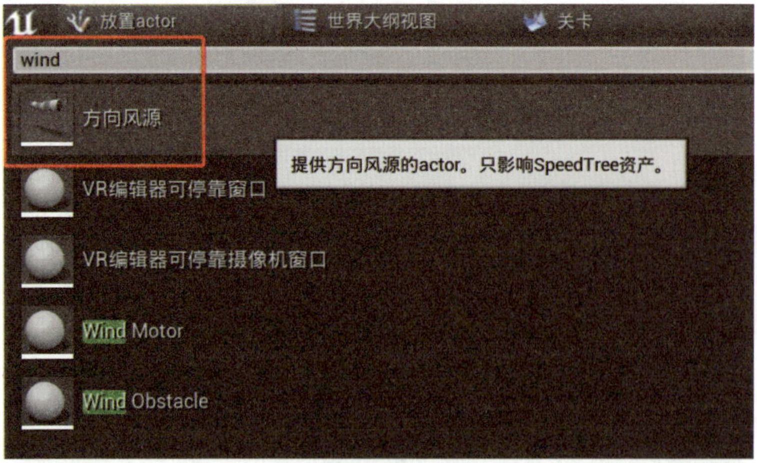

图 3-3-28

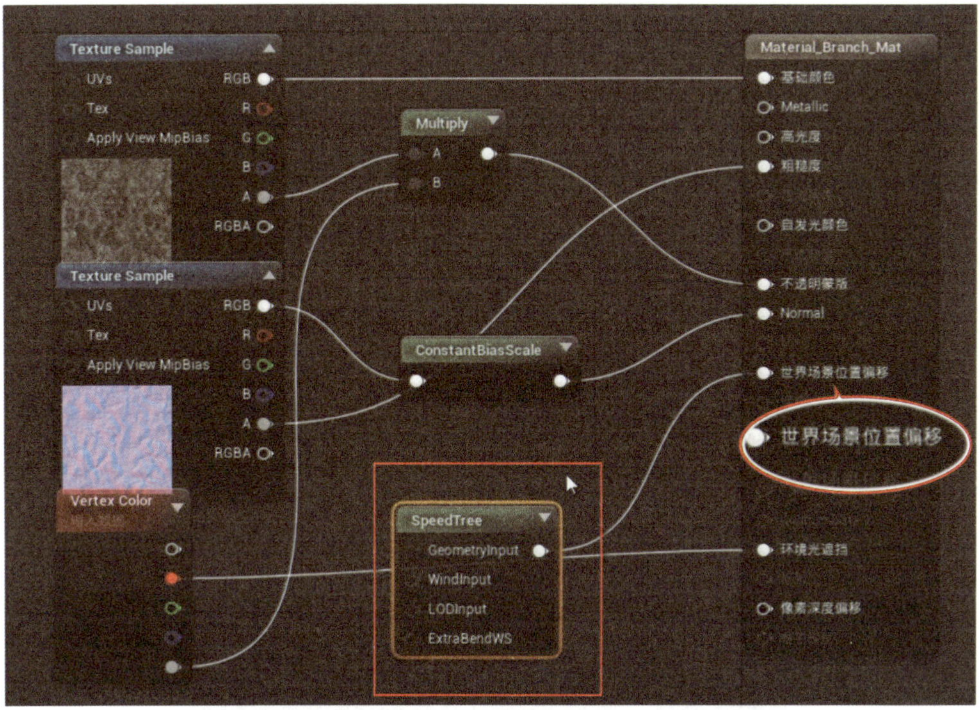

图 3–3–28（续）

图 3–3–29

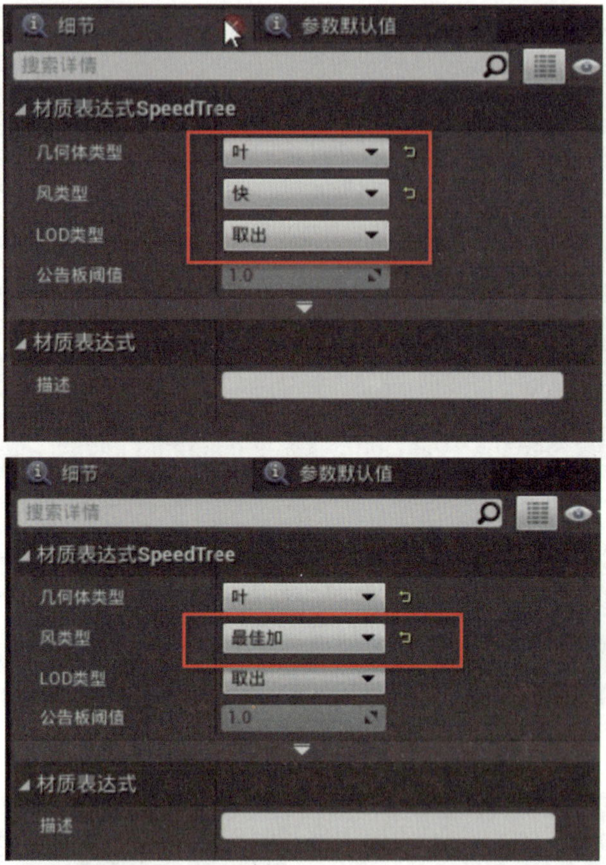

图 3-3-29（续）

同样，我们双击树干材质球，在细节面板中的材质表达式下面的几何体类型中选择分支，风类型选择最佳加，点击保存。这样我们可以得到较好的植物动力学效果。

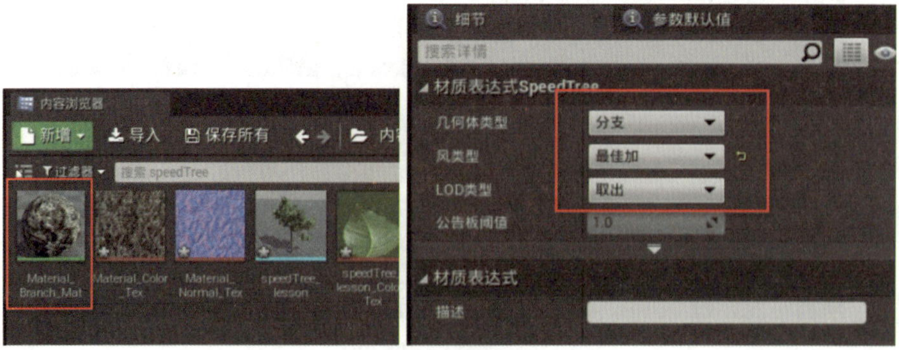

图 3-3-30

在放置的时候，我们可以使用之前课程中介绍的模式下的植物工具对植物进行放置。选择内容浏览器中的植物多边形，将其拖入绘制面板中的植物列表，便可以使用绘制工具将树木在场景中绘制出来。但是，此时一定要注意模型的数量不能过多，否则场景的编辑较为困难，数据量过大。

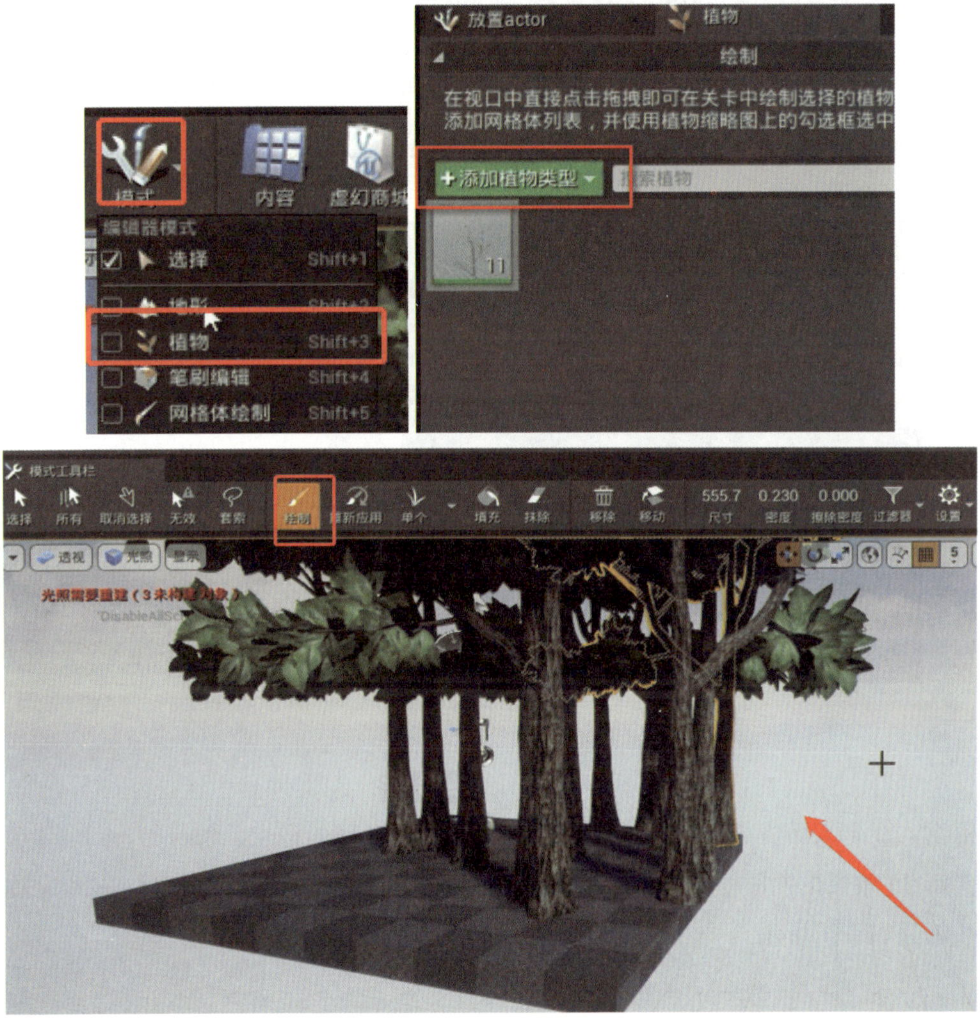

图 3–3–31

SpeedTree 的基本制作流程到这里就讲解完了。我们除了可以自己从头制作一棵植物，也可以使用自带植物进行导入。打开 SpeedTree，在新建下方可以选择一系列已有的植物来进行编辑。我们选择一棵模型较大的树导入 UE4 进行测试。我们在 File 中选择导出到 UE4，在自己选择的路径新建文件夹并命名。

图 3–3–32

打开 UE4，在内容浏览器中点击导入导入，在文件夹中选择刚刚导出的植物，在导入面板中将材质、次表面、顶点处理全部勾选上。SpeedTree 的树叶支持 3S 效果的贴图。同样，双击树干和树叶材质编辑器，将风类型均选择为最佳加，如下图所示。

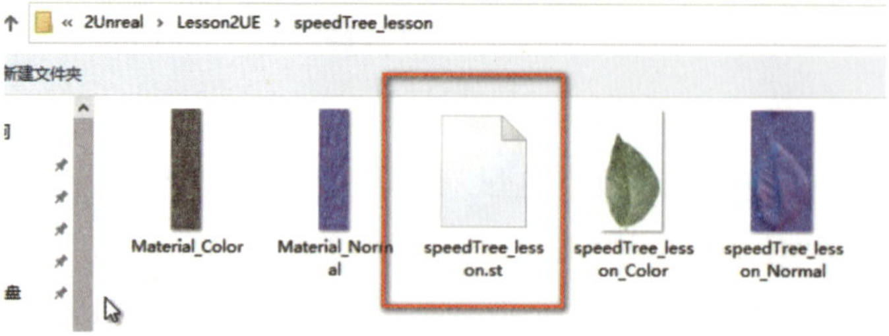

图 3–3–33

图 3-3-33（续）

如果在场景中风力较为不明显，我们可以回到 SpeedTree 中，为植物增加风力场，然后点击导出到 UE4 中再重新导出。回到 UE4 中，右键点击内容浏览器中的植物资产，选择重新导入。我们可以看到此时场景中的树叶已经动起来了，并且因为植物面数较多，细节非常真实，透光的 3S 效果制作得也很细腻。

Wind Wizard
General
This model most closely resembles a
Ornamental, cultivated tree
Generator wind weights and levels
Set them for me
Conditions
Breezy
Favor speed
quality
Leaves/Needles
The leaves/fronds of this model are most like
Small, rustly leaves (e.g., oak leaves)
Individually modeled leaves/needles
Please identify what each of the following leaf generators represent:
BatchedLeaf
Leaves/Needles
NOTE: The Wind Wizard makes assumptions about the structure of your model and may not always produce the desired result. Please see the Wind Wizard section of the documentation for information about fine tuning wind behavior.
OK
Cancel
Properties
Edit
Wind
Lighting
Global properties
Window properties
Actions
Wind wizard...
Compute AO
Randomize
Export...
重新导入
用新文件重新导入
打开源文件位置
在外部编辑器中打开
Sample_
Broadleaf

图 3-3-34

第四章　虚拟现实场景设计与制作外部工具（二）

——Quixel 资源

第一节　Quixel 资源简介

Quixel 是一个通过基于真实环境的扫描、照片自动建模等方法建立的海量贴图、模型库，它主要应用于写实环境，即电影、游戏、VR 等逼真场景的搭建。

Quixel 包含三个应用，分别为：Megascans、Bridge、Mixer。Megascans 包含从城市到自然各种主题成千上万的 3D 资产，包括平铺的表面、植被、地图、贴画等，且每周更新。Bridge 负责管理资产，在一个独立的库中管理 Megascans 中和自定义的资产，并且可以一键导出到 3D 应用程序和游戏引擎。Mixer 可以加载网格体，并在上面应用多个智能材质，然后通过 3D 绘制功能创作出用户独特的材质外观。

第二节　Quixel 资源的安装与使用

1. 安装 Quixel Bridge

首先打开 Quixel 的官网：www.quixel.com。然后在页面中找到 Bridge 和 Mixer 进行下载，如下图所示。注意：由于 Quixel 扫描数据极大，安装盘需要有足够大的空间，切忌安装在 C 盘中。

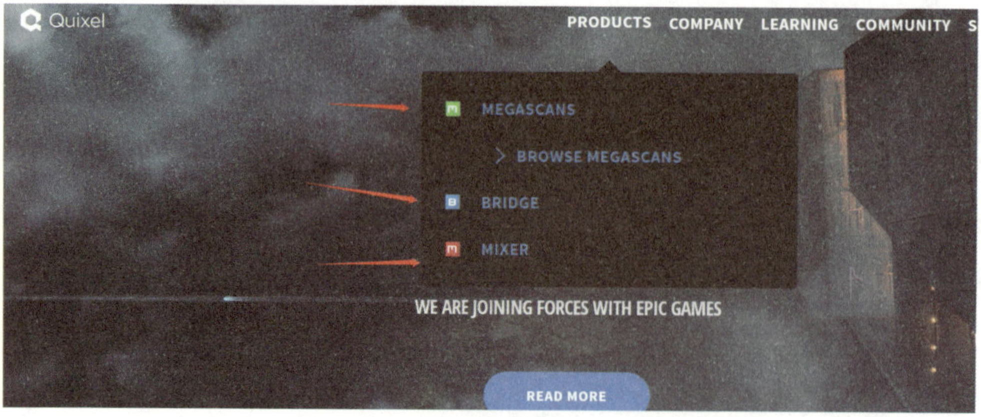

图 4–2–1

2. Quixel Bridge 中资源的下载和导出

打开 Bridge 和 Mixer，会看到如下界面。

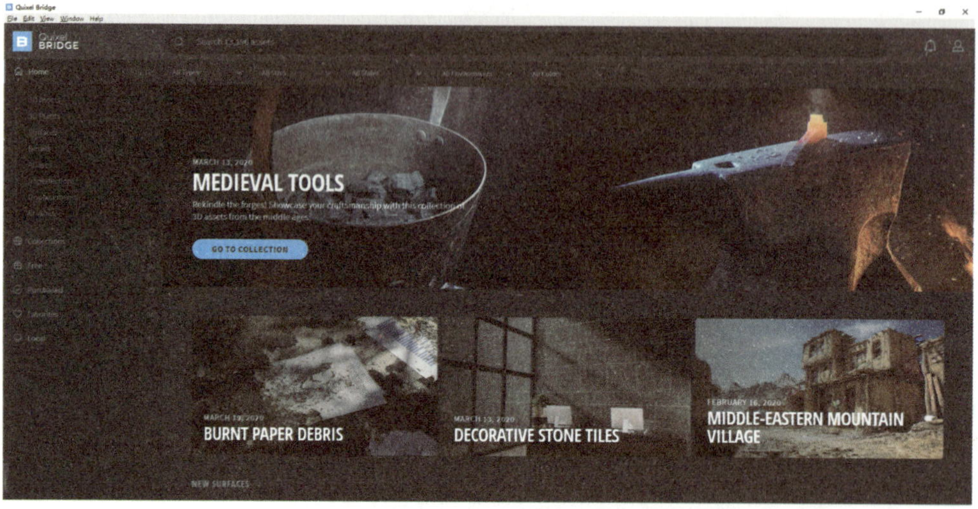

图 4–2–2

在左侧或者上方搜索栏，可以根据标签定位到自己需要的资产，如图 4-2-2 所示。

点击需要下载的资产或者贴图，在右边找到下载设置。首先选择需要的大小——2K 到 8K，然后选择需要导入的三维软件，最后选择自己需要的贴图类型。也可以在 Local 中选择自己下载好的然后导出。在资产上方按右键选择 Go to Files，可以跳转到贴图下载的位置，如图 4-2-3 所示。

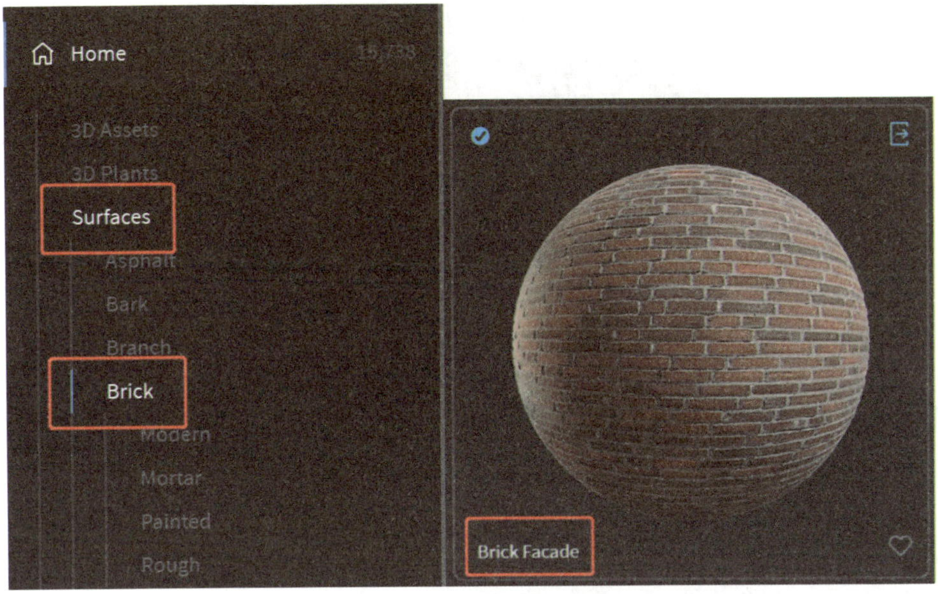
Home
3D Assets
3D Plants
Surfaces
Asphalt
Bark
Branch
Brick
Modern
Mortar
Painted
Rough
Brick Facade

图 4–2–3

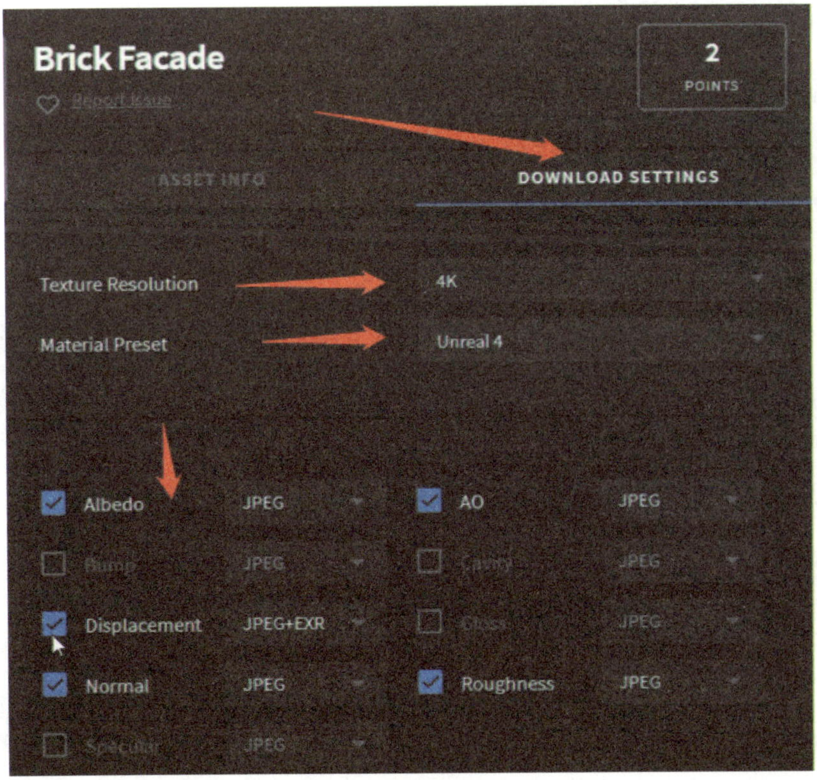
Brick Facade
2
POINTS
ASSET INFO
DOWNLOAD SETTINGS
Texture Resolution
4K
Material Preset
Unreal 4
Albedo
JPEG
AO
JPEG
JPEG
JPEG
Displacement
JPEG+EXR
JPEG
Normal
JPEG
Roughness
JPEG
JPEG

图 4–2–4

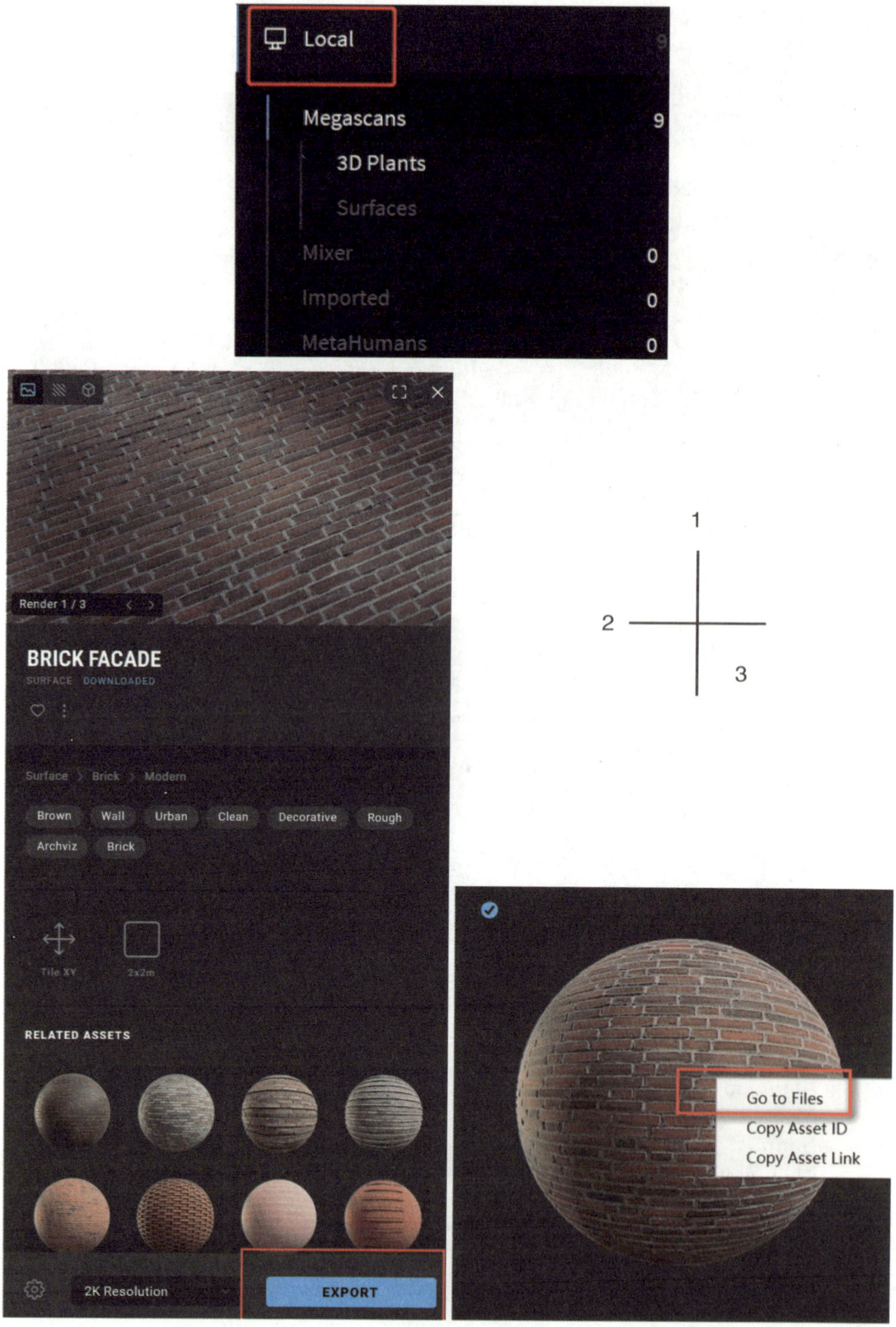
Local
Megascans 9
3D Plants
Surfaces
Mixer 0
Imported 0
MetaHumans 0
Render 1 / 3
BRICK FACADE
SURFACE DOWNLOADED
Surface > Brick > Modern
Brown
Wall
Urban
Clean
Decorative
Rough
Archviz
Brick
Tile XY
2x2m
RELATED ASSETS
2K Resolution
EXPORT
1
2
3
Go to Files
Copy Asset ID
Copy Asset Link

图 4–2–5

第三节 Quixel 资源在虚幻引擎中的应用

打开 UE4 中上一节中的场景，将新关卡命好名并储存到自己选择的位置。新建 Quixel 的文件夹，并且分类建好 mesh 和 texture 的文件夹，用来存放网格体和贴图。

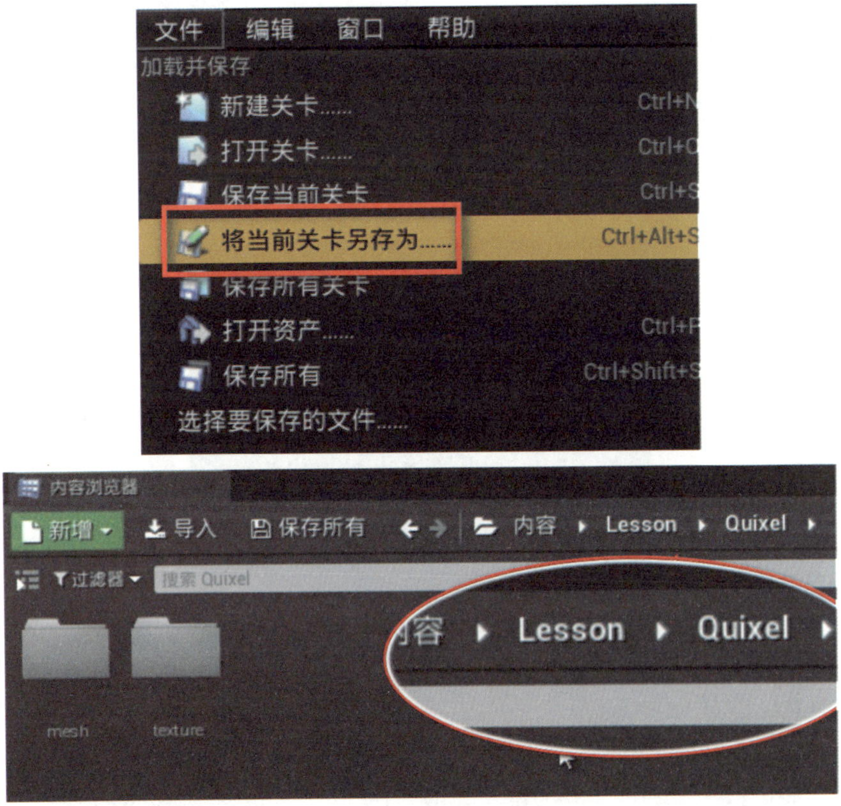

图 4–3–1

将刚刚在 Bridge 中下载好的贴图拖到贴图文件夹中，在左边拖动新建平面，如图 4-3-2 所示。

在颜色贴图中右键创建新材质。双击新材质球，将其他贴图拖到材质编辑器中，如图 4-3-3 所示。

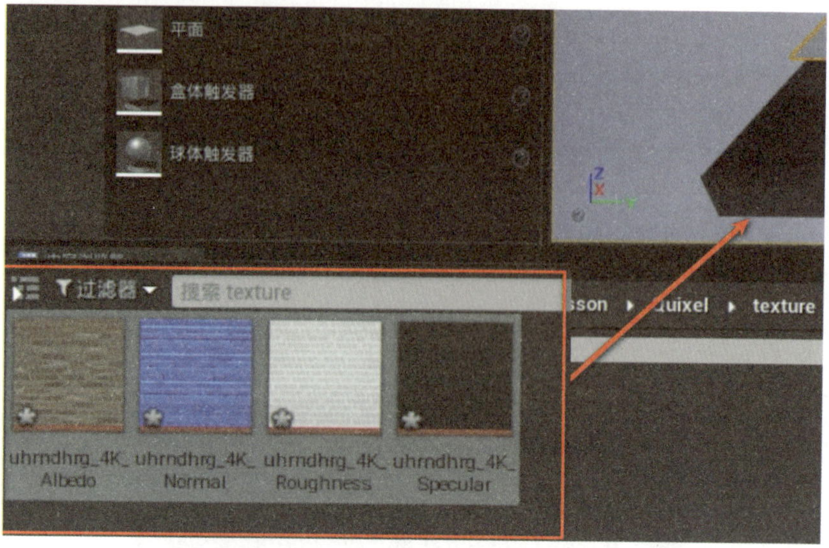
平面
盒体触发器
球体触发器
过滤器
搜索 texture
son
uixel
texture
uhrndhrg_4K_Albedo
uhrndhrg_4K_Normal
uhrndhrg_4K_Roughness
uhrndhrg_4K_Specular

图 4-3-2

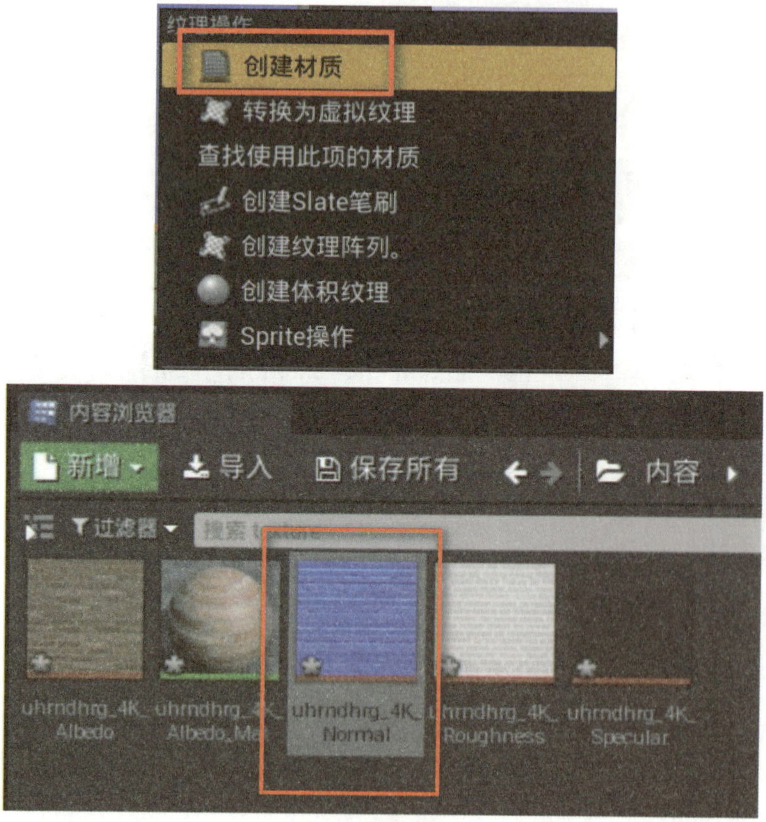
创建材质
转换为虚拟纹理
查找使用此项的材质
创建Slate笔刷
创建纹理阵列。
创建体积纹理
Sprite操作
内容浏览器
新增
导入
保存所有
内容
过滤器
uhrndhrg_4K_Albedo
uhrndhrg_4K_Normal
Roughness
uhrndhrg_4K_Specular

图 4-3-3

注意：将法线贴图导入 UE4 中时，要在编辑贴图的页面翻转绿通道导入，才能显示正确的法线贴图。然后将三张贴图节点连接到相应的位置。最后在左上角保存材质，将材质球拖动到平面。

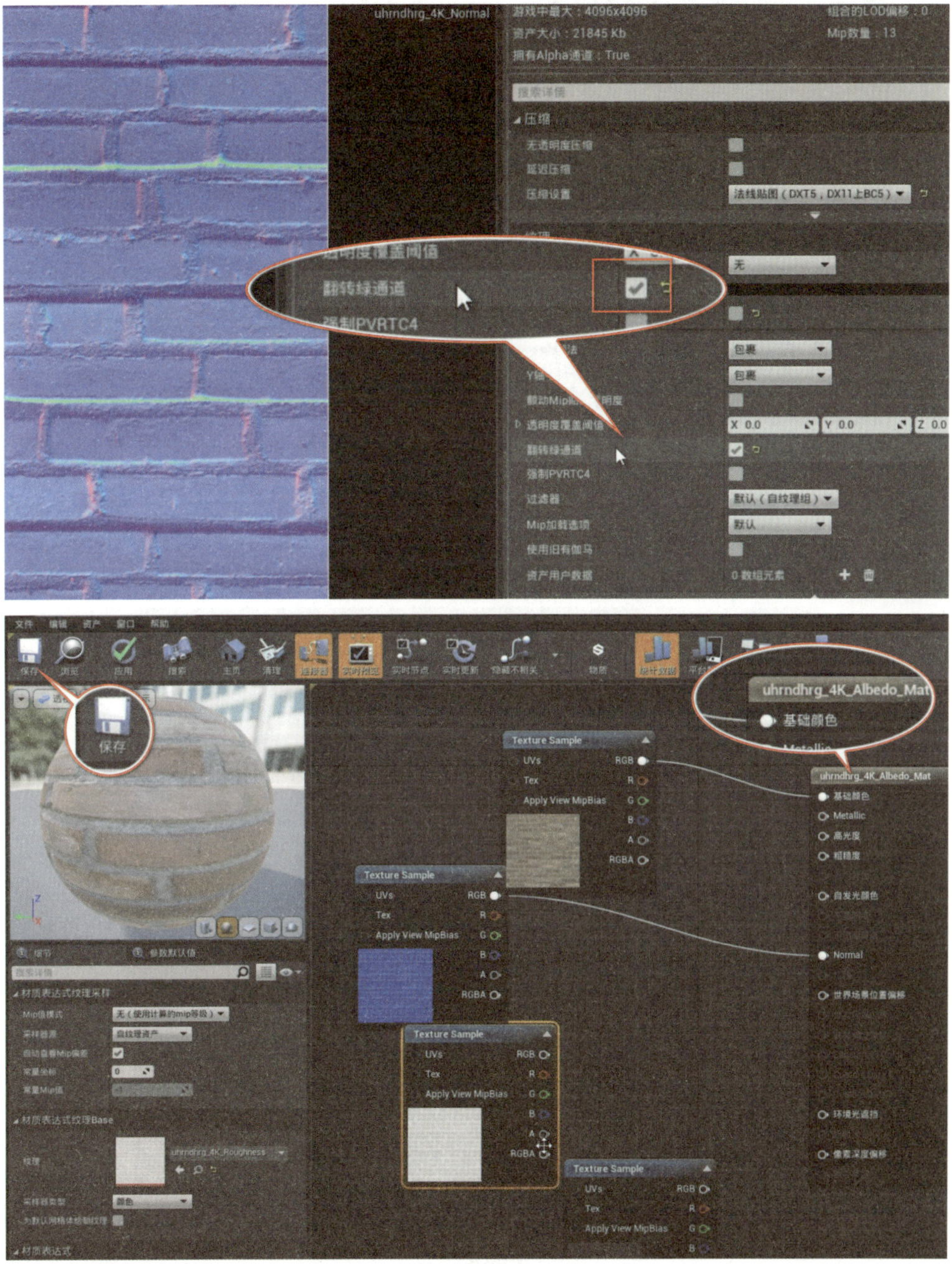

图 4-3-4

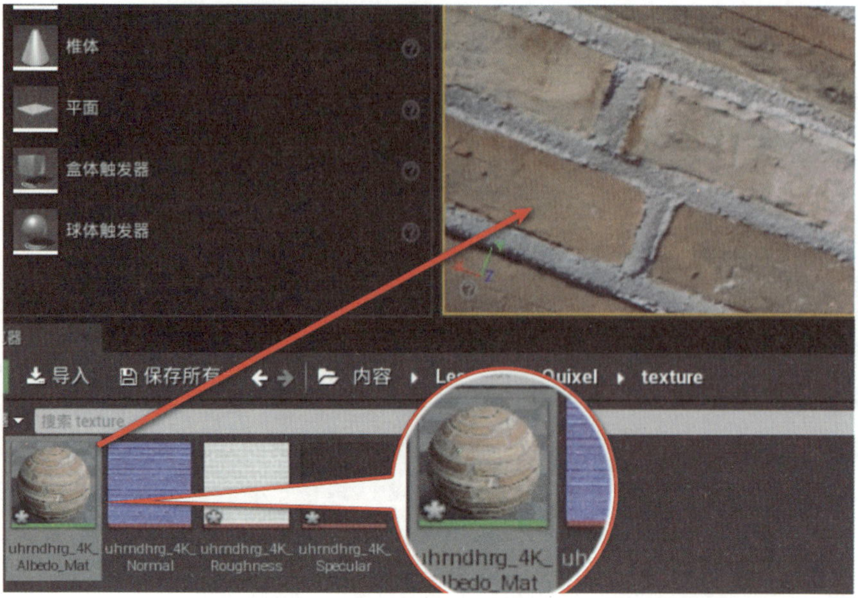

图 4–3–4（续）

尝试将一个模型资产导入 UE4 中。打开已经下载好的贴图和模型，选取自己需要的大小，然后拖到 UE4 的内容栏中。导入设置中不生成碰撞。

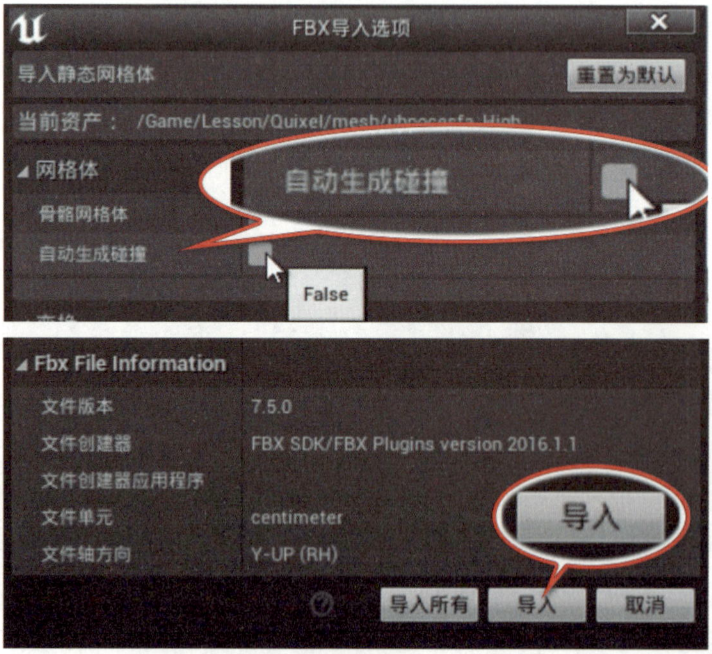

图 4–3–5

导入后将模型拖入视口中，在颜色贴图中新建材质球。

图 4–3–6

打开材质球编辑器，将贴图拖入编辑器，并提前把法线贴图的绿通道进行翻转。

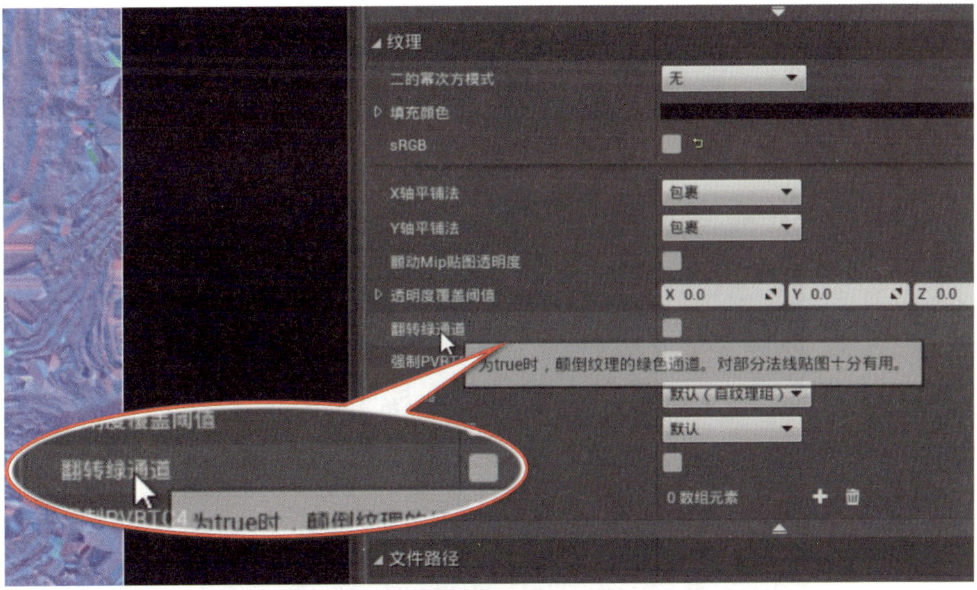

图 4–3–7

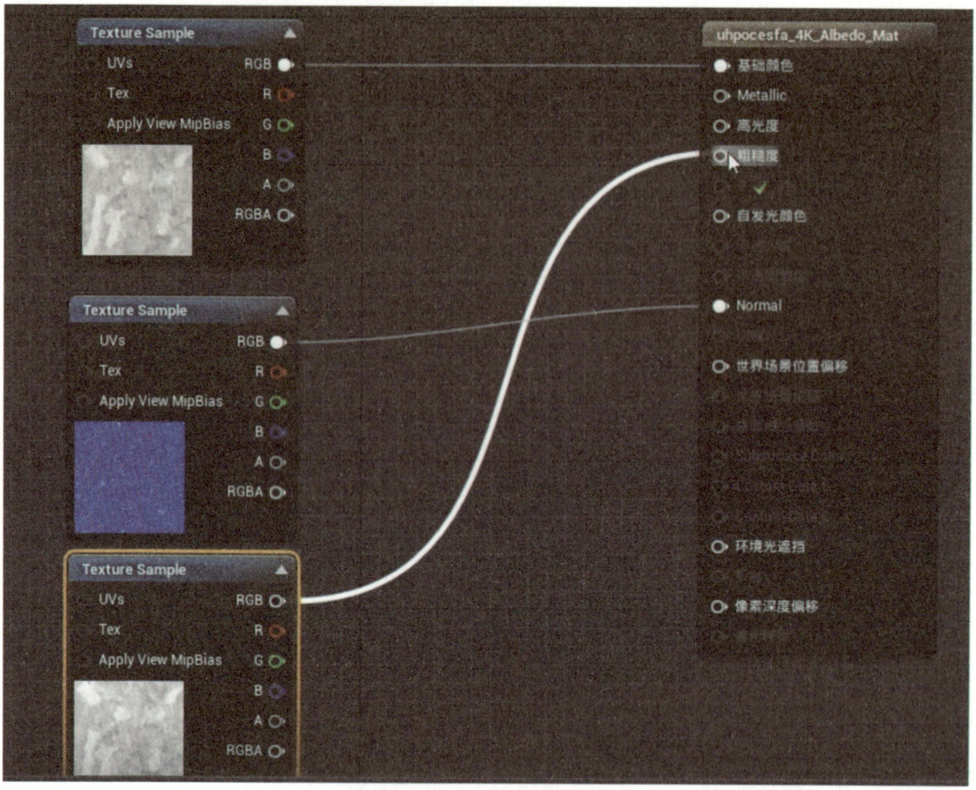

图 4-3-8

然后将编辑好的材质球拖到低模上，这样就可以得到和高模差不多的效果。如图 4-3-9 所示，左边是高模，右边是低模，但可以看出低模图缺少一些雪的光泽和透明度。

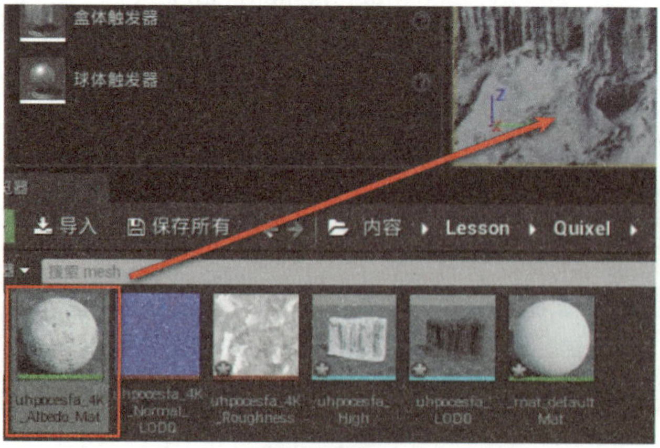

图 4-3-9

再次打开材质编辑器，按 M 键，给材质添加上 Multiply 节点，数值更改为 0.5，将节点连接至自发光和高光。再增加颜色节点，然后连接到 Multiply 节点上。

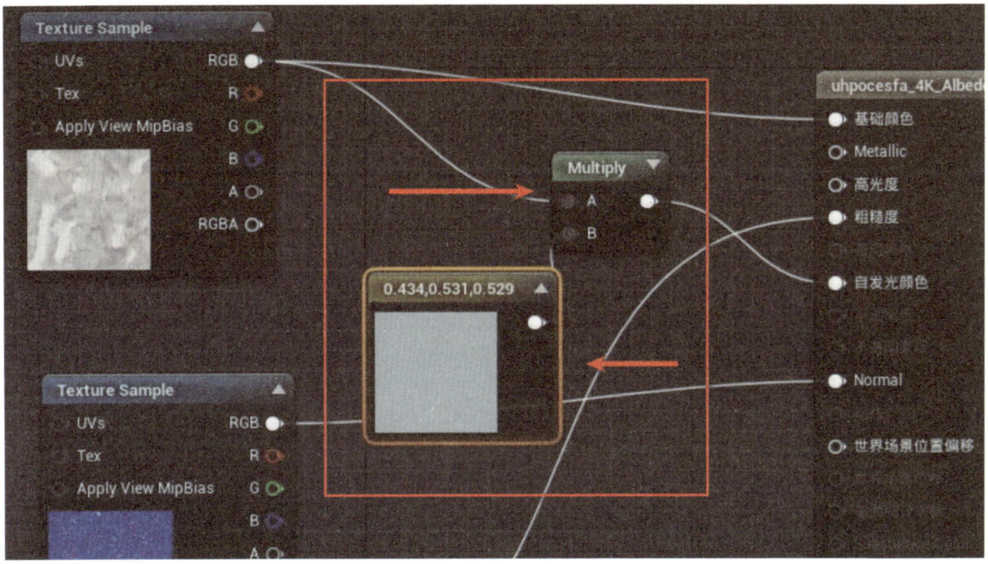

图 4–3–10

第四节　Quixel Mixer 中资源的下载和使用

接下来我们来看 Mixer 的具体应用。打开 Mixer，创建新的项目。我们可以在 Online 中找到库里已经存在的资源。

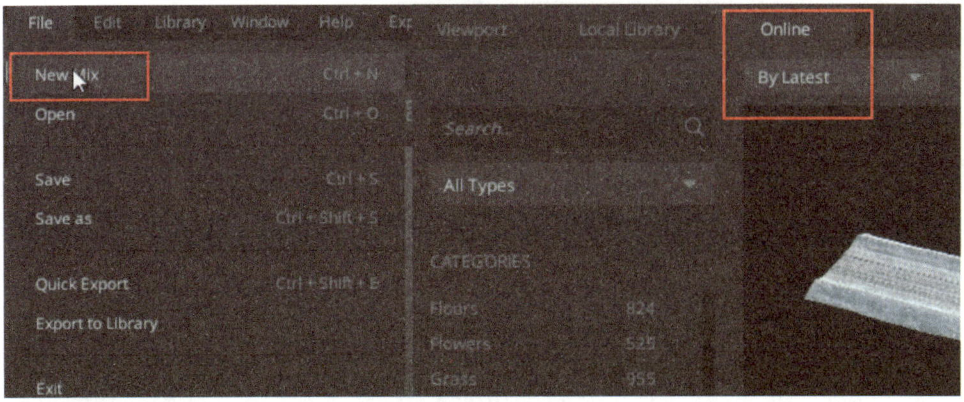

图 4–4–1

点击选择需要的资产后，我们在图层中就可以看到选中的资产。将默认的灰色图层关掉，就可以显示资产本身的样子。

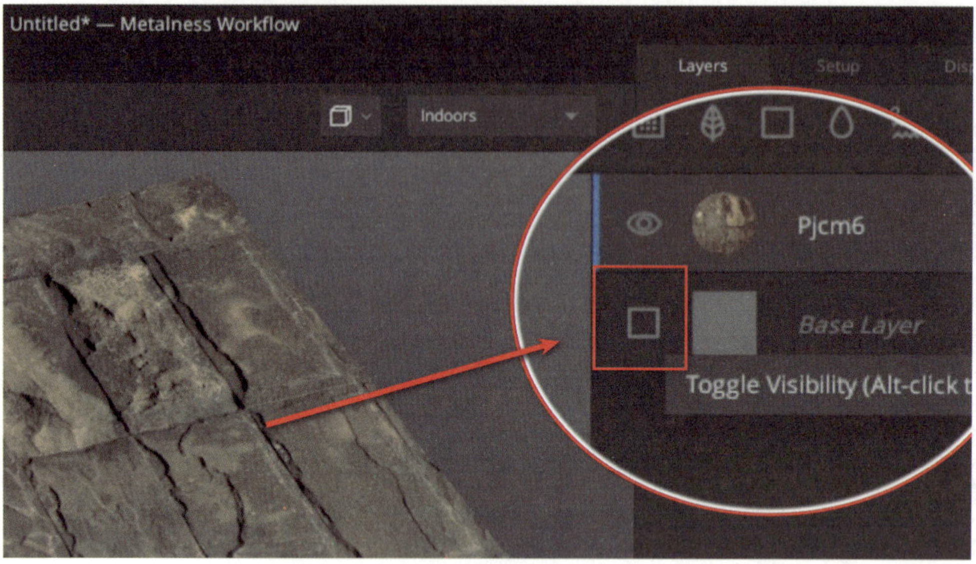

图 4-4-2

点击右上方的工具栏，添加液体层，这时可以看到资产表面增加了一层液体。我们可以在右边的编辑栏对这个图层进行编辑。

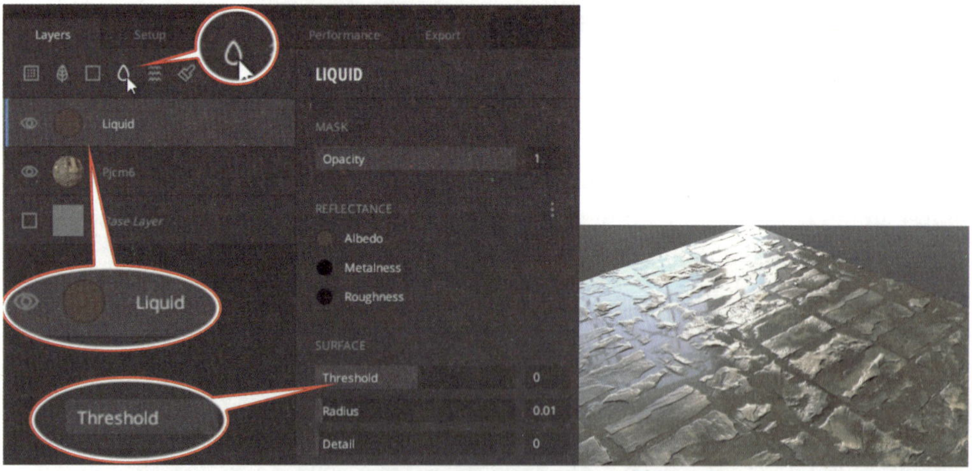

图 4-4-3

编辑好材质后选择导出。在右边贴图的类型中选择 Alberto、Roughness、Normal、Specular 四张贴图，设置好导出的文件夹，进行导出。打开导出的路径，将贴图拖入 UE4 的内容文件夹中，将法线贴图的绿通道翻转并保存。

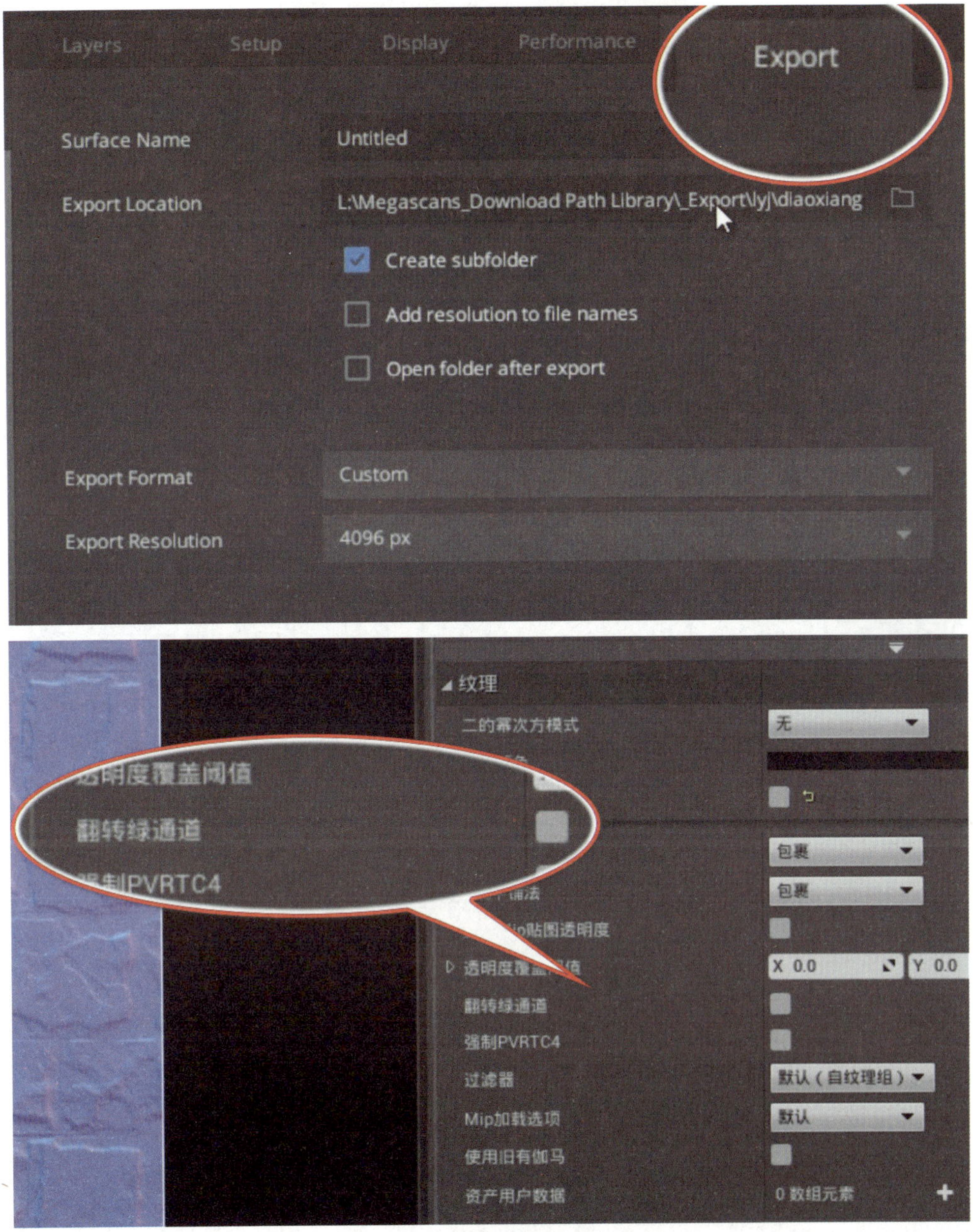

图 4-4-4

在基础颜色贴图上新建材质球，然后双击材质球打开材质编辑器，将剩下贴图拖入，如下图所示连接好并保存。新建平面，将材质赋予平面，即可得到效果。

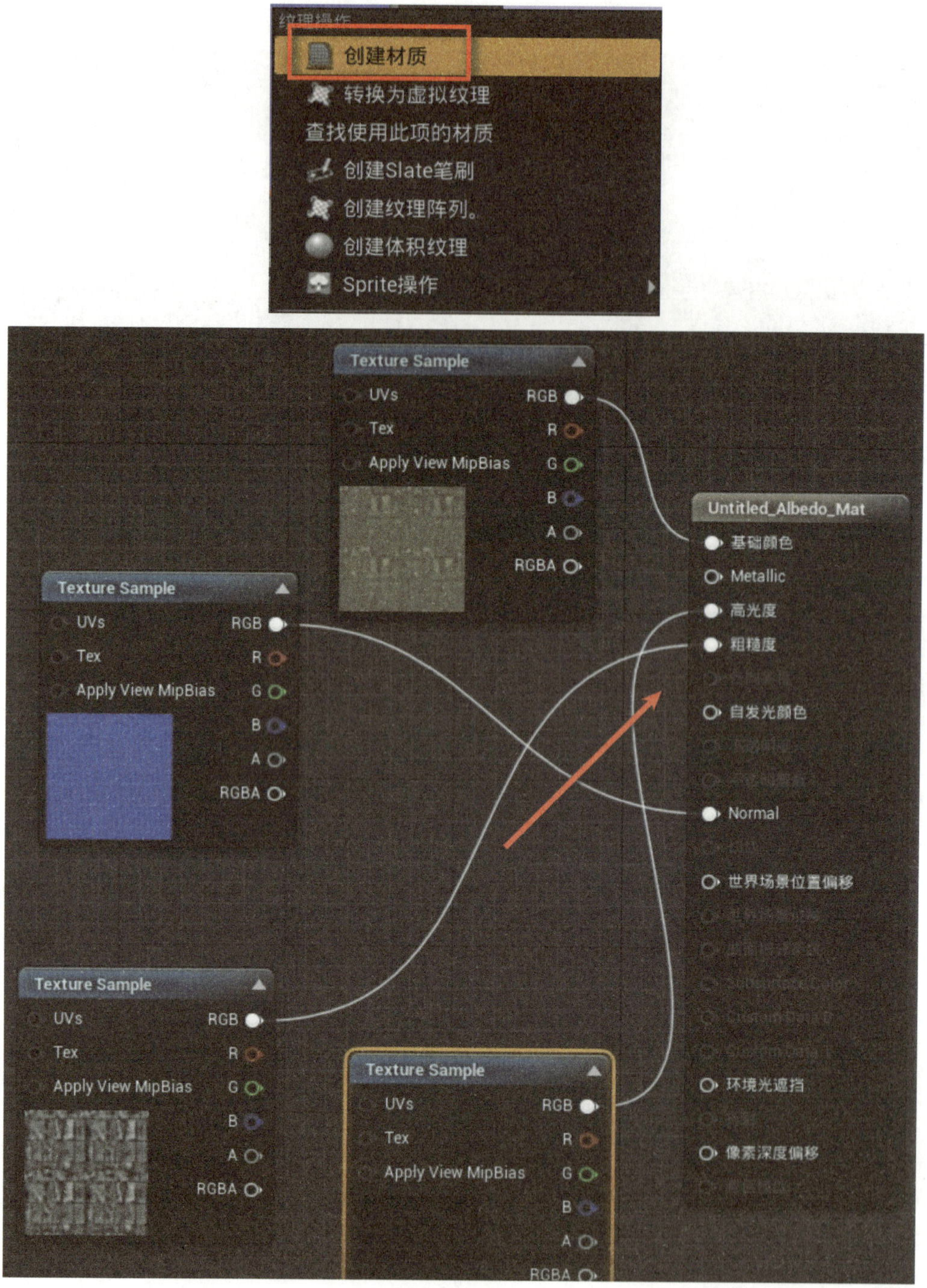
创建材质
转换为虚拟纹理
查找使用此项的材质
创建Slate笔刷
创建纹理阵列。
创建体积纹理
Sprite操作
Texture Sample
UVs
Tex
Apply View MipBias
RGB
R
G
B
A
RGBA
Untitled_Albedo_Mat
基础颜色
Metallic
高光度
粗糙度
自发光颜色
Normal
世界场景位置偏移
环境光遮挡
像素深度偏移

图 4-4-5

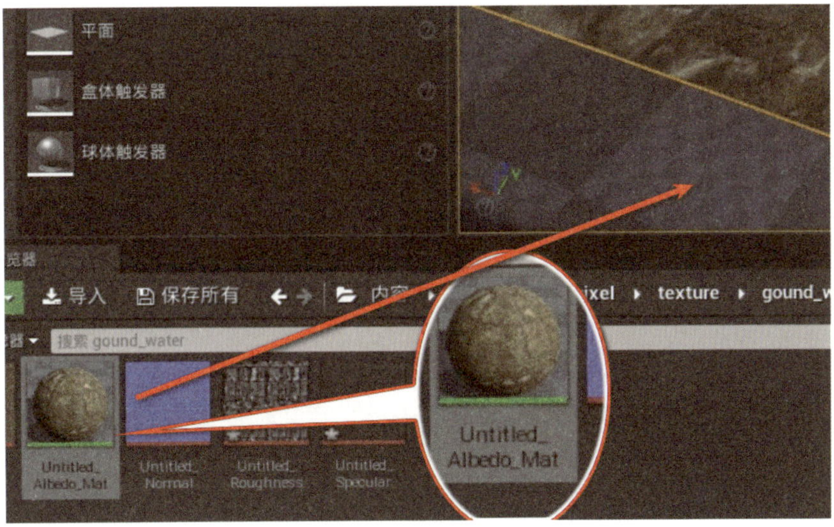
平面
盒体触发器
球体触发器
导入
保存所有
texture
gound_
搜索 gound_water
Untitled_
Albedo_Mat
Untitled_
Normal
Untitled_
Roughness
Untitled_
Specular

图 4-4-5（续）

第五章　虚拟现实场景设计与制作（一）

——制作场景关卡（路径、空间与节点）

第一节　虚拟现实场景设计与制作流程

一、虚拟现实场景（关卡）与影视、动画、游戏场景的区别

在学习设计虚拟现实场景（关卡）之前，我们要先了解虚拟现实场景（关卡）与影视、动画、游戏场景的区别。

1. 虚拟现实场景与影视、动画场景的区别

影视、动画场景的机位视角相对固定，设计人员针对相机所能看到的场景进行制作。在相机镜头之内的资产会非常精细，但相机之外的内容则会省略掉。而 VR 场景不只局限在相机镜头内，还需要考虑相机周围的环境，因此在 VR 场景制作中，设计人员需要考虑的因素远多于影视、动画场景，这就增加了 VR 场景制作的工作量和难度。另外，由于机位固定，使得远景在相机中的范围相对固定，因此影视、动画的场景中更容易发挥 Matte Painting 环节的效果。而虚拟现实场景的高互动性特征使得远景范围具有可变性，消减了传统远景绘制流程的效果。在虚拟现实场景中，远景也多为实实在在的 3D 物体。图 5-1-1 为笔者带领团队于 2013 年制作的游戏 CG 短片，从中我们可以看到影视、动画场景的特点。

图 5–1–1 影视、动画中的场景

2. 虚拟现实场景与常规游戏场景的区别

一方面，二者的区别首先体现在体验介质不同，常规游戏通常在 2D 显示设备上播放，虽然在互动性与开放性上与 VR 场景的相似，但由于屏幕的阻隔，在沉浸性和代入感上与 VR 游戏存在很大差距。VR 场景的高度沉浸性特点，使观者更容易关注到场景中不符合实际的内容，因此 VR 场景在视觉、听觉或物理规则方面呈现出更加真实的特点。另一方面，由于 VR 场景对于真实性与细节的高度要求，制作时必然产生大量性能消耗，在此基础上，VR 内容还需要保证极高的画质与刷新率，这两点在制作过程中互为矛盾，因此极其考验设计者的场景优化能力。图 5-1-2 是作者带领团队于 2015 年研发的一款移动端游戏内容截图，该款游戏上市后获得国内外业界高度关注，并被 ChinaJoy 评为中国最早的次世代手机游戏。这款游戏的运行环境还处在小米手机 2 代，从中我们可以看到，通过合理的设计与优化，以当时的硬件性能，常规游戏依然可以达到不错的视觉效果。

图 5-1-2　2D 显示设备上的游戏场景

3. 虚拟现实场景的特点

VR 场景具有高度开放性、互动性的特点。由于佩戴方式与 VR 成像原理的特点，VR 内容的画质要求极高，通常为 4K 画幅以上，画面的刷新率通常在 90 帧 / 秒以上，并且头戴显示器中的双屏幕将这一画幅面积扩展两倍，这不但消耗了大量渲染资源，也对场景中的美术资源质量提出了极高要求。因而 VR 场景设计人员应具有很强的资源优化能力和性能节约意识。

图 5-1-3　虚拟现实场景

二、虚拟现实场景的设计与制作流程

由于虚拟现实场景具有高自由度特性，所以在场景的设计思路上与影视、动画会有很大不同，这一本质区别导致场景的设计制作流程不同于以往。以下我们将场景的设计制作分为三个部分，详细梳理虚拟现实场景设计制作中所要关注的重点。

【关卡设计图】

在虚拟现实场景的设计中，核心要点在于路径、空间、节点三个元素的规划。因为虚拟现实的场景设计更接近于日常生活，所以我们首先要考虑移动的空间。空间与空间之间依靠路径进行连接，节点代表移动的目的，如交互事件、交流对象等。图 5-1-4 是笔者指导的学生绘制的游戏关卡设计图，从中我们可以看到关卡设计的核心三元素贯穿关卡设计过程的始终。这是因为关卡设计不同于影视、动画场景设计，它在美术细节的基础上更加注重合理性、功能性与目的性。

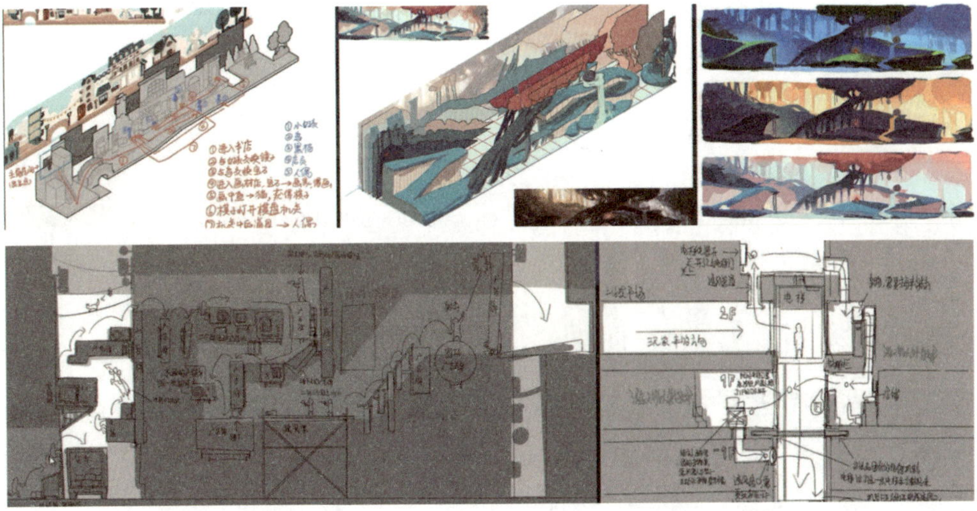

图 5–1–4

【关卡搭建与设计优化】

关卡搭建就是将设计图在引擎中具象化的过程。搭建关卡时，要着重注意路径、空间、节点三个元素，在此基础上添加细节，使布局更加合理，感官体验更加丰满。在这一步中，我们更加重视场景的功能设计。图 5-1-5 右图是本教程的过程截图，这一阶段我们会根据关卡设计图，逐步展示虚拟现实场景搭建的过程，同时，我们也会根据场景的具体情况适当修改和完善关卡设计图，为后续设计制作步骤打下良好的基础。

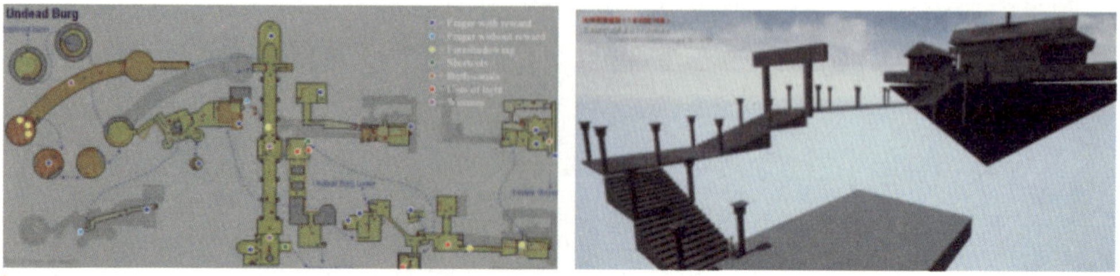

图 5–1–5

【完善关卡】

在搭建完主要场景与路径后，我们需要丰富场景中的视觉细节，如添加精细化的美术资产、调整灯光效果、设置动态特效等。相对于关卡搭建，这一步更偏重于场景的美术设计。最终效果如图 5-1-6 所示。

图 5–1–6

第二节　虚拟现实场景分阶段制作流程

一、最终效果

本教材所达到的最终效果，是使大家在自己创建的场景中可以自由行动和观察。图 5-2-1 中第三人称角色是为了方便测试，如果有 VR 设备则可以体验到逼真的临场感。

图 5–2–1

二、分阶段制作流程

【关卡搭建】

在这一过程中，我们会搭建基本的空间和路径，并设置未来会发生交互的节点。出于测试与调整的需要，我们还会导入一个可以移动的角色（如图 5-2-2 中的 A），并参考角色的比例调整场景的空间。最终效果如图 5-2-2 所示。

图 5-2-2

【完善基础环境地形】

在场景功能经过测试后，我们就可以开始完善场景。这一步主要是通过添加细节，使场景更加令人信服，使每个角度的画面更加饱满，使光影关系更加和谐。在图 5-2-3 中我们可以看到场景的地形更加丰富，大量植物与建筑模型添加到了场景中。

图 5-2-3

【设置光照与营造氛围】

在完成场景环境和地形的设计后，要对场景光照进行调整，模拟出所需要的氛围。在这一步，场景设计中的低多边形环节就结束了。最终效果如图 5-2-4 所示。

图 5-2-4

【细化道路与空间】

从这一步开始，流程进入细化美术资源的环节。首先要做的依旧是针对三个核心元素的细化。同时，本教材会引入一系列实用的软件工具，并为大家展示这些工具在美术设计方面的效果，图 5-2-5 中的楼梯与地面就是通过这些工具制作而成的。

图 5-2-5

【细化地形】

在地面、路径等基础性的细节元素到位的情况下，我们开始完善具有装饰性和功能性的地形部分。图 5-2-6 中地面两侧的地形细化是这一阶段的重点。

图 5–2–6

【细化植被】

在地形的基础上，我们要加入大量的植物资产，如树、灌木、草等。最终效果如图 5-2-7 所示。

图 5–2–7

【创建关卡交互环境与交互节点（道具与特效）】

在这一步中，我们把场景中可以交互的道具组件（如图 5-2-8 左）加入，一些提示交互用的特效（如图 5-2-8 右）也加入场景中。

图 5-2-8

【优化特效与环境】

在这一步中，我们对场景中的环境细节进行优化，使不同物体之间的材质过渡更加自然。图 5-2-9 中楼梯与石墙之间的过渡关系自然，没有多边形穿插的生硬感，这是我们对场景进行细节优化的结果。在案例中，我们将学习如何使用 UE4 中的贴花和像素深度偏移功能。

图 5-2-9

【更多场景优化方法（接缝绘制 Quixel 植被动态）】

在这一步中，我们针对贴图材质进行技术性调整，修复场景中的硬伤，减少美术资产之间产生的生硬感。如图 5-2-10 所示，我们会针对模型重复度过高、材质贴图衔接生硬等问题进行具体优化。

图 5-2-10

【设置夜景光照与渲染氛围】

在完成日光场景制作后，将场景设置为夜晚，练习在多种条件下场景的照明与气氛渲染。最终效果如图 5-2-11 所示。

图 5-2-11

【优化夜景环境】

在这一步中，对夜景进行优化。从图 5-2-12 中我们可以看到夜景中添加了更多的远景细节，还设置了一些建筑资源。为了使效果更佳，我们会进行手打光，从而烘托场景气氛。

图 5-2-12

最终效果如图 5-2-13 所示。

图 5-2-13

第三节　虚拟现实场景设计与制作实践

一、主要应用的工具：几何体、BSP 笔刷编辑工具

相应工具与菜单的详细介绍在本书第二章中。

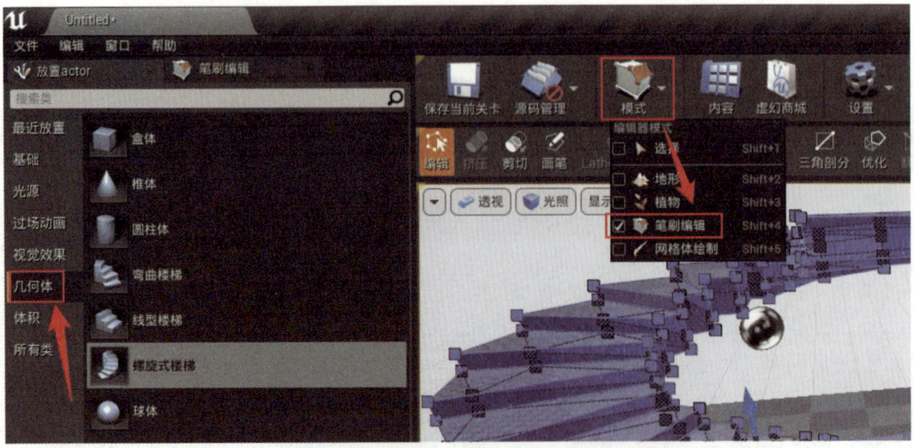

图 5–3–1

二、场景关卡设计与制作实践

【创建场景文件】

首先，我们导入一个第三人称角色进入场景，具体方法是在内容浏览器的新增栏（Add New，如图 5-3-2 中①）中打开添加功能或内容包（Add Feature or Content Packs to the Project，如图 5-3-2 中②）窗口，选择第三人称游戏（Third Person，如图 5-3-2 中③）添加到项目中，如图 5-3-2 所示。

图 5–3–2

创建完成以后，内容浏览器中会出现两个新文件夹——ThirdPerson 与 ThirdPersonBP。打开 ThirdPersonBP 文件夹中的场景文件 ThirdPersonExampleMap。文件路径及场景文件如图 5-3-3 所示。

图 5-3-3

本教材只需要场景中的角色，所以删掉平台、楼梯、墙壁等不需要的模型。删除场景中不需要的模型后，物体的阴影仍然遗留在地面上（如图 5-3-4 中①）。删除阴影的方法是：点击构建（Build，图 5-3-4 中②）功能的下拉菜单，然后选择构建场景灯光功能（Build Lighting Only，图 5-3-4 中③）。系统更新阴影贴图后，阴影消失（图 5-3-4 中④）。

UE4 为了节省渲染资源，会将静态物体的阴影烘焙在阴影贴图中，构建灯光功能会刷新阴影贴图。

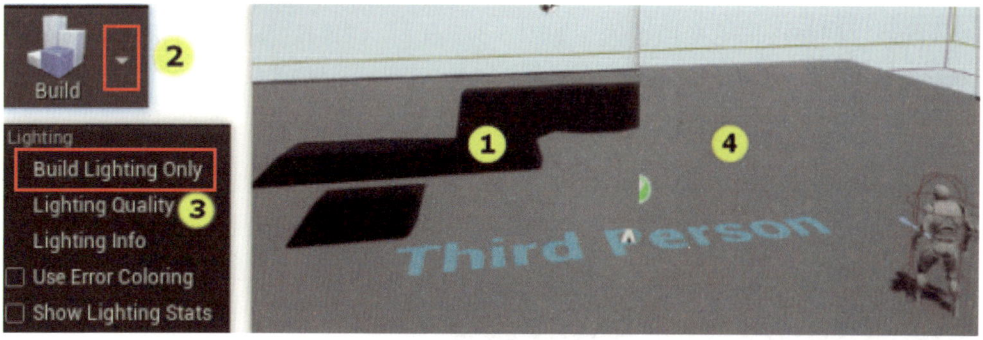

图 5-3-4

另存场景。在弹出的另存窗口中右击选择新建文件夹，将新建文件夹命名为 CJ，将场景另存为 ThirdPerson。然后在内容浏览器中右击新建的文件夹，在文件夹设置菜单中选择设置颜色，就可以改变文件夹缩略图的颜色，这样方便后期分类查找。再将 ThirdPerson 场景文件拖入 CJ 文件夹中。

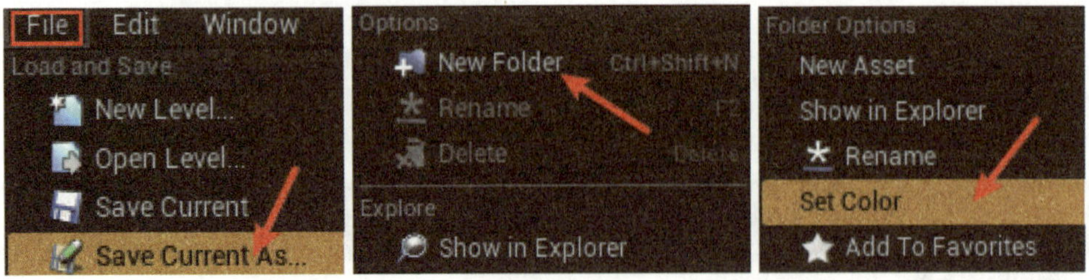

图 5-3-5

右击场景文件，然后选择资产操作（Asset Actions），再右击捕获缩略图（Capture Thumbnail）。可以将视口截图作为场景文件 Icon，以便后期查找。

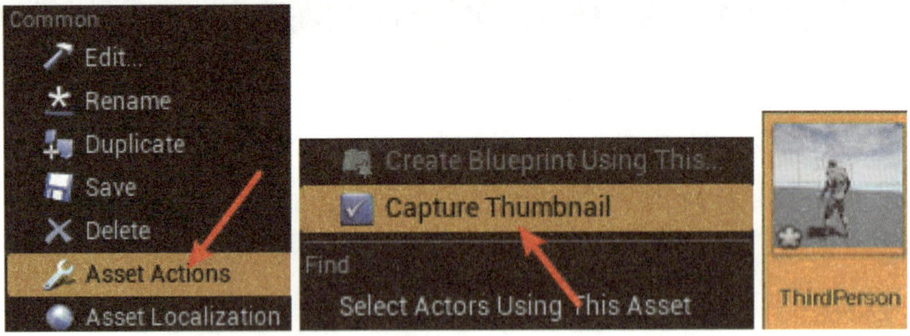

图 5-3-6

【创建平台和路径】

扩大地面的面积，将几何体目录（Geometry）中的线性楼梯（Linear Stair）拖入场景。调整楼梯的变换数值（如图 5-3-7 右），以匹配人物比例和视觉设计。

图 5-3-7

使用快捷键 Ctrl+W 复制楼梯，将两个楼梯几何体衔接成一个两段式楼梯。这里，我们需要将两个楼梯对齐。通过视口选项下拉菜单中的布局选项打开侧视图，如图 5-3-8 所示，可以在侧视图中精确移动楼梯的位置。

图 5–3–8

依此方法再复制一次楼梯，将其与前两个楼梯摆放成三段式楼梯。效果如图 5-3-9 左所示。

图 5–3–9

之后我们制作第二层平台。将盒子几何体（Box）拖入场景中，通过变换将其压扁，再调整它的面积呈长方形。复制一个三段式楼梯放置在进入平台右手方向的尽头处（如图 5-3-10 左）。制作交互物体的低模，此时需要一个球形几何体（Sphere）和一个锥形几何体（Cone）。拖入场景后，修改二者大小并组合在一起（如图 5-3-10 右）。

如果团队中的美术设计人员充足，可以在这一步中开始加入具有更多细节的标志物。

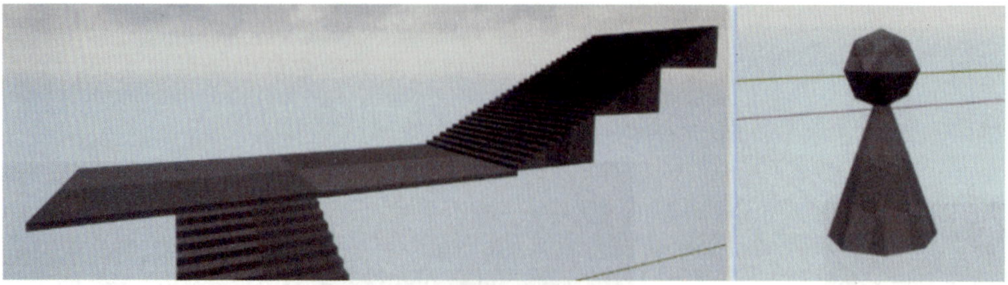

图 5-3-10

使用盒子几何体制作第三层平台并沿长边拉伸，制作一架桥（如图 5-3-11 中①）。在桥的尽头放置一个三段式楼梯，复制桥并缩短长度，然后放在楼梯上成为第四层平台（如图 5-3-11 中②）。在平台的尽头再放一个三段式楼梯，这样我们就有了一个视野开阔且富于变化的长距离行走空间。

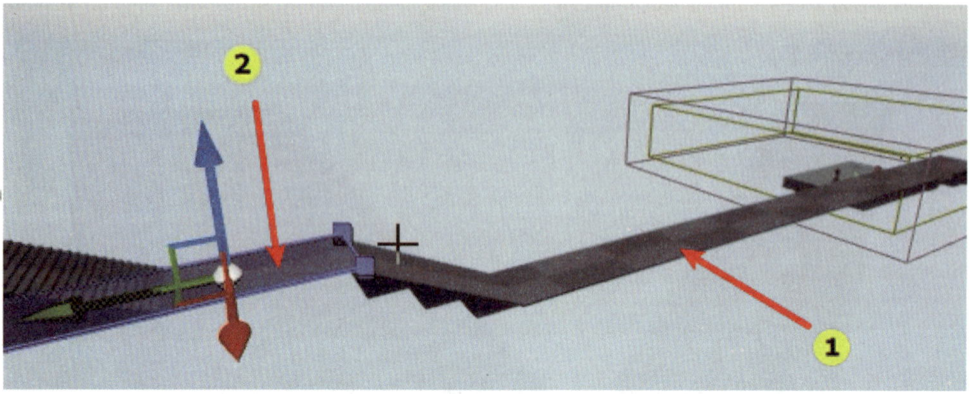

图 5-3-11

使用编辑模式，选中相应点来调整模型，并使之对齐模型。

制作第五层平台，此平台需要设置成一个较大的空间，所以我们将桥进行复制并增加面积，然后放在楼梯最上端。调整两个平台的面积（如图 5-3-12），加宽平台四（如图 5-3-12 中①），将平台五（如图 5-3-12 中②）作为放置建筑的场所。

运行测试后，我们发现桥的形状缺乏变化，因此需要制作一个厚度与桥面相同的几何体，将其与桥重叠并拉宽，放置在桥的中间和末端，以增加视觉上的丰富度。效果如图 5-3-13 所示。

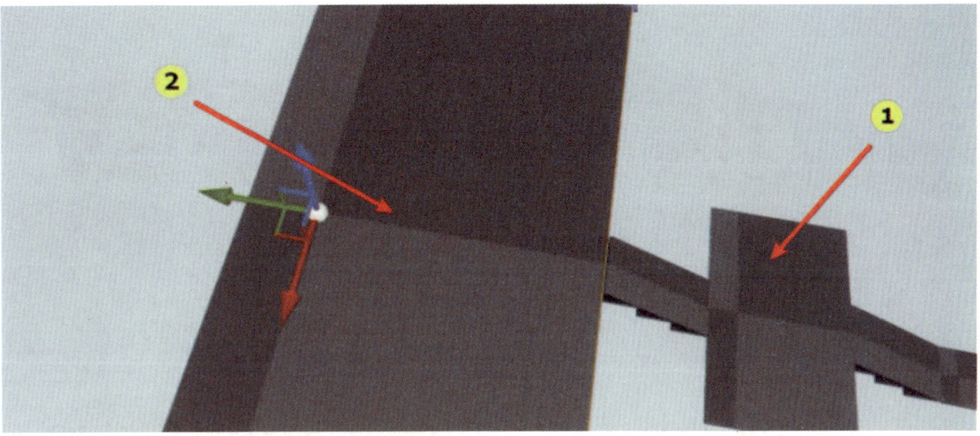

图 5–3–12

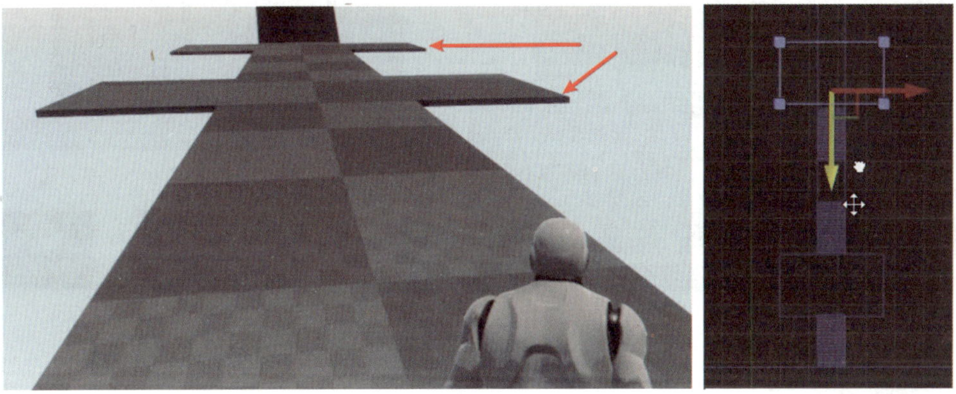

图 5–3–13

【创建建筑】

在最高层平台上拖入一个盒子几何体，切换到编辑模式，选择几何体向上的面，开启挤压功能（Extrude，如图 5-3-14 中 a）。挤出平面后，关闭挤压功能，将挤出的面扩大，再使用挤压功能并抬高挤出面。最后将抬高的面变窄，就可以得到一个带屋顶的房屋模型，如图 5-3-14 所示。使用 Alt + 鼠标中键将房子的枢轴移动到模型的底部，以便后期进行调整。

在使用挤压功能后，要及时关闭，以防影响进行其他操作。

用盒子和楼梯做一个建筑的基座（如图 5-3-15 左），然后将房屋置于基座上，这样我们就制作完成了一个完整的建筑实例（图 5-3-15 右）。

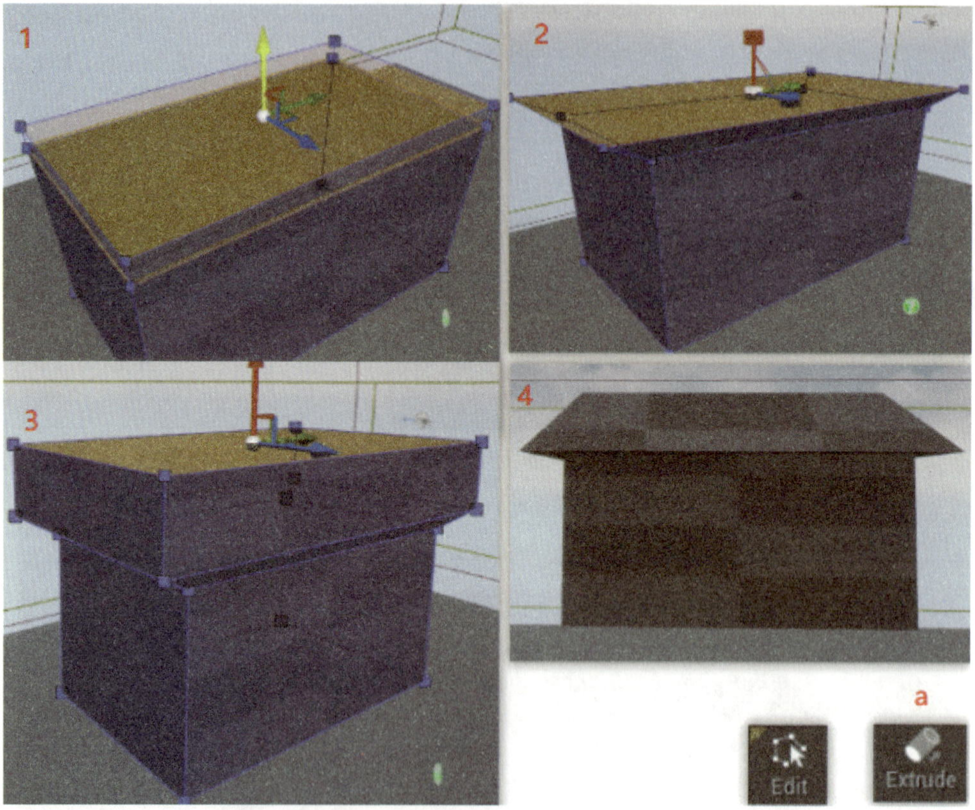

图 5-3-14

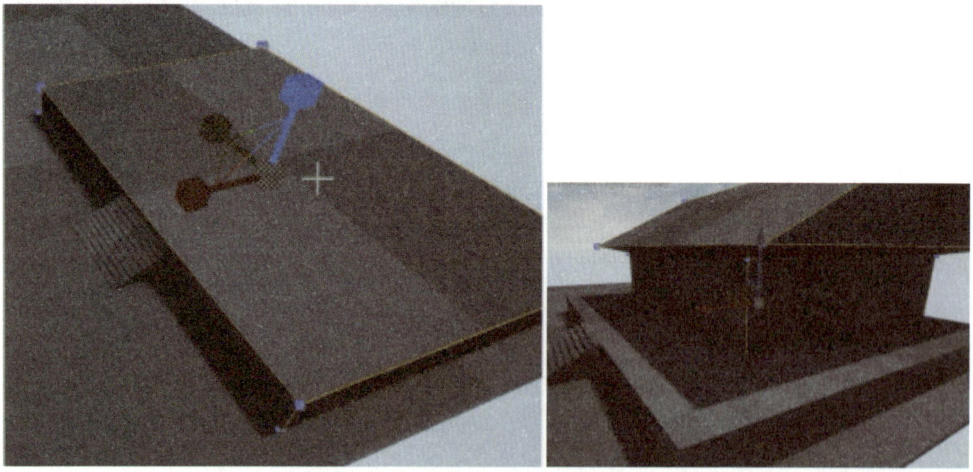

图 5-3-15

整体复制建筑，水平旋转 180 度后置于平台的左侧。使用同样方法再复制一个建筑，调整位置和角度后放置在平台的正前方，用两段式的楼梯替换单段的楼梯模型。通过调整基座高度，使正面建筑的基座与两段式楼梯的高度相匹配。再通过编辑模式将房子的下半部分（墙）升高，将上半部分（屋檐）变扁，使正面的房屋在体积和比例上都大于两侧建筑，效果如图 5-3-16 所示。通过运行测试，我们发现建筑平台的空间不够大，于是将正面建筑整体后移。再次测试后发现效果明显好于之前平台的空间。

图 5-3-16

【设置交互物体】

复制用于交互的模型实例，并根据设计需要移动到关卡的各个地方（如图 5-3-17 中①）。在桥中间的平台上放置一个交互模型，在建筑平台分别放两个交互模型（如图 5-3-17 中③、④）。完成以后保存场景文件。

交互物体的放置应根据关卡设计而定。此处范例是假设桥的某一部分需要玩家完成互动才出现，因而交互物体放在过桥途中。

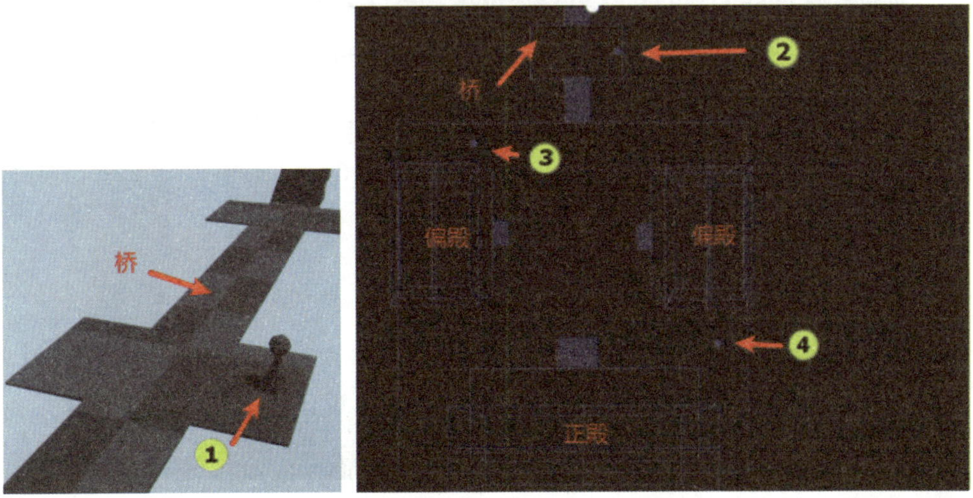

图 5-3-17

第六章　虚拟现实场景设计与制作（二）

——创建基础环境

一、创建基础环境后的效果

本章需要为场景添加平台的遮挡带，道路两边的地形、山体、植物、道具等。效果如图 6-1 所示。

图 6–1

二、基础环境制作流程

【创建遮挡带】

在第一层平台拖入一个盒子几何体，作为平台边缘的遮挡物。使用编辑工具将几何体沿平台边缘拉长（如图 6-2 上）。复制遮挡带，分别放在一层平台的四周，修改长度以与平台边缘的长度相匹配（如图 6-2 下）。这样做既可以通过遮挡场景边缘增加视觉上的可信性，同时还可以在初期设计中规划玩家可以行动的安全范围。

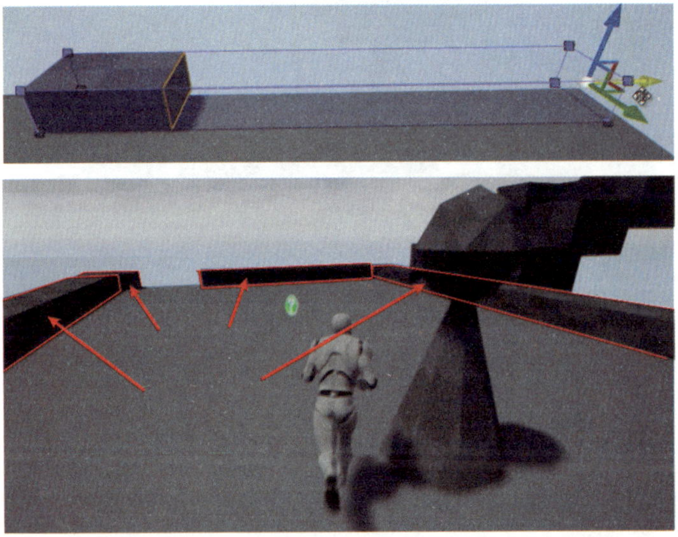

图 6–2

在楼梯两侧用几何体围住边缘，微调每个几何体的大小和位置，使楼梯两侧地形稍显变化，这样可以增加视觉上的丰富性（如图 6-3）。

图 6–3

【创建牌坊】

在进入桥的楼梯附近拖入盒子几何体并调整其宽度，通过挤压功能在几何体的侧面挤出两层，加选两侧第一次挤出的环线底部的面（如图 6-4），使用挤压功能向下挤出，此时就做出了一个简化版的牌坊。

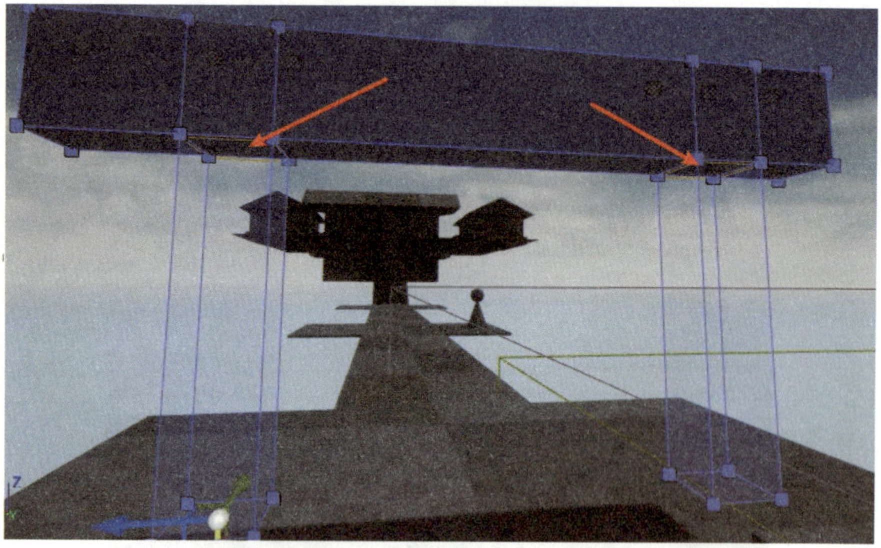

图 6–4

通过编辑模式增加牌坊的细节，将向上的面选中并挤出一定高度，调整面的宽度。反复进行以上操作步骤，为牌坊制作装饰细节（如图 6-5）。

图 6–5

【创建悬浮山】

拖入锥形几何体，沿 X 轴旋转 180 度并压扁，置于建筑场景的下方，就可以模仿悬空的山体。

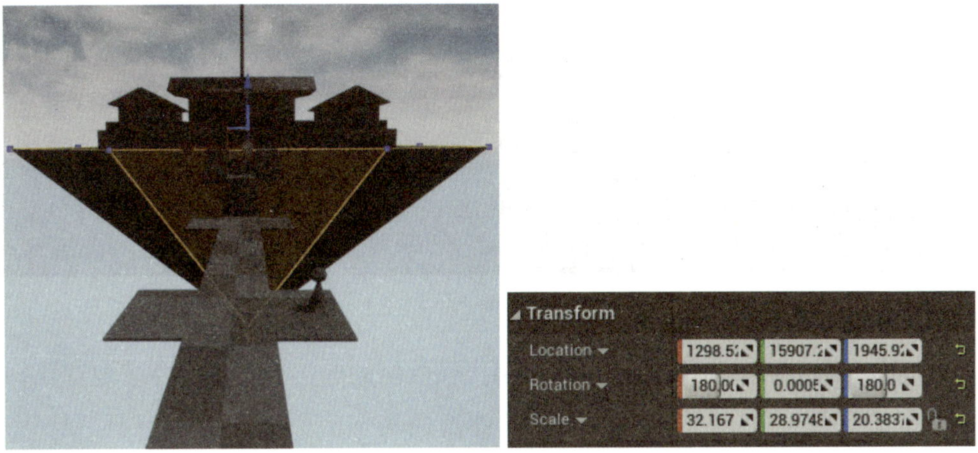

图 6–6

【补充丰富场景中的地形元素】

复制关卡入口处楼梯旁的遮挡带，并将其放在通向建筑平面的楼梯两侧（如图 6-7 左）。复制长条围栏，并将其放在楼梯平台四周，调整高度，使之能够挡住建筑平台与下方山体之间的空隙（如图 6-7 中）。复制楼梯两侧的遮挡带作为围栏，进一步增加楼梯两侧的细节（如图 6-7 右）。

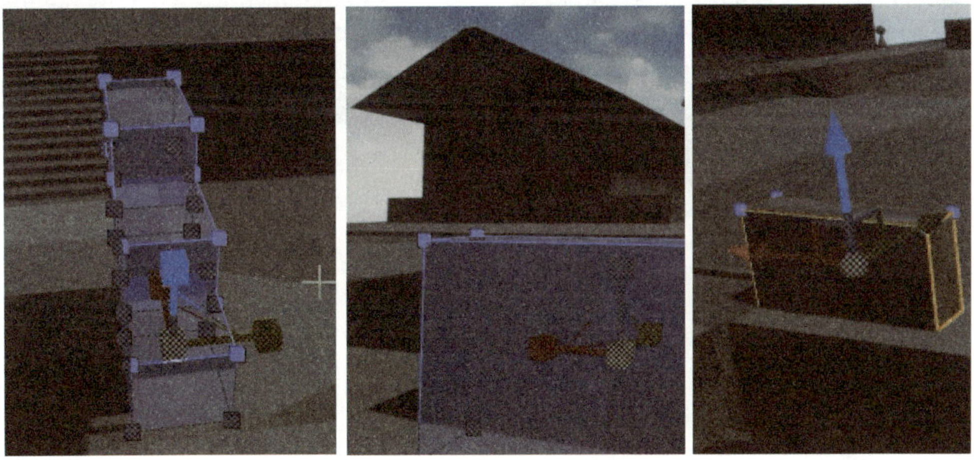

图 6–7

在楼梯的入口处复制一个牌坊，放大其比例使之具有更大视觉冲击力。调整牌坊的位置，使之与两侧的遮挡带对齐，以免露出空隙（如图 6-8）。

图 6–8

添加下一层楼梯两侧的细节，复制楼梯两侧的遮挡带，调整位置放到楼梯两侧。调整位移和比例，使之适配两个平台的高度差。注意：要遮挡住楼梯旁的空隙（如图 6-9）。

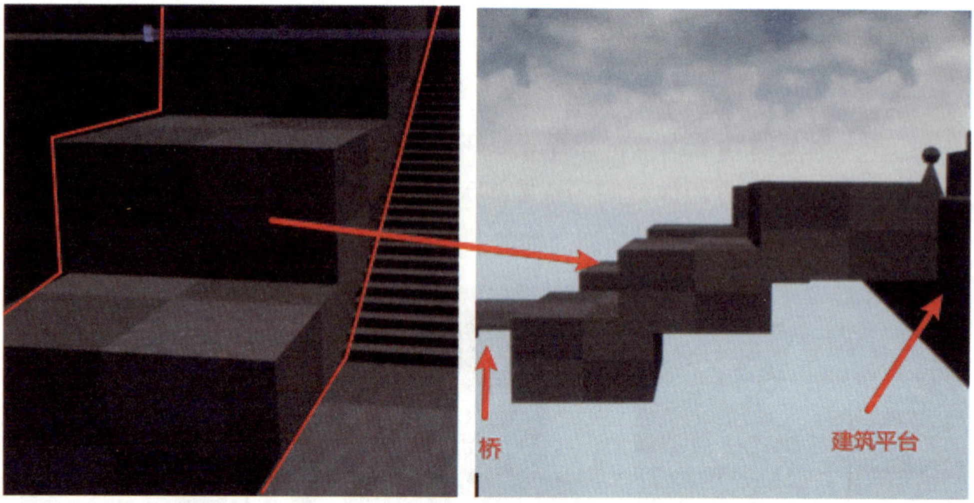

图 6–9

我们可以在桥的两侧添加一些浮空建筑。复制房子和悬空山体，将山体比例缩小，并将房子底部与山体顶部重合（如图 6-10 左）。

复制悬空建筑，修改其位置和大小比例，可以起到丰富背景的作用（如图 6-10 右）。

使用球形几何体和圆柱形几何体示意光球的效果。将球体放置在主建筑的上方，放大其体积，再将圆柱体放在球体的下方，缩小并拉长，营造出光照下的效果（如图 6-11）。

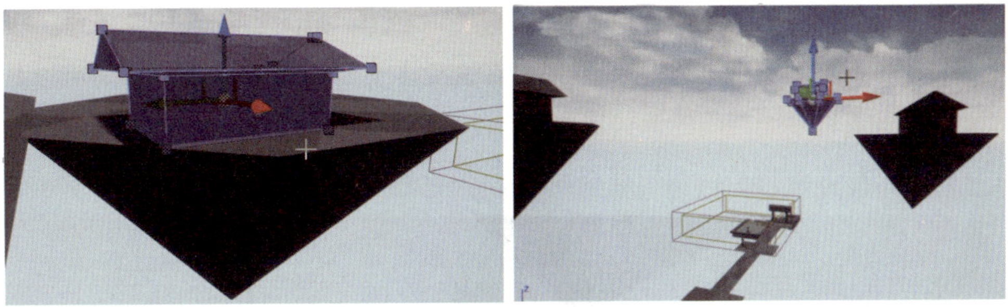

图 6–10

图 6–11

由于第一层平台与楼梯之间空隙过大，所以我们使用盒子几何体制造出大面积地形起伏的效果（如图 6-12），既丰富了视觉空间又可以遮挡空隙。

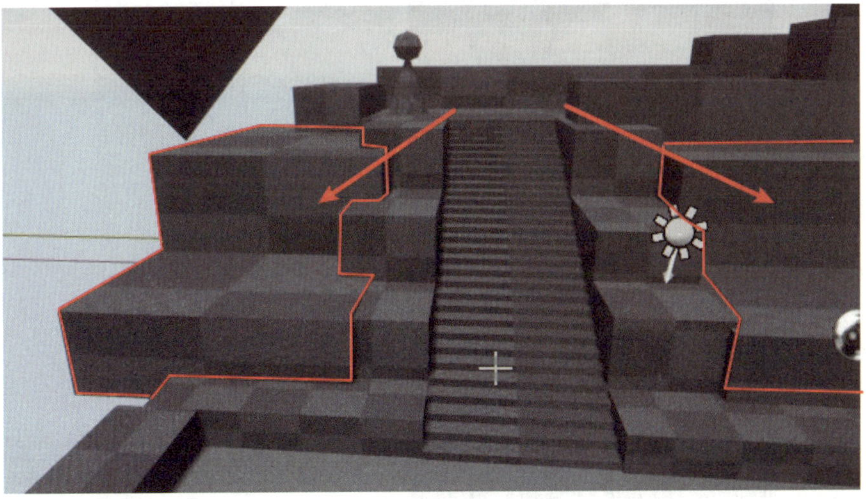

图 6–12

在平台遮挡带以外，可以使用压扁的几何体制作延伸出去的部分（如图 6-13），起到延伸可视空间的效果，在视觉上更具可信性。延伸空间可以与地面平行，再将平面四周的遮挡带加高，使遮挡带与延伸的外层地面产生视觉差距。使用这种方法将平台四周都添加上延伸部分。

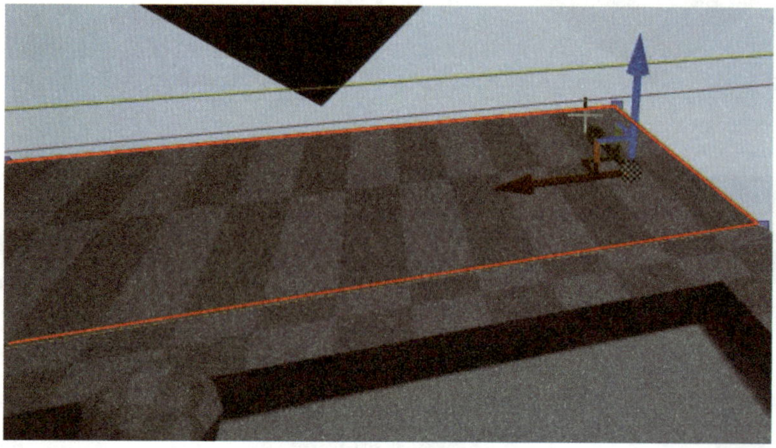

图 6–13

【创建植物】

拖入圆柱形几何体（Cylinder），增加高度，拖入球形几何体，作为树干。将球形几何体拉伸成椭圆形作为树冠，将树冠置于树干上，这样就制作完成了一棵简易的树（如图 6-14）。

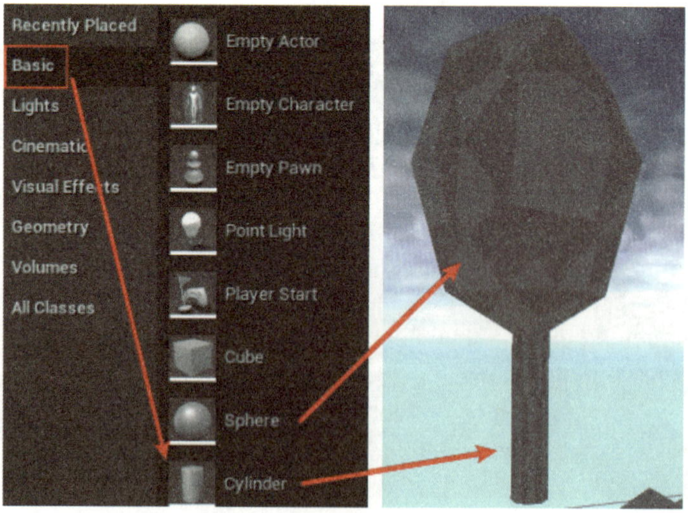

图 6–14

在进行下面环节之前，需要整理一下场景的大纲。首先，保存关卡文件。在世界大纲视图中选择所有的楼梯几何体，点击创建组图标（如图 6-15 中①），将所选物体打组，右击文件夹可以为组重命名（如图 6-15 中②）。重命名完成后，点击组前面的眼睛图标（如图 6-15 中③），隐藏视口中相应的物体，这样方便进一步整理场景中的物体。依次类推，将不同物体分组归类（如图 6-15 中④），此后新创建的物体按种类置于组中即可。

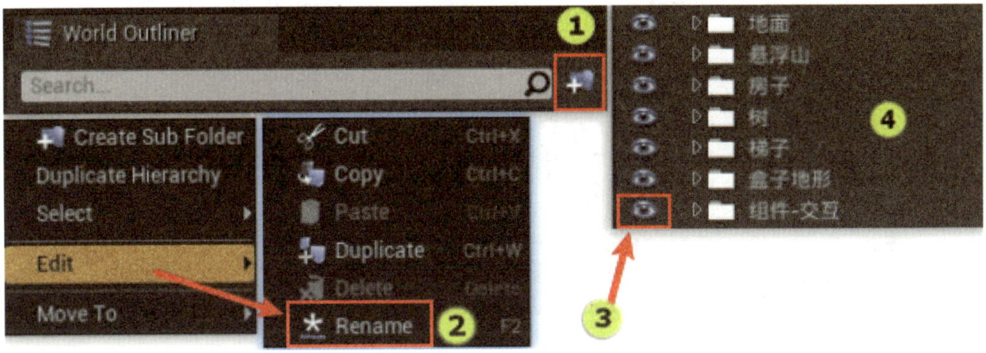

图 6–15

对制作好的树木实例进行复制摆放，围在平台和路径的外围，且错落有致。依照场景丰富地形（如图 6-16 左中①），再根据地形填充树（如图 6-16 左中②）。在摆放完第一层主体树木后，通过改变树的大小、高低填充出远景中的树（如图 6-16 右中②），与前景（如图 6-16 右中①）拉开层次。

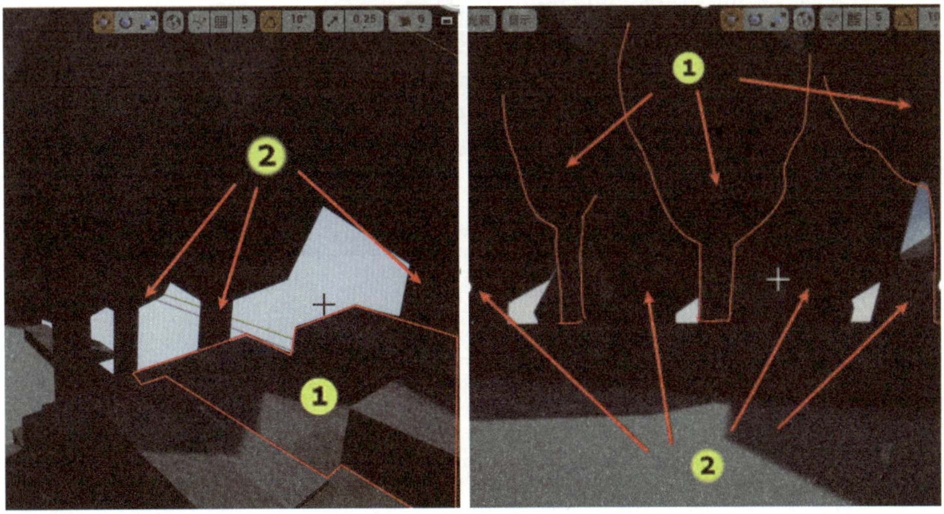

图 6–16

在桥的两侧平台与建筑平台上放上树，树木围绕建筑物填充背景的空隙。不需要填满每一处空隙，只要错落有致，能分出背景的层次变化就好。摆放建筑物外层的树木时，需要考虑悬浮山体的造型，依照山体自然走势布置树木。

悬浮山的外层树木多见于远景，因此放置的时候要兼顾树木的整体效果。放置外层树木时，不要太过稀疏，且树冠的长势要体现山体饱满的形状。

图 6–17

复制树冠，压扁然后放在地面上，就可以制作灌木的模型。灌木多放置于树木与地面交界处，增加细节，使场景更生动（如图 6-18）。

图 6–18

第七章 虚拟现实场景设计与制作（三）

——调整基础光照与营造氛围（太阳光、天空光、高度雾、Post Process Volume）

一、调整基础氛围后的效果

在本章中，我们主要对场景进行基础光照处理。使用的四个工具分别是太阳光、天空光、高度雾、Post Process Volume。图 7-1 为本章制作后的效果。

图 7–1

二、基本氛围制作流程

【调整太阳光】

选中场景中的太阳光（Directional Light），将世界坐标（World Space，如图 7-2 中①）切换为物体坐标（Local Space，如图 7-2 中②），再将旋转锁定（如

图 7-2 中③）取消，这样我们可以方便地调节太阳光的方向。

光的作用之一就是造型，通过调节灯光和阴影之间的关系，可以使场景中的物体更加多变、饱满。在第一层平台楼梯部分，可以删除路径上的部分树木，让光线更好地穿透进来（如图 7-2 中④）；也可以添加树木，使场景中的阴影富于变化（如图 7-2 中⑤）。

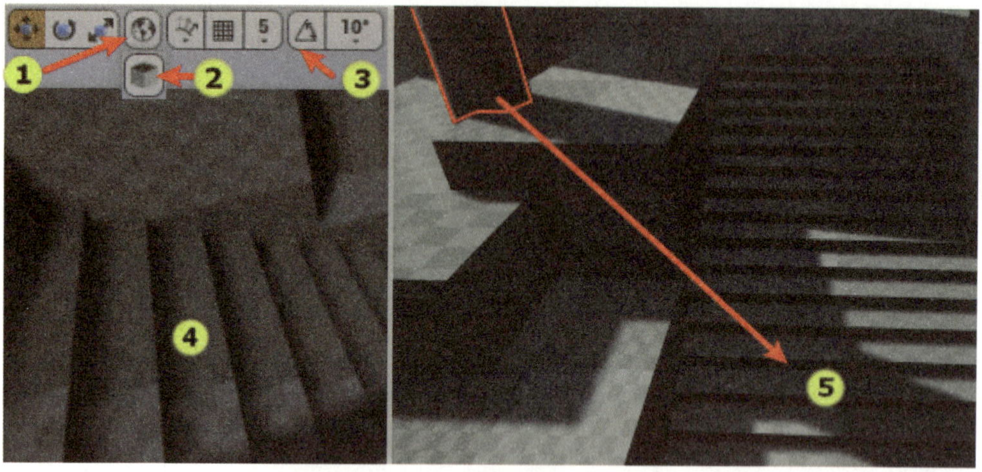

图 7–2

为了使阳光更真实，可以调整光照的强度（Intensity）和颜色（Light Color）。首先，选择太阳光，在细节面板中的灯光栏中找到强度（如图 7-3 左中①）与颜色值（如图 7-3 左中②），增加强度使光源变亮，再将颜色调成偏暖色（如图 7-3 右）。

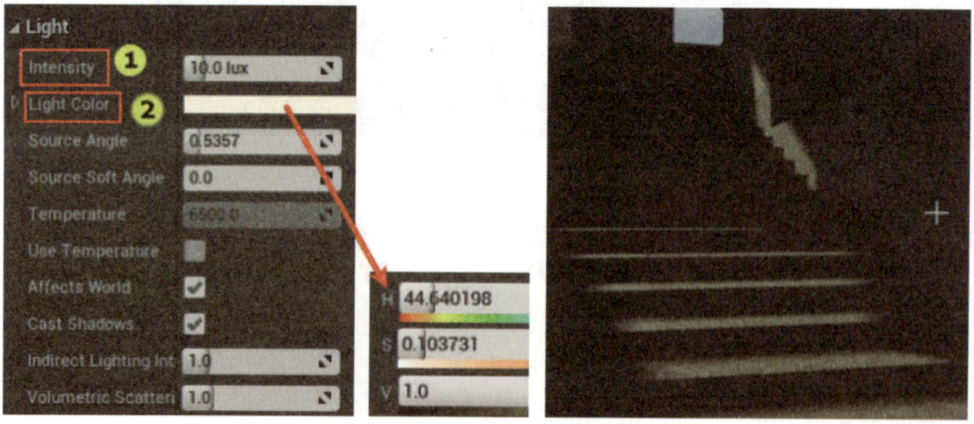

图 7–3

【调整天空光】

因为天空是蓝色的，如果想让场景的氛围更加真实，就需要给物体添加偏蓝的漫反射效果。选择场景中的天空光 SkyLight ，在细节面板中的灯光栏中调整灯光颜色（如图 7-4 左），使天空光偏蓝色。

此时，我们发现场景地面上出现很多 Preview 字样，这说明引擎在提示我们，场景中的光源没有烘焙。我们只需要将主光源（太阳光）的移动模式改成可移动（如图 7-4 右）即可解决。

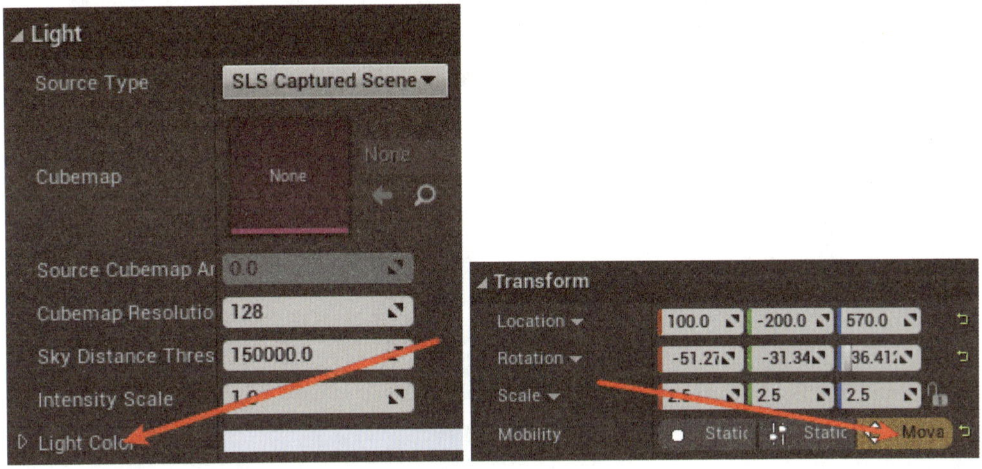

图 7–4

【创建高度雾】

在场景中创建高度雾。在放置 Actor 栏中搜索 fog（如图 7-5），将其拖入场景中。

图 7–5

创建好高度雾后，在细节面板中的体积雾栏打开体积雾开关（如图 7-6 左中①），稍微增加散射分布值（如图 7-6 左中②）。在指数高度雾组件栏中，调节雾密度（如图 7-6 右中①）并将雾散射颜色（如图 7-6 右中②）改为偏蓝色。

散射分布（Scattering Distribution）值可以控制体积雾散射的定向程度，0为对场景中各个角度均匀分布，1为只沿光源方向分布。

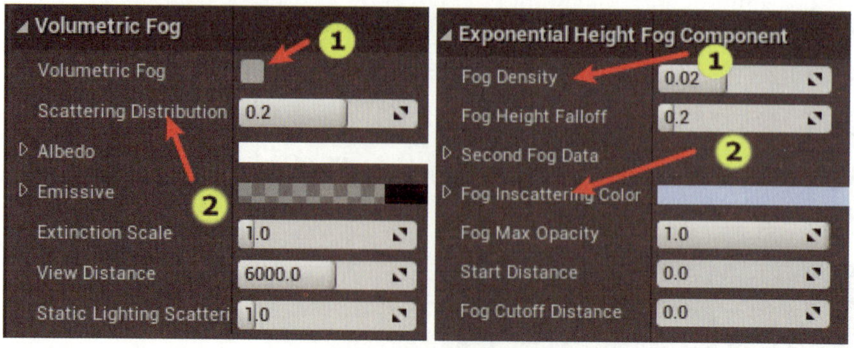

图 7–6

经过简单调试，场景景深的效果会更加明显（如图 7-7）。

图 7–7

【设置后期处理体积】

在放置 Actor 菜单中找到后期处理节点（如图 7-8 左）并拖入场景中，在细节面板中的后期处理体积设置栏中勾选无限距离（解除绑定）项（如图 7-8 右），使后期处理体积（Post Process Volume）的影响范围覆盖整个场景。

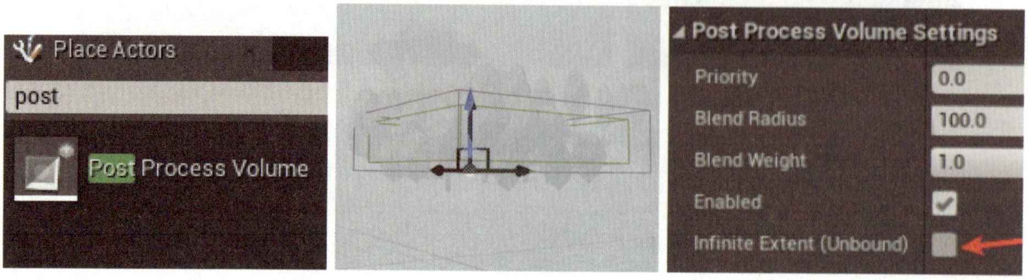

图 7–8

在完成以上步骤后，实时对场景进行调色处理。首先，在细节面板中的颜色分级栏中找到 Global（如图 7-9 左中①），点击 Global，打开下拉菜单，就会看到可以调整的选项，如饱和度、对比度、伽马值等。勾选需要修改的项，如饱和度（如图 7-9 左中②），就可以激活饱和度调节的滑块，通过调节色轮下方的滑块（如图 7-9 左中③）可以控制全局饱和度大小。

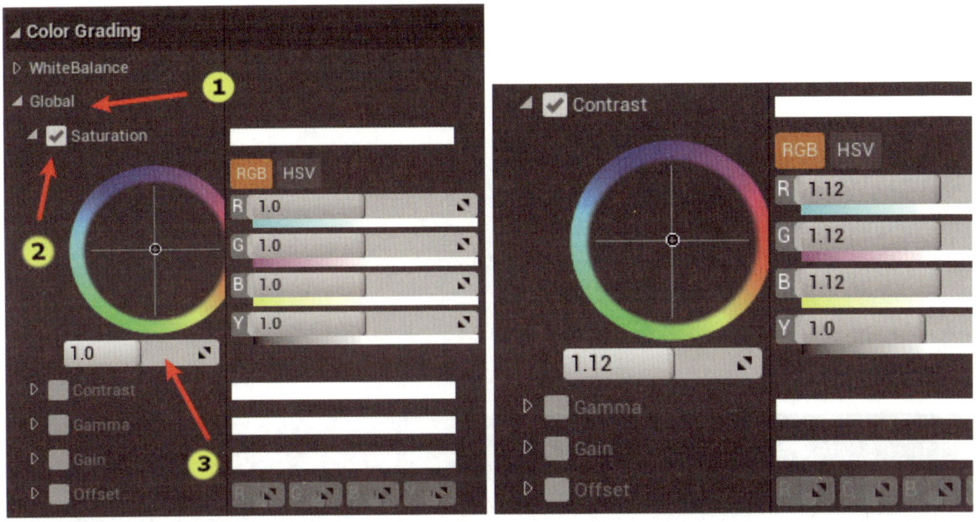

图 7–9

稍微增加饱和度可以使场景中的颜色更加鲜明。通过开 / 关饱和度选项（如图 7-9 左中②）可以实时观察后期处理的效果。图 7-10 中的左图为打开饱和度的效果，图 7-10 中的右图是关闭饱和度后的效果。

图 7–10

第八章　虚拟现实场景设计与制作（四）

——细化道路与空间

一、道路与空间细化后的效果

从本章开始，我们就要对前面设置的关卡进行美术资源上的细化。图 8-1 是细化完成后的效果。

图 8–1

二、道路与空间细化流程

【使用 Quixel Bridge 搜索美术资源】

首先，打开 Quixel Bridge，在搜索栏中输入需要的资源，如 Castle Stairs，找到相应的美术资源并下载（如图 8-2）。

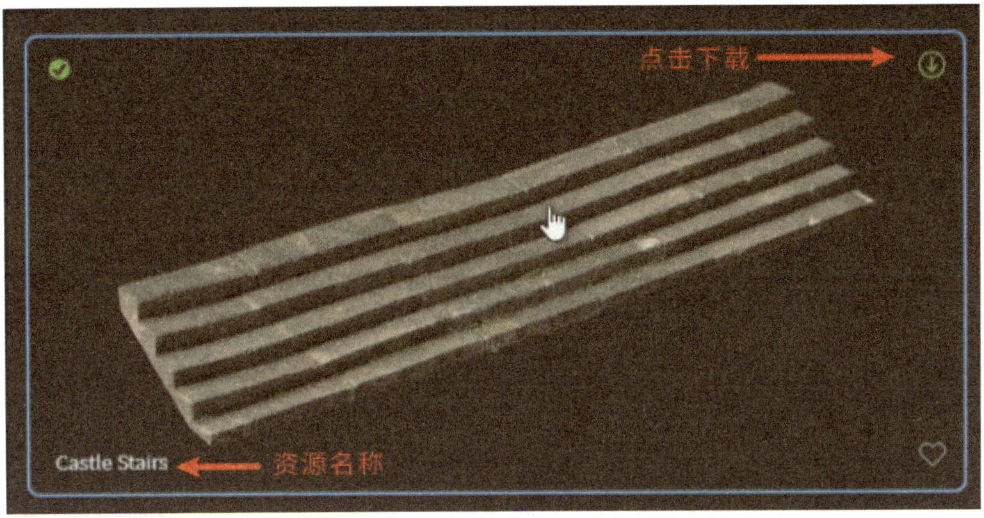

图 8–2

Quixel Bridge 是一款免费工具软件，本章所使用的资源都可以联网后从中下载。如果不能上网，可以在本视频教程中找到本章涉及的所有资源。

在下载前，我们可以进行设置（如图 8-3），根据项目的实际需求及硬件的性能进行选择。本案例选择的贴图尺寸为 4K，材质预设使用 UE 4 引擎，模型格式为 FBX。

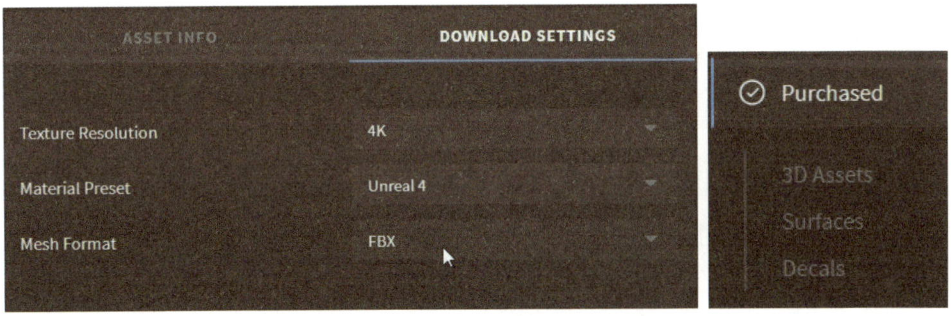

图 8–3

下载完成后，打开购买栏（如图 8-4 右）就可以看到已有的资源。用鼠标右击资源，在弹出的菜单中选择 Go to Files（如图 8-4 左）可以快速打开资源所在文件夹。

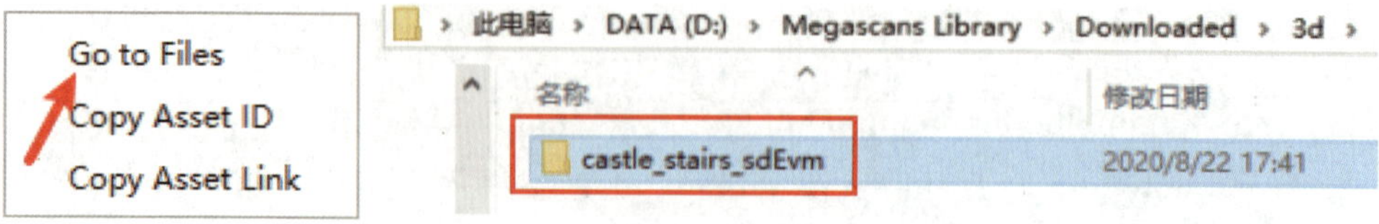

图 8–4

在本案例中，我们使用模型的 LOD0 级，因此要注意选择同样级别的贴图，以免出现不匹配的情况。在文件夹中找到模型文件、反射率贴图、法线贴图、粗糙度贴图及高光贴图（如图 8-5），将它们拖入引擎的目录浏览器中进行导入。

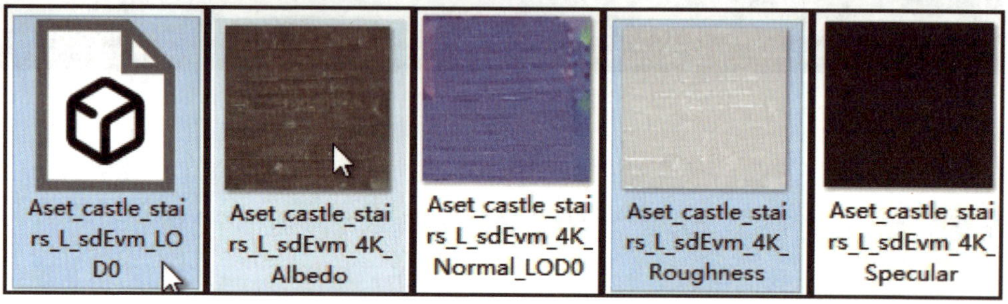

图 8–5

导入美术资产前，最好在目录浏览器中新建一个文件夹，以便进行管理。一般是设置与资产同名的文件路径（内容 /Lesson/Quixel/mesh/Castle_Stairs_sdEvm）。在导入 FBX 文件时，系统会出现导入选项菜单，选择默认方式即可（如图 8-6）。

接下来我们创建材质节点。右击反射率贴图（Albedo）会出现纹理操作菜单（如图 8-7 左），选择创建材质后，目录浏览器中会出现一个同名材质节点（如图 8-7 右）。双击材质节点打开材质编辑器，将剩下三张贴图拖入材质编辑器中。

在材质编辑器中，双击法线贴图打开贴图编辑器，在细节面板中的纹理菜单下勾选翻转绿通道选项（Flip Green Channel），这样可以矫正法线贴图的方向（如图 8-8）。

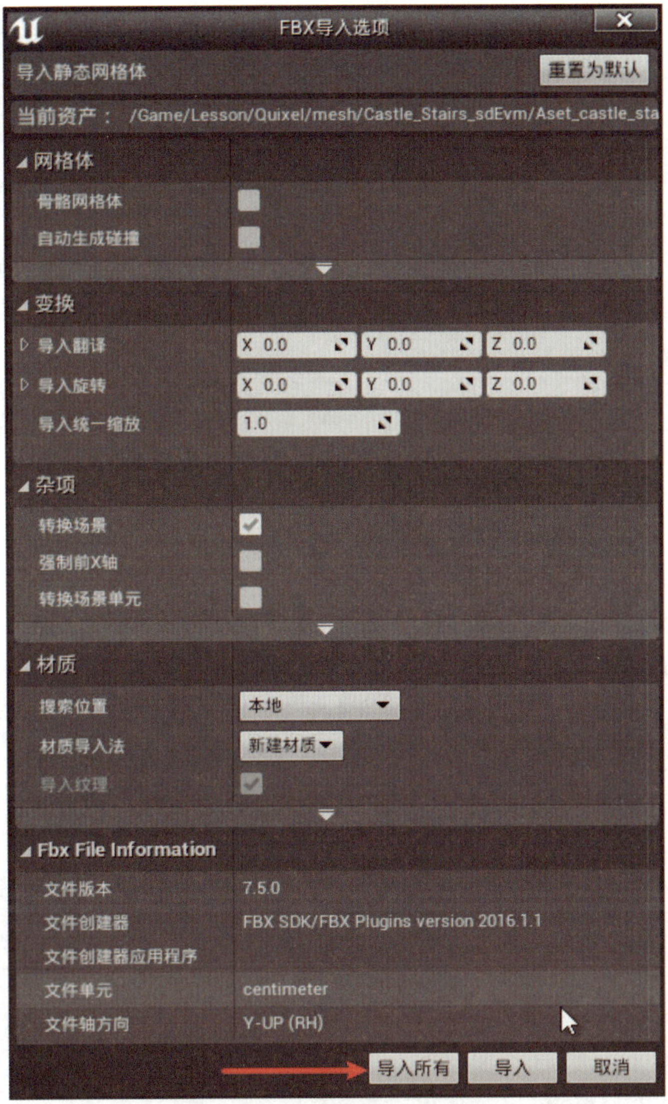
FBX导入选项
导入静态网格体
重置为默认
当前资产： /Game/Lesson/Quixel/mesh/Castle_Stairs_sdEvm/Aset_castle_sta
网格体
骨骼网格体
自动生成碰撞
变换
导入翻译
X 0.0
Y 0.0
Z 0.0
导入旋转
X 0.0
Y 0.0
Z 0.0
导入统一缩放
1.0
杂项
转换场景
强制前X轴
转换场景单元
材质
搜索位置
本地
材质导入法
新建材质
导入纹理
Fbx File Information
文件版本
7.5.0
文件创建器
FBX SDK/FBX Plugins version 2016.1.1
文件创建器应用程序
文件单元
centimeter
文件轴方向
Y-UP (RH)
导入所有
导入
取消

图 8–6

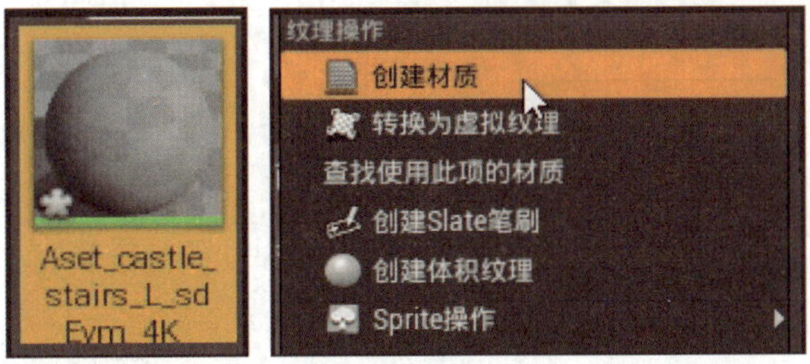
Aset_castle_stairs_L_sdEvm_4K
纹理操作
创建材质
转换为虚拟纹理
查找使用此项的材质
创建Slate笔刷
创建体积纹理
Sprite操作

图 8–7

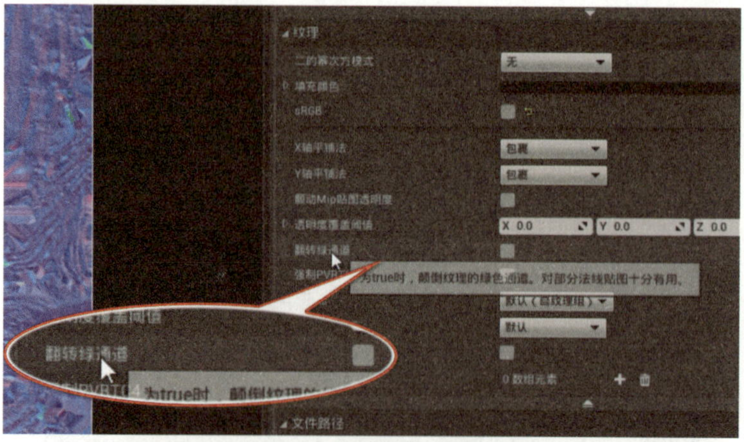

图 8–8

将反射率贴图连入基础颜色槽（如图 8-9 中①），高光贴图连入高光度槽（如图 8-9 中②），粗糙度贴图连入粗糙度槽（如图 8-9 中③），法线贴图连入法线槽（如图 8-9 中④）。

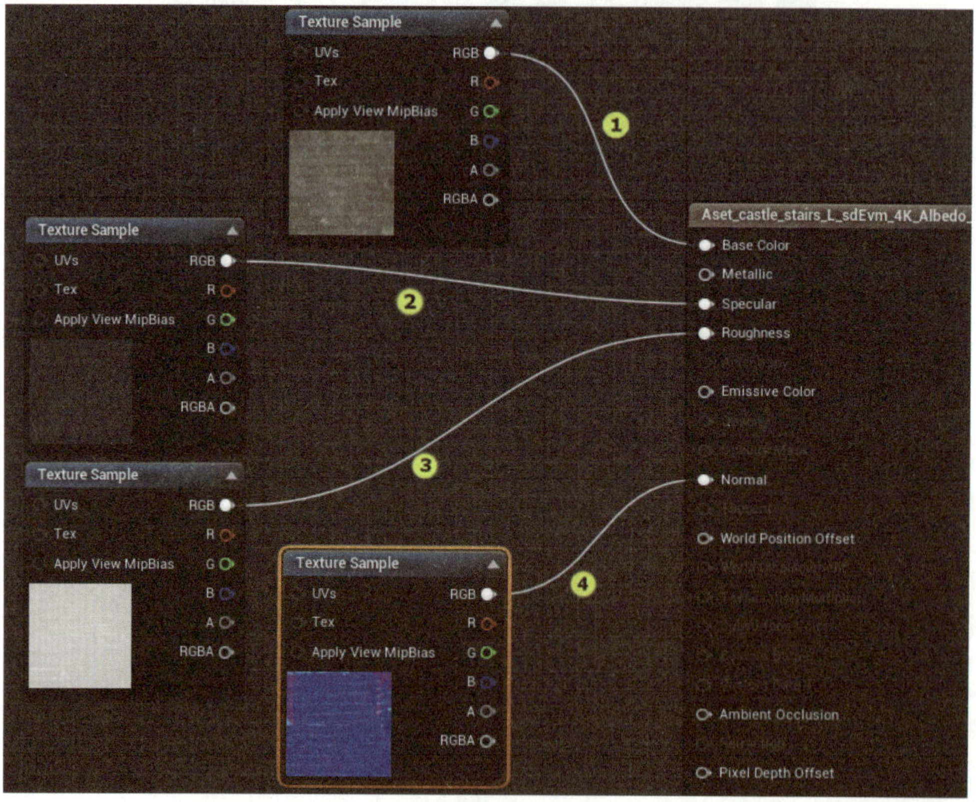

图 8–9

设置好材质后，关闭材质编辑器，双击打开静态模型，将材质节点拖入材质插槽中（如图 8-10 左），为模型附材质。在视口中可以看到楼梯美术资源的效果（如图 8-10 右）。

图 8–10

将楼梯拖入场景中，通过修改位移、旋转和尺寸，将细化的楼梯与场景中的简模进行匹配。通过复制楼梯将整个台阶走廊全部匹配，依此方法将场景内的所有楼梯细化（如图 8-11）。

图 8–11

如果简模与细化的模型有偏差，导致多复制一层会超出简模范围，那么就复制一个楼梯，稍微修改比例，将上端对准简模，下端隐藏在其他楼梯以内，在视觉上无法分辨即可。

进行跑图测试后，我们发现高模的台阶显得过低，所以删除顶端两段楼梯，将剩下的楼梯比例增大（如图 8-12），获得合适的比例后，依此方法修改其他楼梯高模，使台阶的比例保持一致。

图 8–12

【使用 Quixel Mixer 细化地面】

打开 Quixel Mixer，新建 Mix 项目（如图 8-13）并命名（如图 8-13 续）。

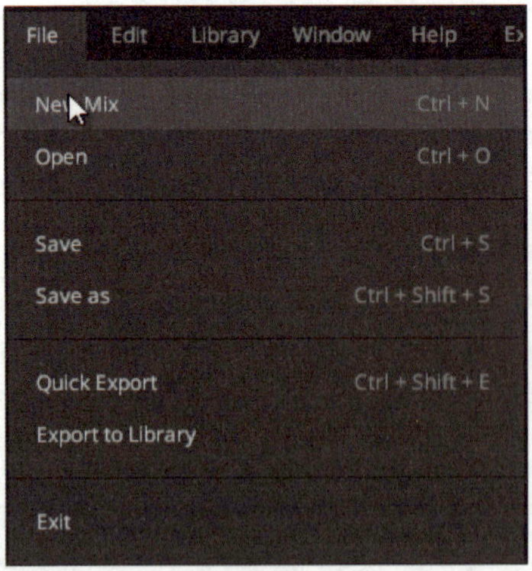

图 8–13

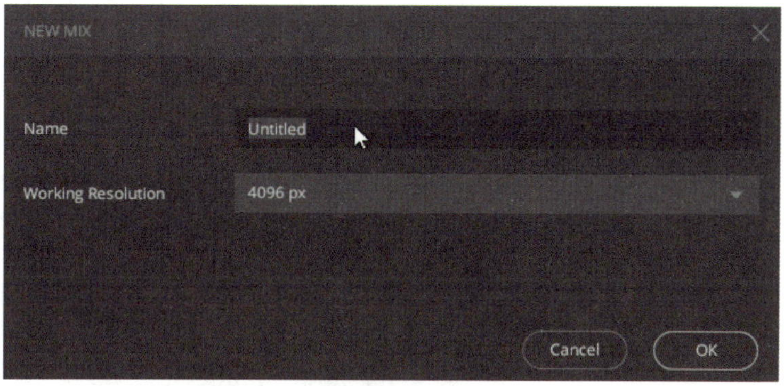

图 8-13（续）

先在网络资源栏的分类下找到自己要用的资源，比如在“砖”的分类下找到 Bordered Pebble & Terrazzo Floor 材质（如图 8-14 左）。点击图标进入预览窗口，在此窗口中可以进行下载设置（与 Bridge 类似），设置完成后点击下载（如图 8-14 右）。

图 8-14

资源下载完成后，可以在本地资源库（Local Library）中找到。加载后发现地面带有类似水泥的效果（如图 8-15 左），此时可以在 Layers 栏中将相应层前的显示 / 隐藏图标（如图 8-15 右）关闭。

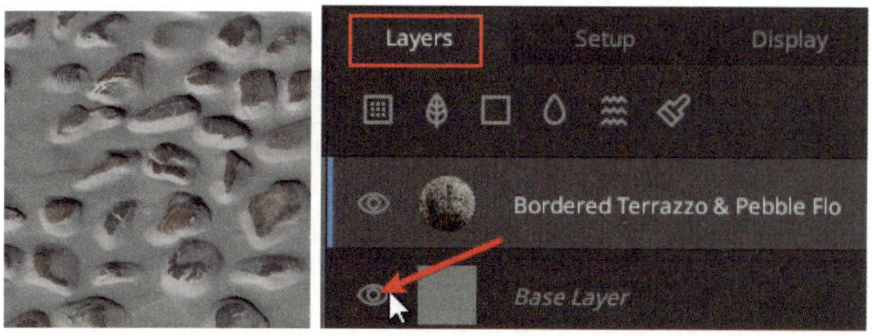

图 8-15

由于设计的场景中有大量的植被，为了使地面显得更加真实，我们为地面添加潮湿的效果。点击水滴形图标（如图 8-16 左），添加积水效果（如图 8-16 右）。

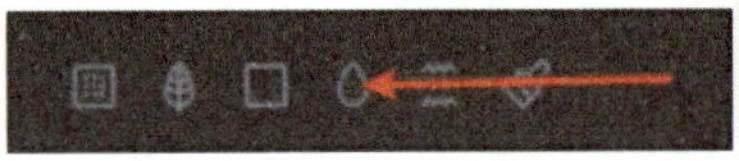

图 8–16

在 Liquid 层的属性中，我们可以对水进行细节修改。点击 Threshold（如图 8-17 中①），可以修改水面高度；点击 Radius（如图 8-17 中②），可以修改水渍过渡的范围；点击 Detail（如图 8-17 中③），可以修改水面反射的细节。Turbidity 栏中的 Surface（如图 8-17 中④）可以控制液体的浑浊面积；Depth（如图 8-17 中⑤）为浑浊深度。Moist 栏中的 Threshold（如图 8-17 中⑥）为湿度偏移值；Radius（如图 8-17 中⑦）为湿度半径；Blur（如图 8-17 中⑧）为模糊度，此值针对整个 Alpha 贴图，所以不建议修改；Roughness Offset（如图 8-17 中⑨）为粗糙度偏移值；Darken（如图 8-17 中⑩）可以使整个液体区域变暗。调整完成后，我们打开输出菜单（Export），选择输出贴图格式。本教材中使用的材质贴图均为 Albedo、Specular、Roughness、Normal 四种贴图。

输出路径（Export Location）设置完成后，软件会自动在路径对应的文件夹中生成一个子文件夹，贴图就在子文件夹中。

将输出路径内子文件夹直接拖入目录浏览器中，UE4 会自动生成一个文件夹，并自动将贴图导入该文件夹内。依照之前步骤，再创建一个地面材质节点（如图 8-18 右），附于平台模型上。

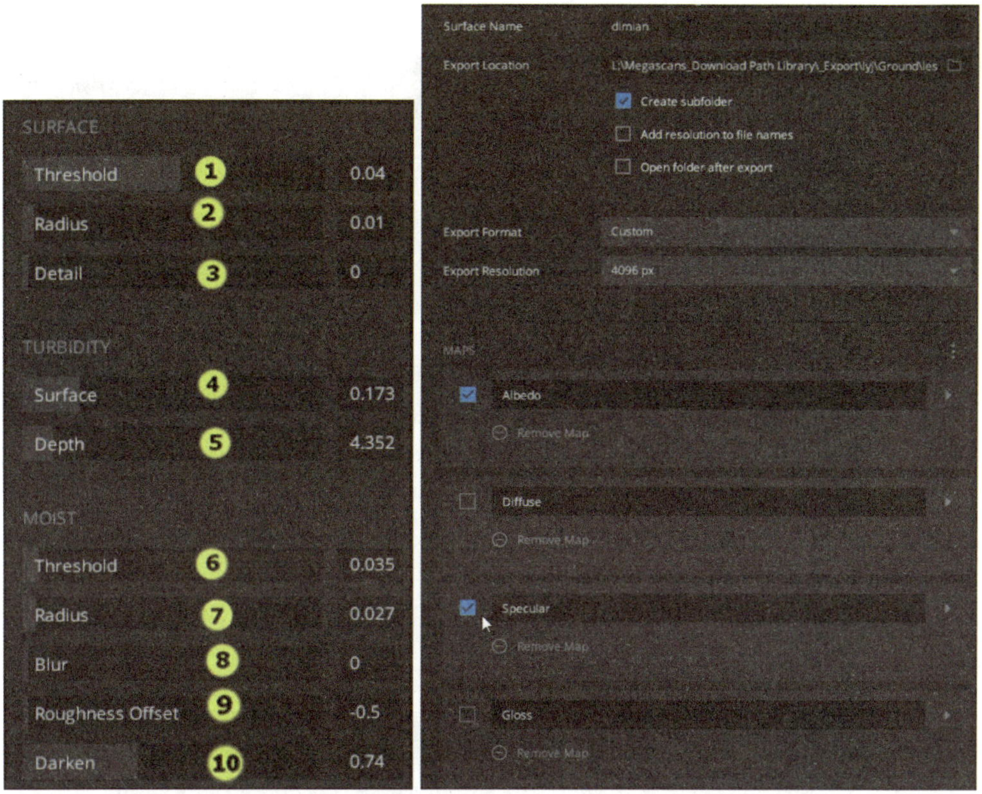

图 8–17

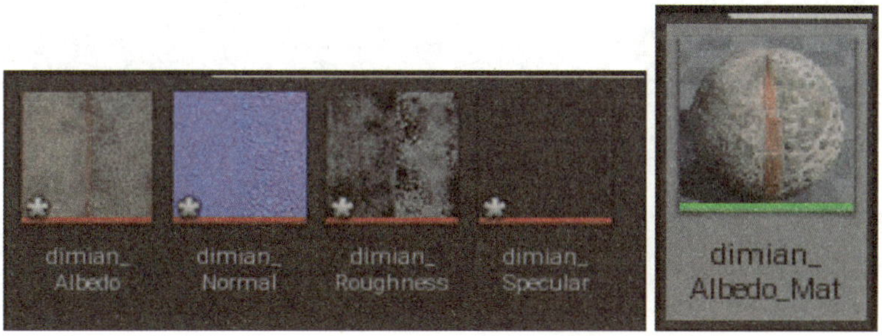

图 8–18

新建盒子几何体，调整大小和位置使其代替原来的一层平台，删除原有平台的模型。进入笔刷编辑模式，在表面属性菜单（Surface Properties）中对地面的 UV 进行调整（如图 8-19 右）。菜单中的平移可以控制贴图的平移（如图 8-19 右中①），不同数值代表 UV 移动的距离；点击数值之前的图标（如图 8-19 右中②），可以更改移动的方向；点击数值后的按键（如图 8-19 右中③），可以输入自定义数值。

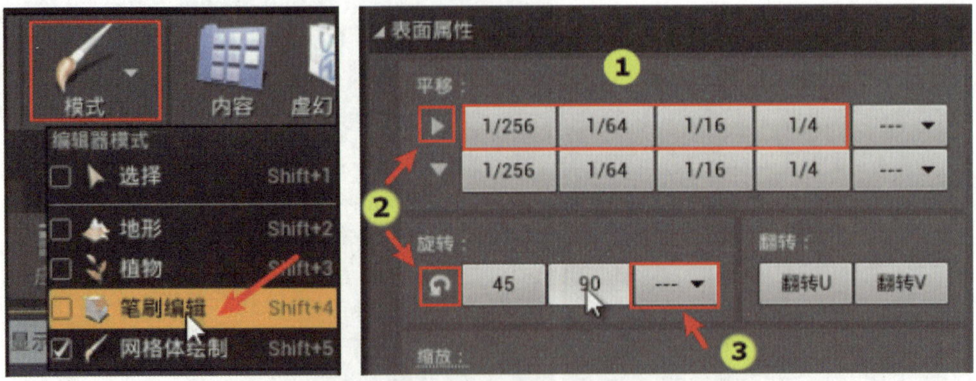

图 8–19

由于 Mixer 输出贴图的液体部分在 UE4 中效果不明显，我们回到 Mixer 中将水的变化改明显一些（如图 8-20 左）。在原路径上输出贴图，将贴图导入场景后，水渍的变化就很明显了（如图 8-20 右）。但是地面整体还是偏亮，所以我们要通过材质编辑器改变地面贴图的颜色。

图 8–20

双击地面材质节点进入材质编辑器，使用快捷键 M + 鼠标左键创建一个 Multiply 节点（如图 8-21 中①），再使用快捷键 3 创建一个常量 3 矢量节点（Constant 3 Vectors，如图 8-21 中②）。将 Albedo 贴图连入 Multiply 的 A 插槽，将常量 3 矢量连入 B 插槽，再将 Multiply 的输出引脚连入材质的基础颜色槽（Base Color），这样我们就可以通过控制常量 3 矢量的颜色来改变 Albedo 贴图的明暗值了。在楼梯的材质编辑器中创建同样的材质网络，使平台和台阶的暗度保持一致。

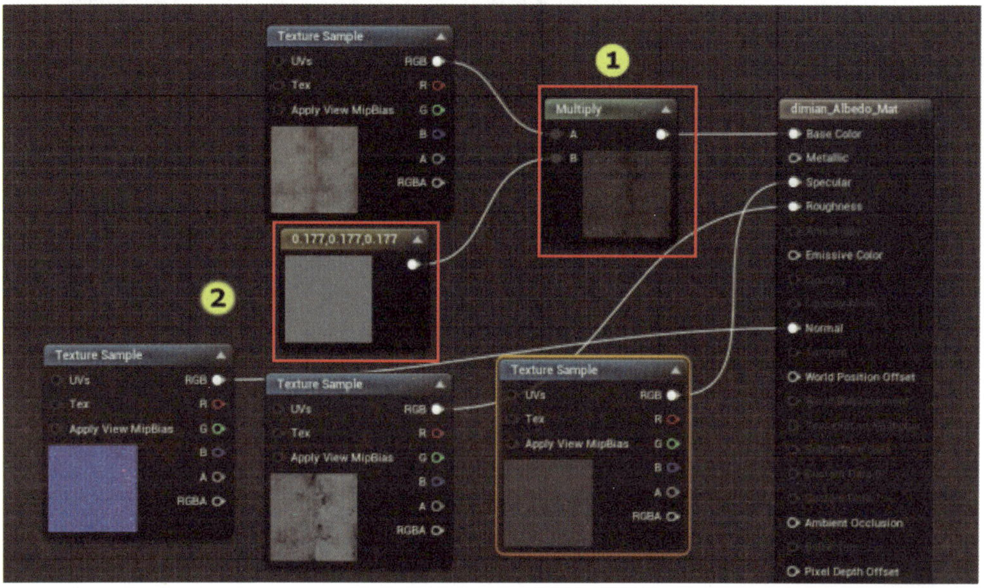

图 8–21

将调整好的地面材质附于各个平台模型上，根据平台和路径的面积调整好 UV，使每层地面平台与楼梯的贴图比例保持一致（如图 8-22）。

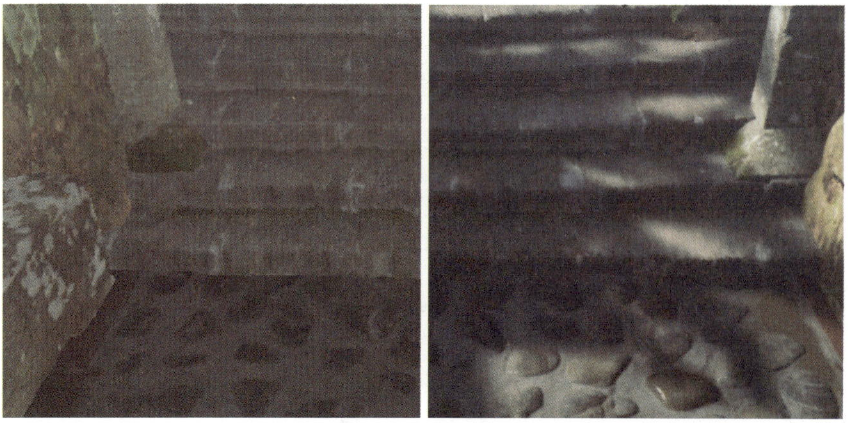

图 8–22

桥面上的平台可以稍向下移动，这样可以保证桥面贴图纹理的连贯性，再将平台 UV 旋转 90 度，使纹理的变化更加明显（如图 8-23）。

注意保持桥面与平台纹理比例一致，以免路面上出现石头大小不同的情况。

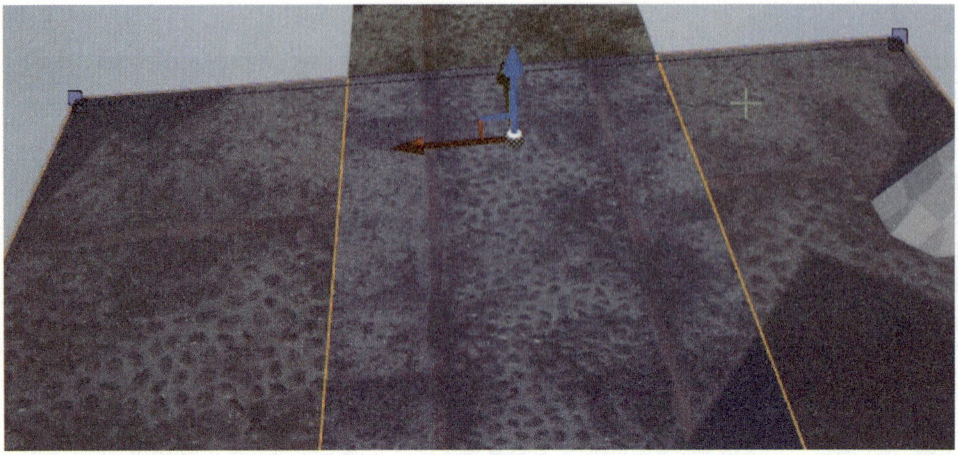

图 8-23

第九章　虚拟现实场景设计与制作（五）

——细化地形

一、地形细化后的效果

在虚拟现实场景的制作中，我们通常需要对地形进行美术资源的堆积和细化，让场景更加真实自然。我们在上一章已经完成主要道路的制作，本章需要在道路四周进行拓展，包括地形的石头、台阶等细节部分。这样道路的衔接更加自然，细节也更加丰富。图 9-1 为本章制作完成的效果图。

图 9–1

二、地形细化流程

【从 Bridge 中下载资产】

在 Quixel Bridge 软件页面左边 Antique 中找到 Ancient Temple Stones 两个

资产，点击左上角将其下载下来。找到资产后右键点击 Go to Files，找到资产存放的文件夹，然后在 UE4 内容窗口中右击新建文件夹，将其命名为 st，将如图 9-2 所示的模型和贴图拖入文件夹中。如图 9-2 所示选择 LOD0 模型，将其和 Albedo、Normal、Roughness、Specular 贴图导入 st 文件夹中。

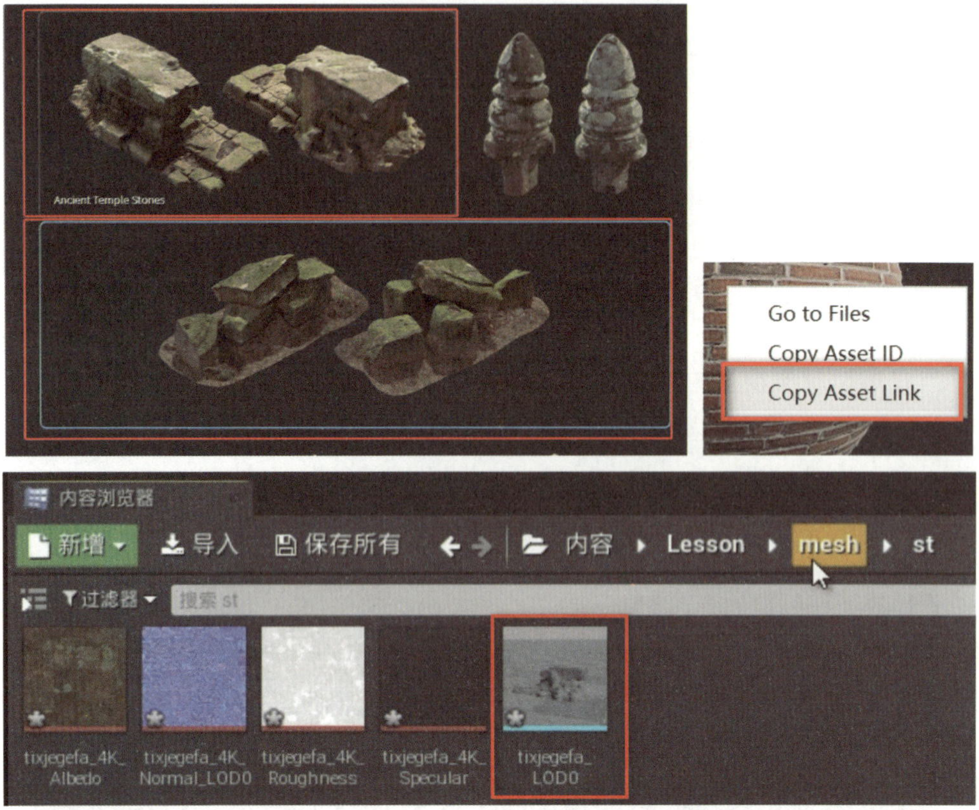

图 9–2

【将资产导入关卡】

从 Quixel 中下载资产后，需要将资产和贴图导入 UE4 进行制作。打开 UE4 关卡，在内容浏览器中找到 Albedo 贴图，点击右键新建材质球。双击材质球，将其打开，然后将其他三张贴图拖入。双击法线贴图，在细节面板中找到翻转绿通道，然后在左上角点击保存。接着在材质编辑器中按照图 9-3 所示连接贴图的节点。点击左上角，保存材质球。然后双击 LOD0 模型，将其打开，将创建好的材质球拖动到细节面板材质插槽中赋予模型，如图 9-4 所示。

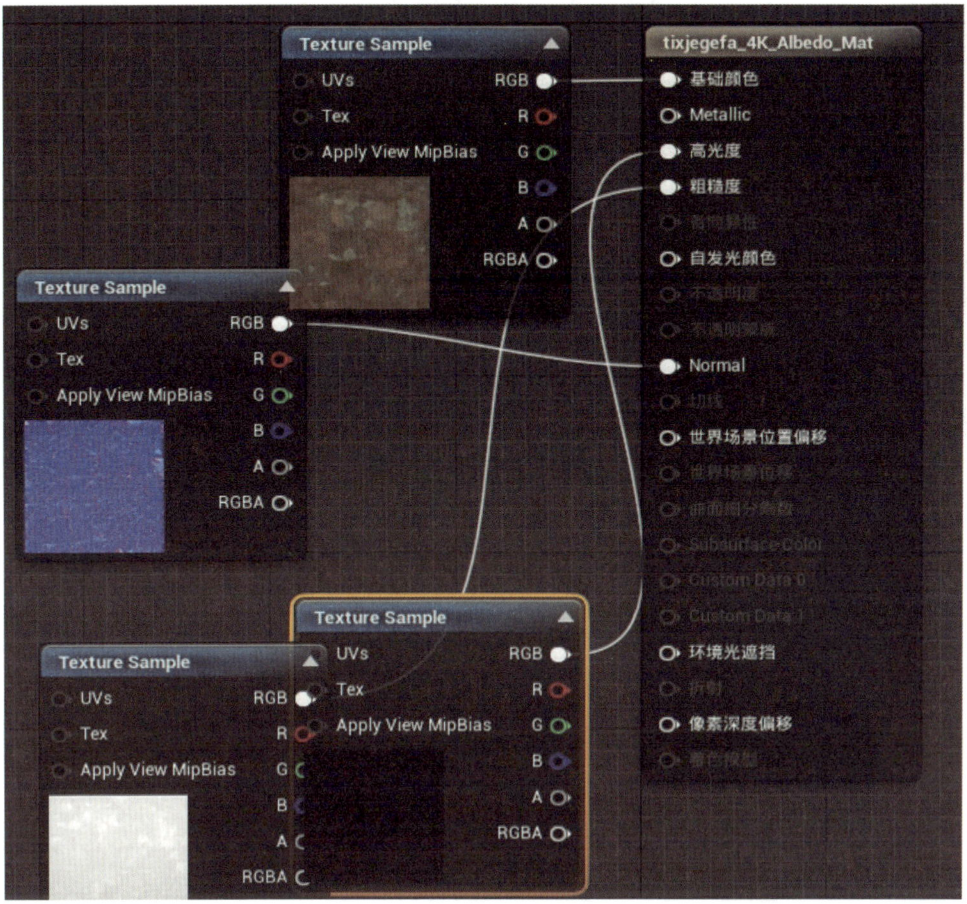

图 9–3

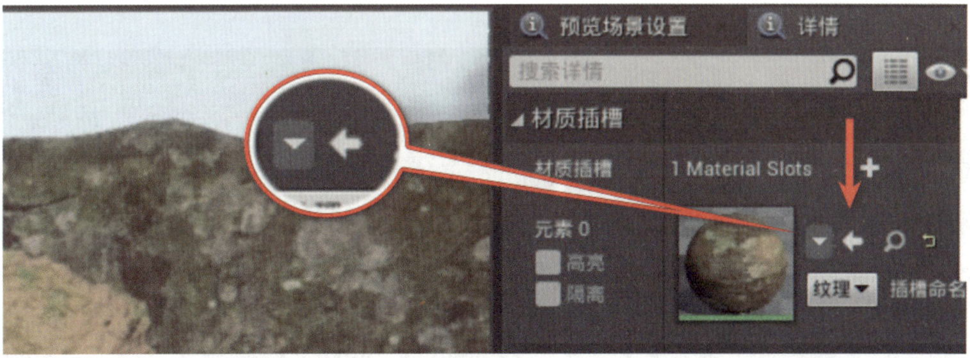

图 9–4

制作好资产后，将当前关卡进行保存，命名为 Cj_05 地形细化。

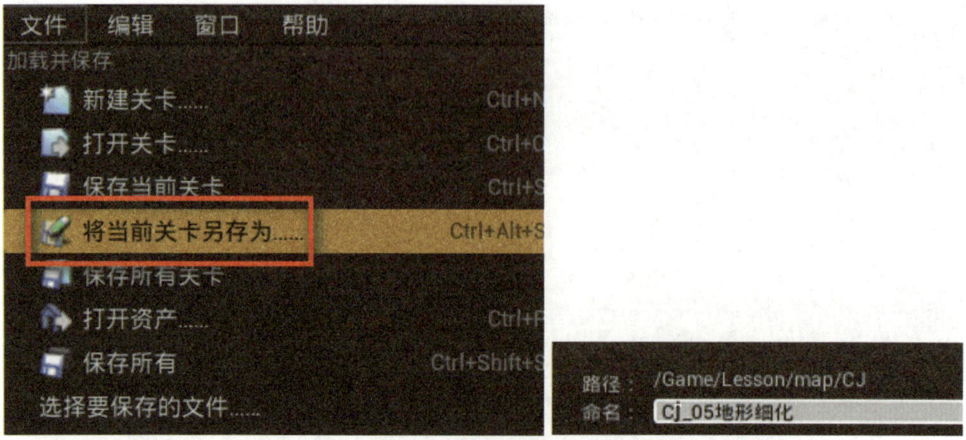

图 9–5

【制作场景】

将已经被赋予材质的资产拖入场景中，摆放在道路两边，可以适当缩放，以符合要求。然后我们按 Ctrl + W 将资产进行复制，挨个摆放。为了让场景显得更为自然，可以将资产旋转和缩放，制造出随机感。在旋转的时候，可以按右上角锁定角度进行旋转。在一边摆放好后，按 Ctrl+W 将整体复制到另一边，按照原来用来做位置参照的立方体摆放资产，如图 9-6 所示，可以按住单个缩放轴进行缩放，营造镜像效果，并把立方体移开。摆放好后，按左上角保存关卡，按运行进行跑动。跑动后，可以把整体资产拉高。

将石块复制到另一边后，通过旋转复制把单个石块拉宽或者旋转，进行形变，增加随机性。

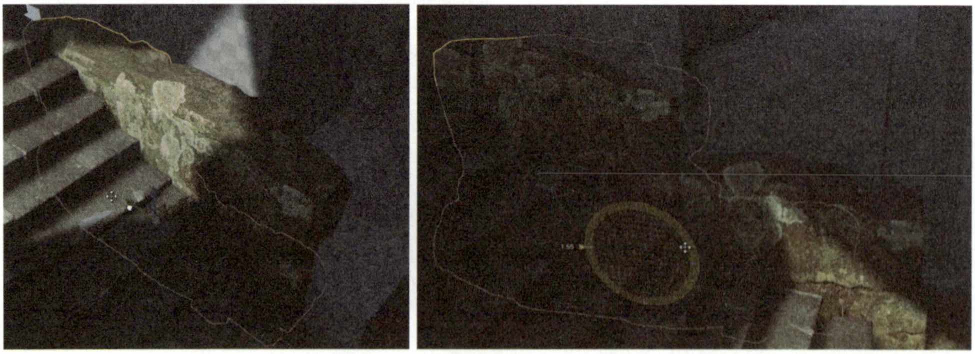

图 9–6

图 9–6（续）

图 9–7

在道路侧边也摆放旋转 90 度后的石块，采用缩放等形变方式，或将石块换一个方向，或采用镜像、叠加的方式摆放，以与周围石块不同。

图 9–8

【将资产导入关卡】

打开 Quixel Mixer 软件。在 Quixel Mixer 中找到 Japanese Stone Wall [redacted]资

产。找到资产存放的文件夹，在 UE4 内容窗口中右击新建文件夹，将其命名为资产的名字 Stone_Wall_ubnnaghfa，然后将如图 9-9 所示的模型和贴图拖入该文件夹中。如图 9-9 所示选择 LOD0 模型，将其和 Albedo、Normal、Roughness、Specular 贴图导入文件夹中。

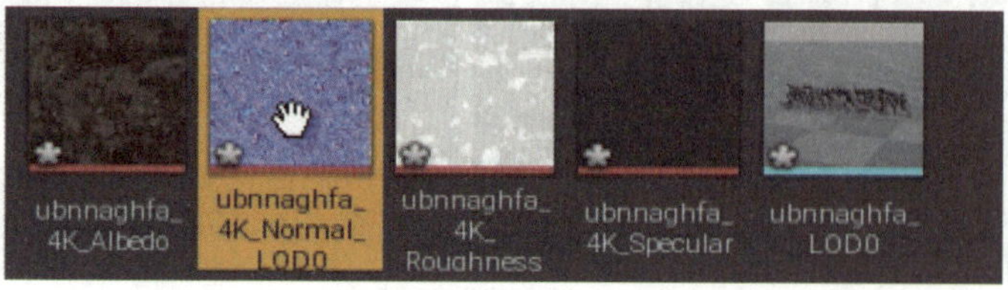

图 9–9

接下来，在 Albedo 上点击右键，新建材质球，双击材质球将其打开，将其他三张贴图拖入，双击法线贴图，在细节面板中找到翻转绿通道。

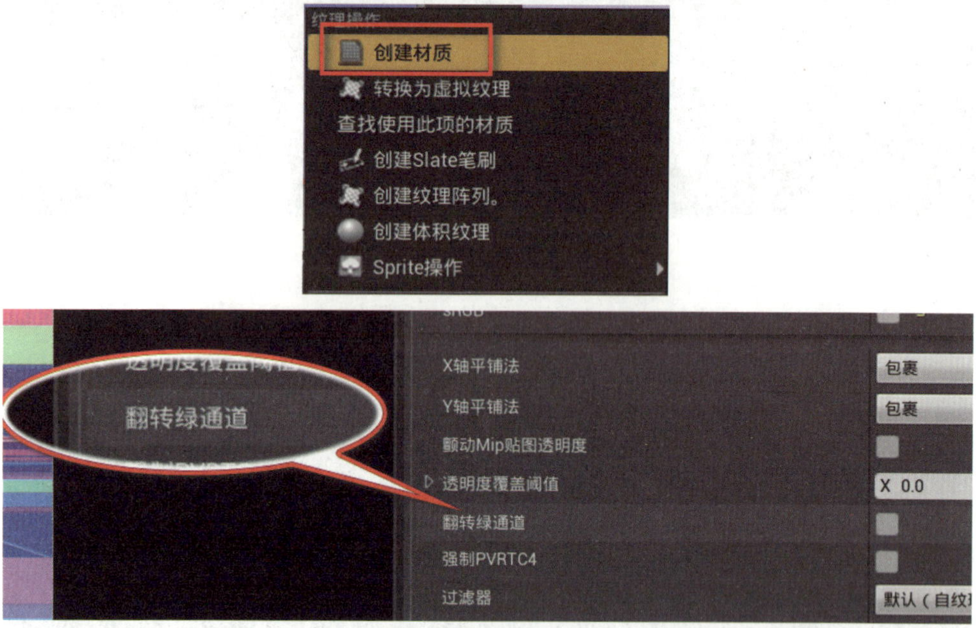

图 9–10

在左上角点击保存。接着在材质编辑器中如图 9-11 所示，连接好贴图的节点。然后点击左上角，对材质球进行保存。双击 LOD0 模型将其打开，将创建好的材质球拖动到细节面板的材质插槽中赋予模型。

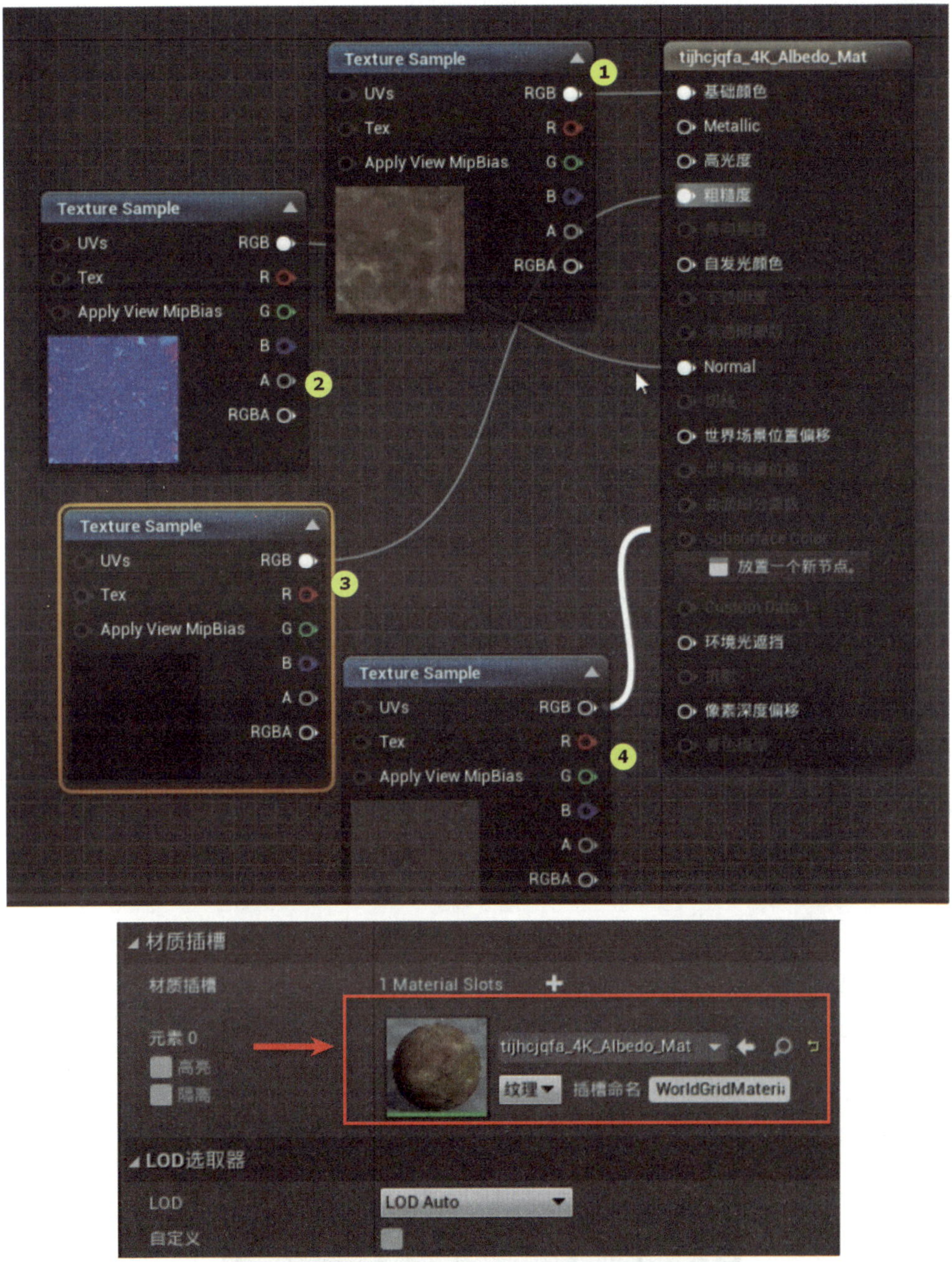

图 9-11

【制作场景】

把第二个被赋予材质的资产拖入场景中进行摆放，接着按运行按钮▶观察位置是否合适。然后按 Ctrl+W 进行复制，在周边都摆上石头。然后对整体摆放进行细致调整，对每个资产通过缩放和旋转的操作进行微调。如图 9-12 所示，我们需要调整同一个资产，使之变得不同，让场景看起来更加自然。

图 9-12

图 9-13

将道路入口的石块拉高，用来遮挡，如图 9-14 所示。

图 9-14

【将资产导入关卡】

在 Bridge 中下载选中的第三个资产，单击右键 Go to Files 找到模型和贴图的位置。在 UE4 内容窗口中右击新建文件夹，将其命名为资产的名字，然后将如图 9-15 所示的模型和贴图拖入文件夹中。如图 9-15 所示选择 LOD0 模型，将其和 Albedo、Normal、Roughness、Specular 贴图导入文件夹中。

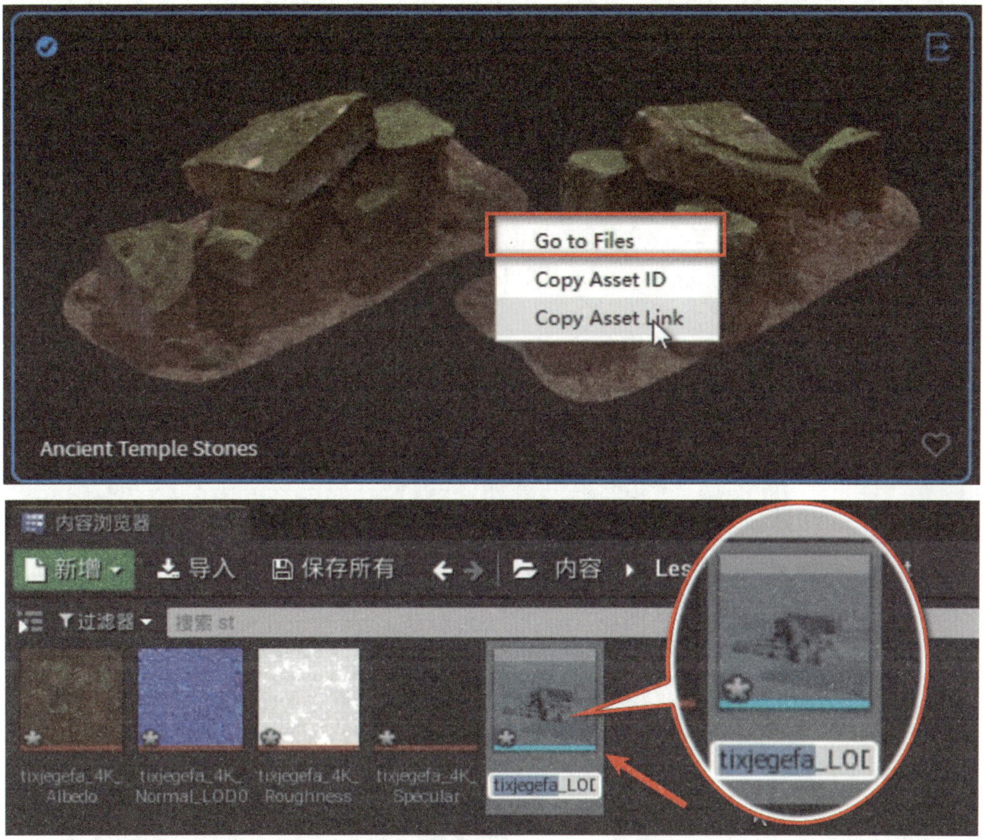

图 9–15

在 Albedo 上点击右键，新建材质球，双击材质球将其打开，然后将其他三张贴图拖入，双击法线贴图，在细节面板中找到翻转绿通道，在左上角点击保存。接着在材质编辑器中按照图 9-16 所示连接贴图的节点。然后点击左上角对材质球进行保存。双击 LOD0 模型将其打开，将创建好的材质球拖动到细节面板的材质插槽中赋予模型。

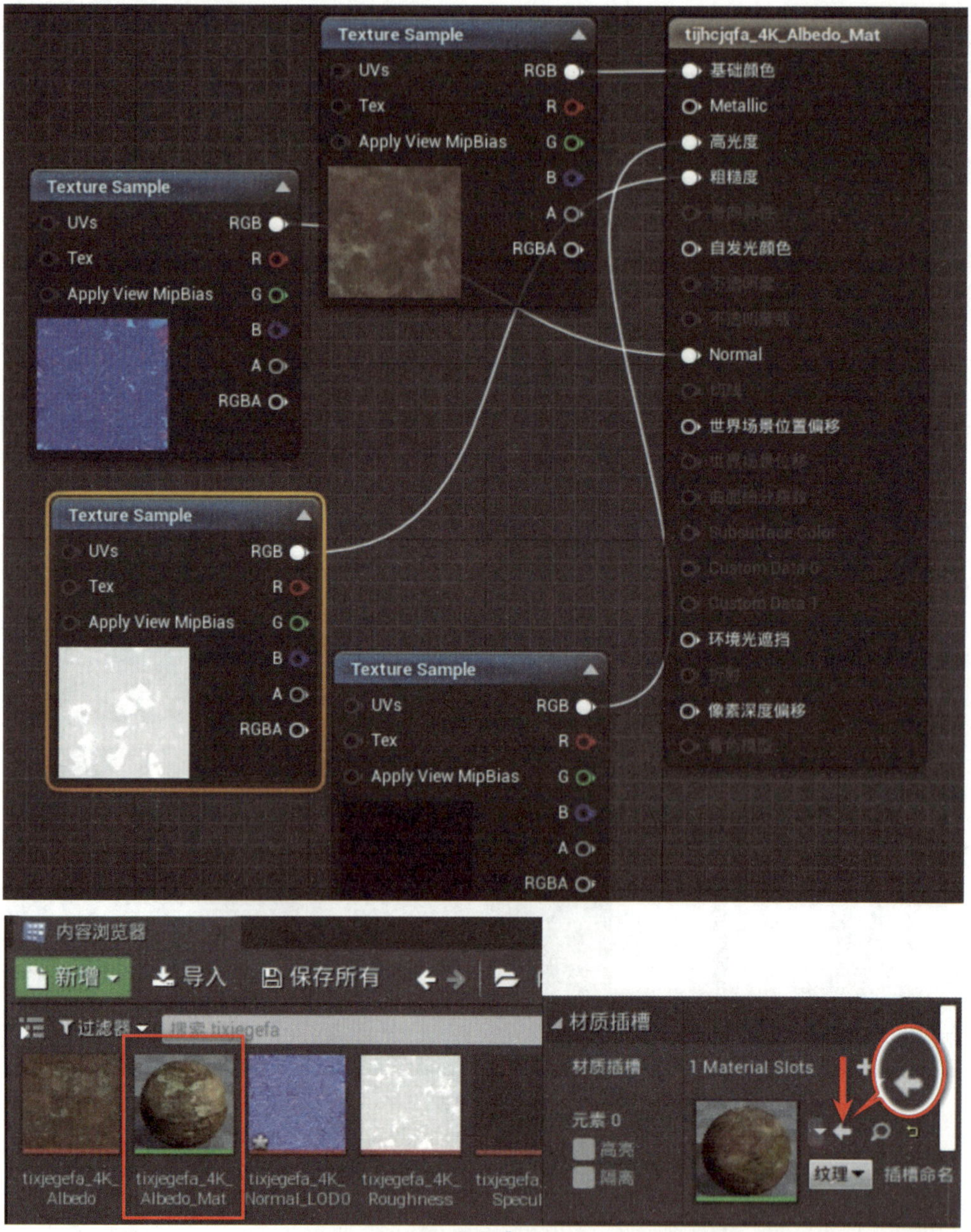

图 9–16

【制作场景】

可以将这个模型放在角落，以增加趣味性和随机性，通过旋转、缩放和按 Ctrl+W 复制的方式进行摆放。在前一个资产的上方和缝隙也可以适当放些小石块，如图 9-17 所示。我们将资产导入，首先放置在拐角处，用来遮挡一些接缝，让场景更为自然，然后将多个小石块旋转放置在一起组合成不同的资产，如图 9-17 所示。

图 9–17

如图 9-18 所示，在路口两侧也放置石块，将不够自然的组合栏杆遮挡住，既增添了细节又弥补了不足。在柱子与地面的接缝处，也放置小石块进行遮挡。在制作场景时，我们经常使用这样的技巧来掩盖场景中不自然的地方。楼梯与栏杆的接缝处，也放上石块进行遮挡。

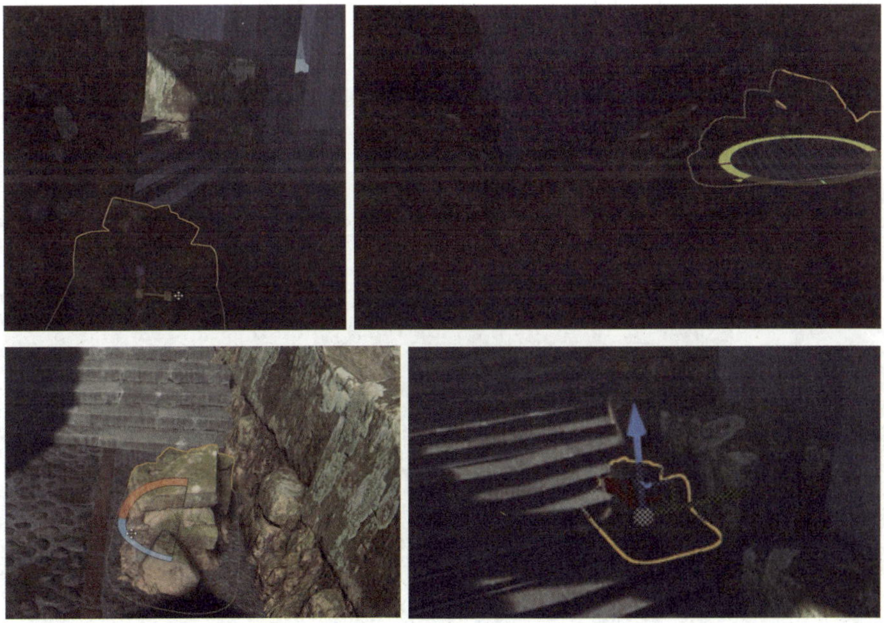

图 9–18

第十章　虚拟现实场景设计与制作（六）

——细化植被

一、植被细化后的效果

植物在游戏虚拟现实场景中是十分重要的，我们在基础场景的地面和周围地形拓展的基础上又增加了植物，包括大的树和小的植被，使之前的场景增加了真实性和生机。植物的存在不仅给场景增添了更多的细节，同时它的树冠、树干也对空间进行了随机的切分，使场景更为自然和真实。图 10-1 为植被细化后的效果图。

图 10–1

二、植被分阶段细化流程

在本章节中，我们将学习从 SpeedTree 中导入植物，以及如何在场景中对植物进行放置等。

【保存关卡】

首先，我们将当前关卡进行另存，命名为 Cj_06 植被细化。

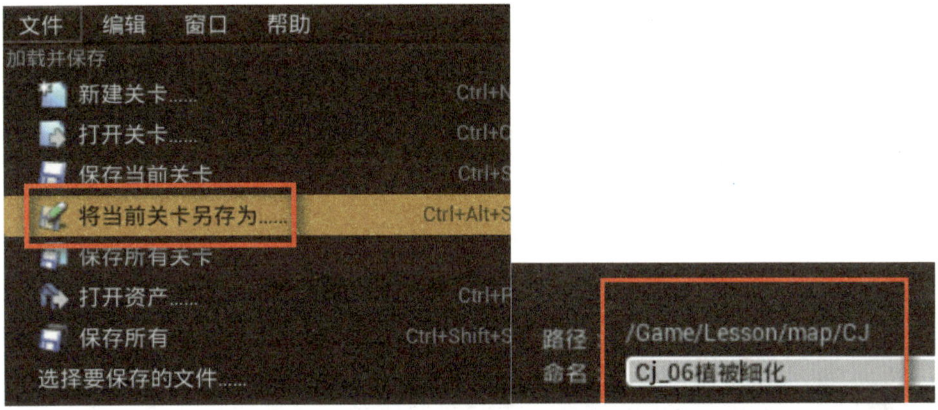

图 10–2

【SpeedTree 动力学测试】

打开 SpeedTree，在 SpeedTree 中已经制作好四种树和草，如图 10-3 所示。我们看到有树冠较大的树木、树冠较小但较高的树木、灌木及草，囊括了当前场景制作中所需要的大部分植物的种类，通过变形等方式可以增添植物资产更多的随机性。

图 10–3

图 10–3（续）

导出来之前先测试一下场景中的风力。点击左侧的 Wind 按钮，按 Enabled 激活风。在左侧工具栏 Preset 预设中将 No wind 改为 Fast。点击左上角 File，将它导出输入 UE4 中，然后新建文件夹，将文件夹命名为植物的名字进行保存。在弹出来的保存页面中点击 Reset 复位后使用默认选项。

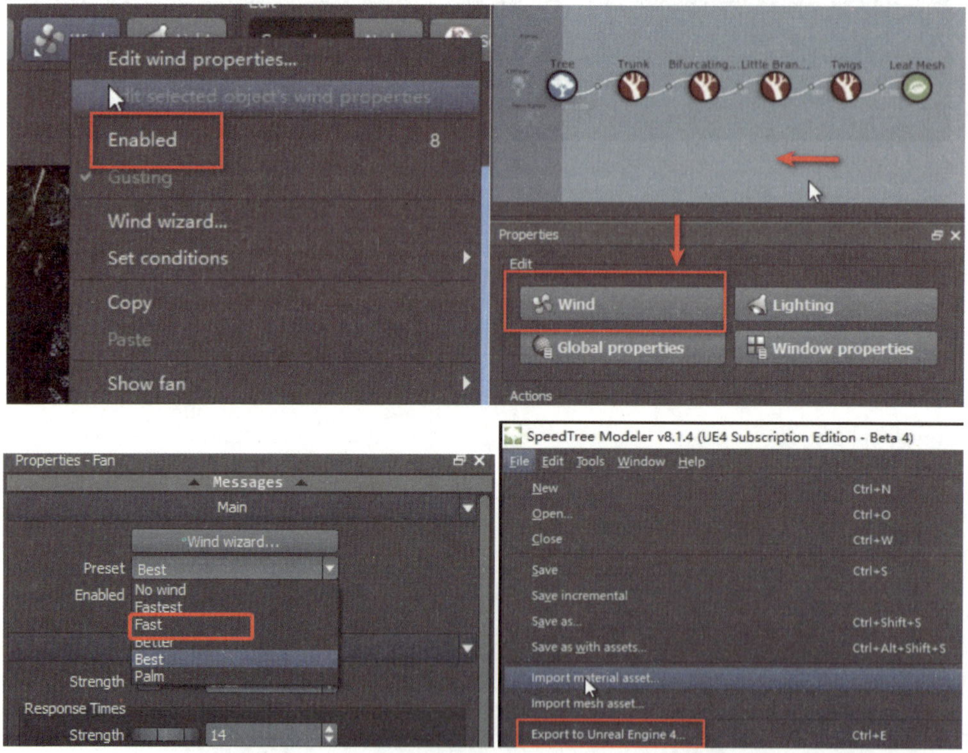

图 10–4

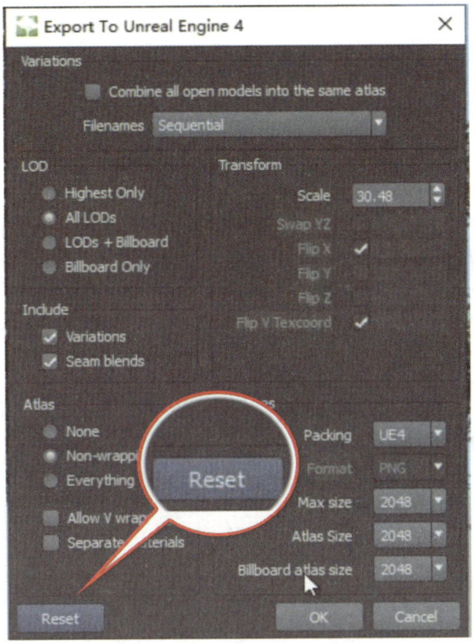

图 10-4（续）

【将植物导入关卡进行摆放】

打开导出植物文件的文件夹，新建文件夹，在内容浏览器中点击导入，打开后缀为 st 的文件，设置如图 10-5 所示，点击导入。

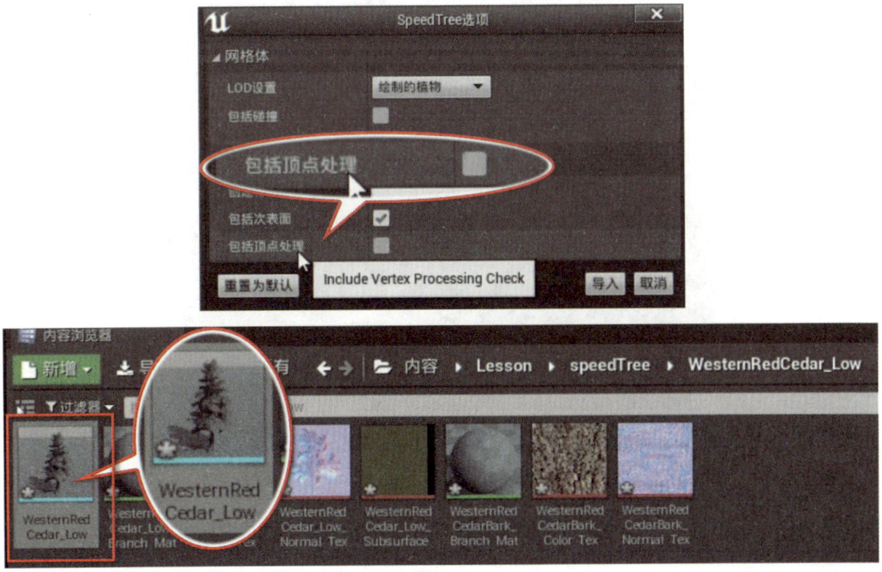

图 10-5

双击导入的文件进入材质编辑器，然后导入场景进行测试。在这之前将场景内的物体进行归类。新建文件夹，将选中的石头（st）、台阶（tj）、石头墙（stq）、小石头（xiaost）归类放入。把树也选中，点击新建按钮，将树也放入文件夹中。

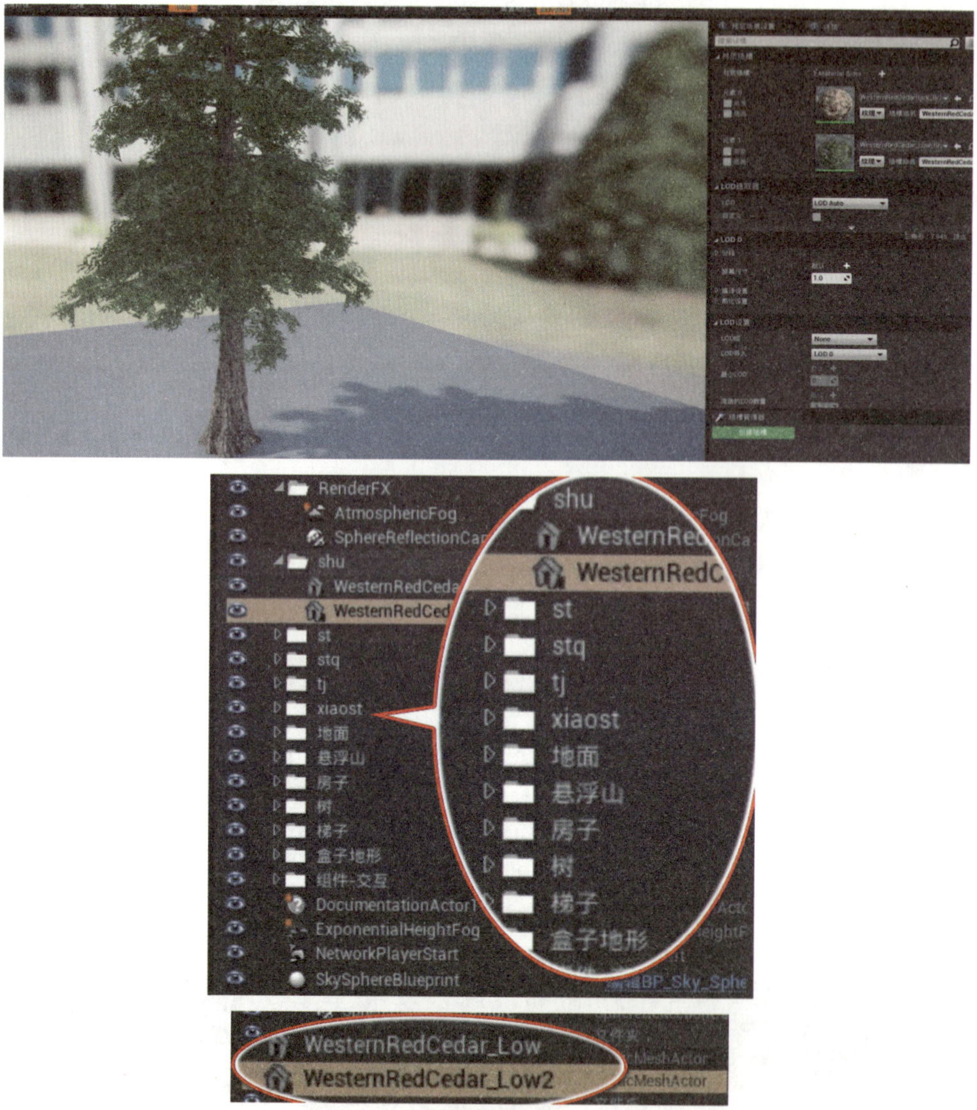

图 10-6

现在进行动力学测试。选择左边放置 Actor，输入 Wind，将风拖入场景。在细节面板的属性栏中可以修改风的力场强度，如图 10-7 所示。

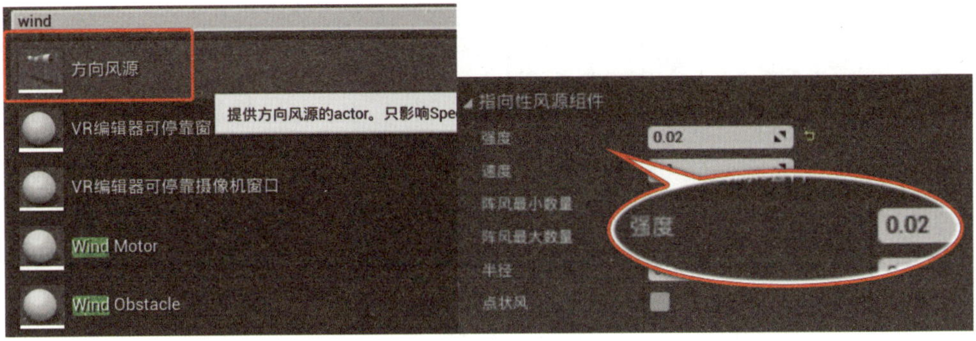

图 10–7

接下来对树干材质进行调节。双击树的材质球，按 M 键增加 Multiply 节点，按 3 增加 Color 节点，然后按照图 10-8 所示连接并进行保存。

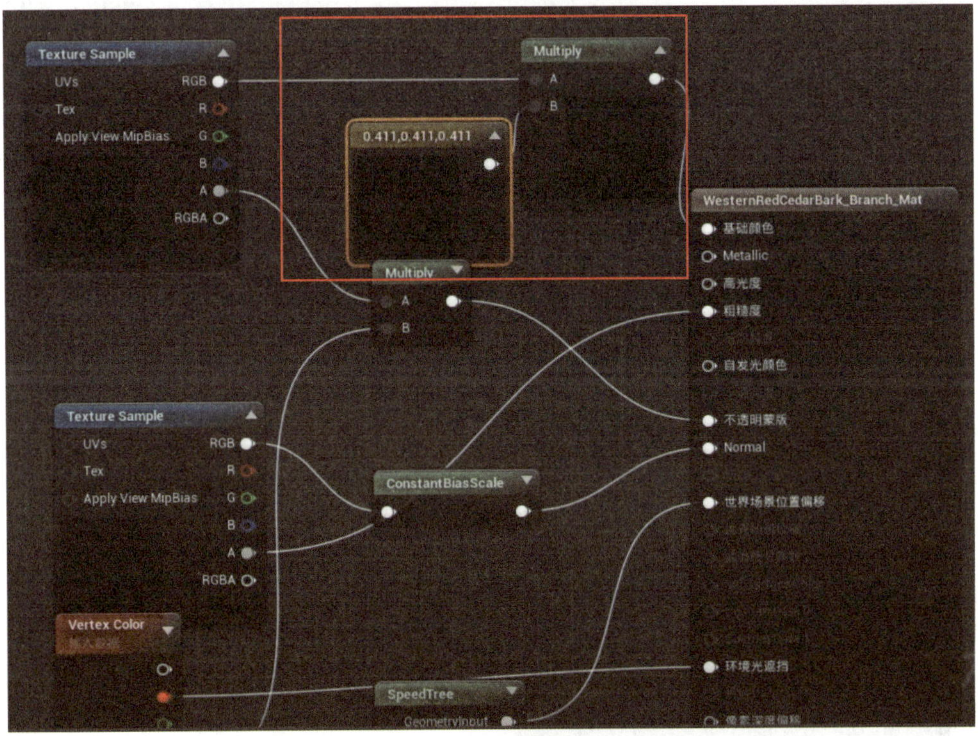

图 10–8

然后将树放到合适的位置，按 Ctrl+W 复制树素材，删除之前摆放的多余的低多边形素材。对树进行旋转移动来增加阴影，丰富画面。进一步调整风力至图 10-9 中的数值，在调整之后进行保存。

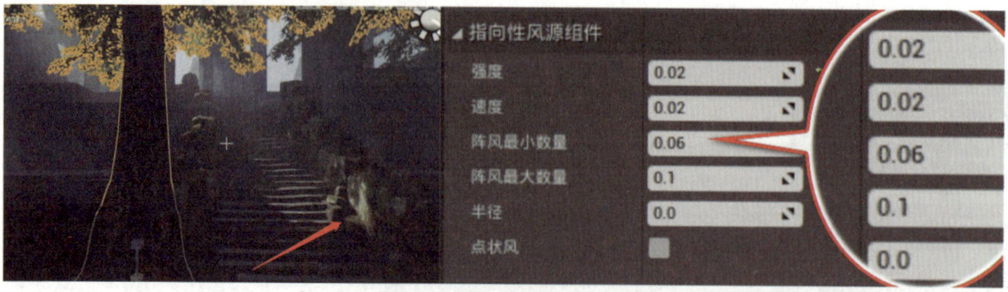

图 10–9

之后点击运行，让人物在场景中跑动起来，以近距离观察树的摆放和制作是否符合要求。

图 10–10

【增加更多植物】

接下来我们将剩下的三种植物添加进场景，进行植被的进一步细化。选择第二种植物，点击左侧的 Wind 按钮，按 Enabled 激活风。在左侧工具栏 Preset 预设中将 No wind 改为 Fast。点击左上角 File，将它导出输入 UE4 中，然后新建文件夹，将文件夹命名为植物的名字进行保存。在弹出来的保存页面中点击 Reset 复位后使用默认选项。

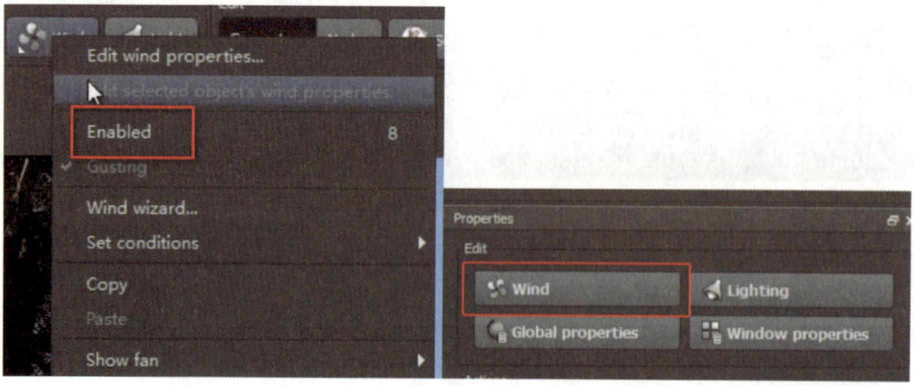

图 10–11

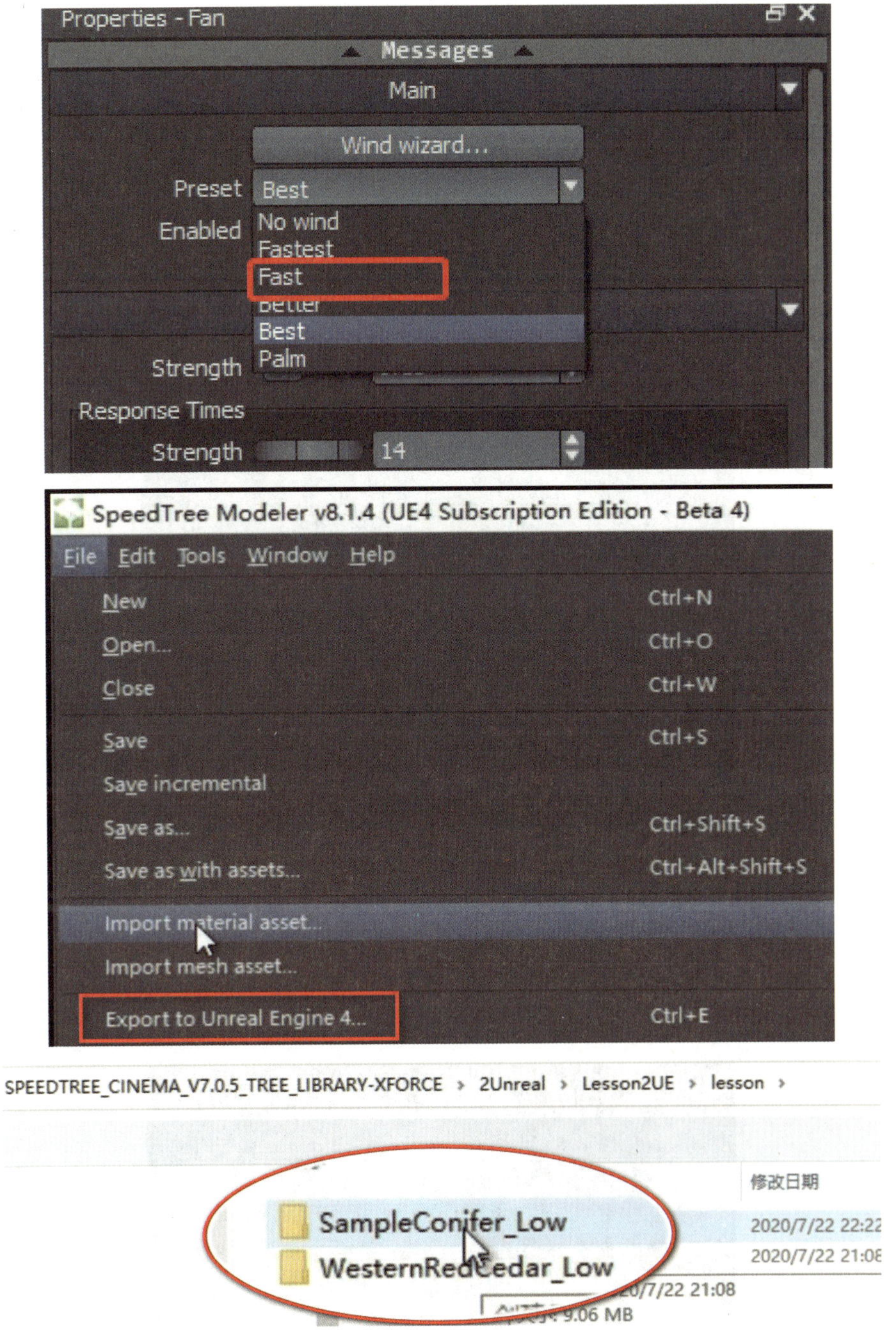
Properties - Fan
Messages
Main
Wind wizard...
Preset
Best
Enabled
No wind
Fastest
Fast
Better
Best
Palm
Strength
Response Times
Strength
14
SpeedTree Modeler v8.1.4 (UE4 Subscription Edition - Beta 4)
File
Edit
Tools
Window
Help
New
Ctrl+N
Open...
Ctrl+O
Close
Ctrl+W
Save
Ctrl+S
Save incremental
Save as...
Ctrl+Shift+S
Save as with assets...
Ctrl+Alt+Shift+S
Import material asset...
Import mesh asset...
Export to Unreal Engine 4...
Ctrl+E
SPEEDTREE_CINEMA_V7.0.5_TREE_LIBRARY-XFORCE › 2Unreal › Lesson2UE › lesson ›
修改日期
SampleConifer_Low
2020/7/22 22:22
WesternRedCedar_Low
2020/7/22 21:08

图 10–11（续）

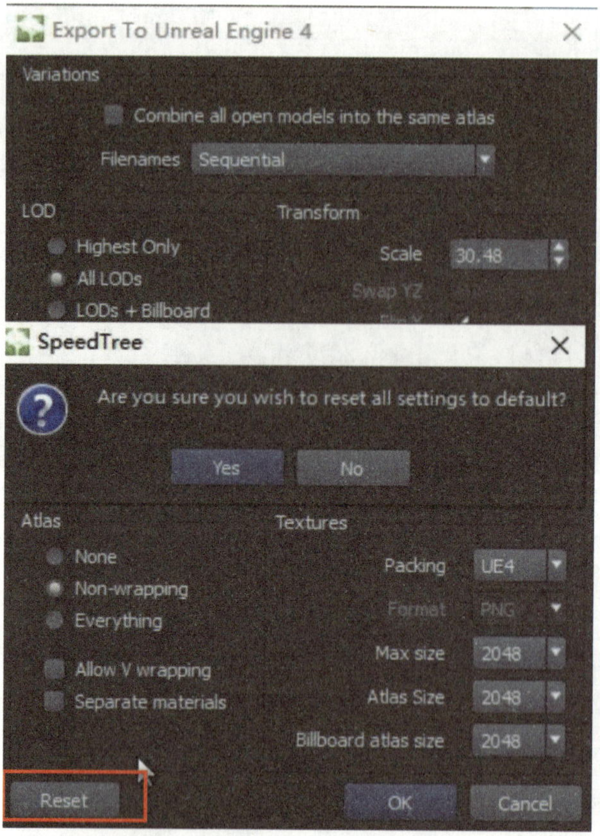

图 10-11（续）

【将植物导入关卡进行摆放】

打开导出植物文件的文件夹，新建文件夹，在内容浏览器中点击导入，打开后缀为 st 的文件。在左侧面板中将材质设置如图 10-12 所示，点击导入。

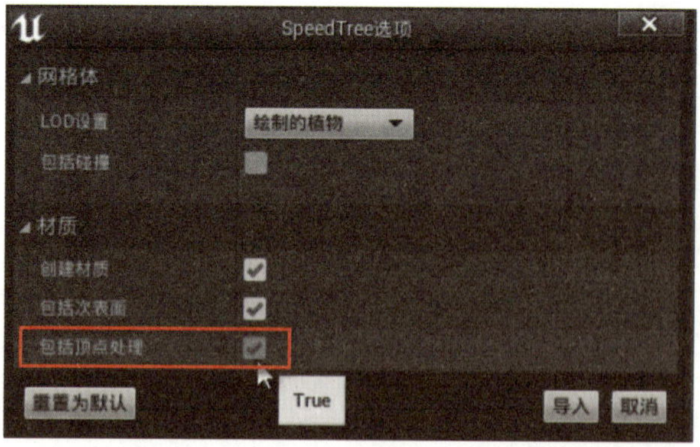

图 10-12

图 10–12（续）

双击导入的文件进入材质编辑器，然后导入场景进行测试。

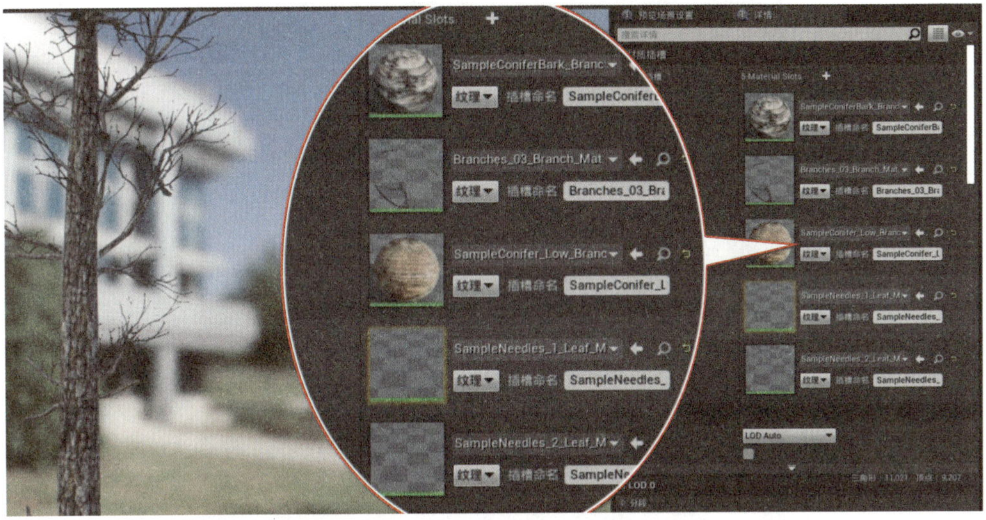

图 10–13

将树放到合适的位置，按 Ctrl+W 复制树素材。对树进行旋转移动，以增加真实性。之后点击运行，让人物在场景中跑动起来，以近距离观察树的摆放和制作是否符合要求。

图 10–14

【增加更多植物】

现在我们将剩下的两种植物添加进场景，进行植被的进一步细化。选择第三种植物，点击左侧的 Wind 按钮，按 Enabled 激活风。在左侧工具栏 Preset 预设中将 No wind 改为 Fast。点击左上角 File，将它导出输入 UE4 中，然后新建文件夹，将文件夹命名为植物的名字进行保存。在弹出来的保存页面中点击 Reset 复位后使用默认选项。

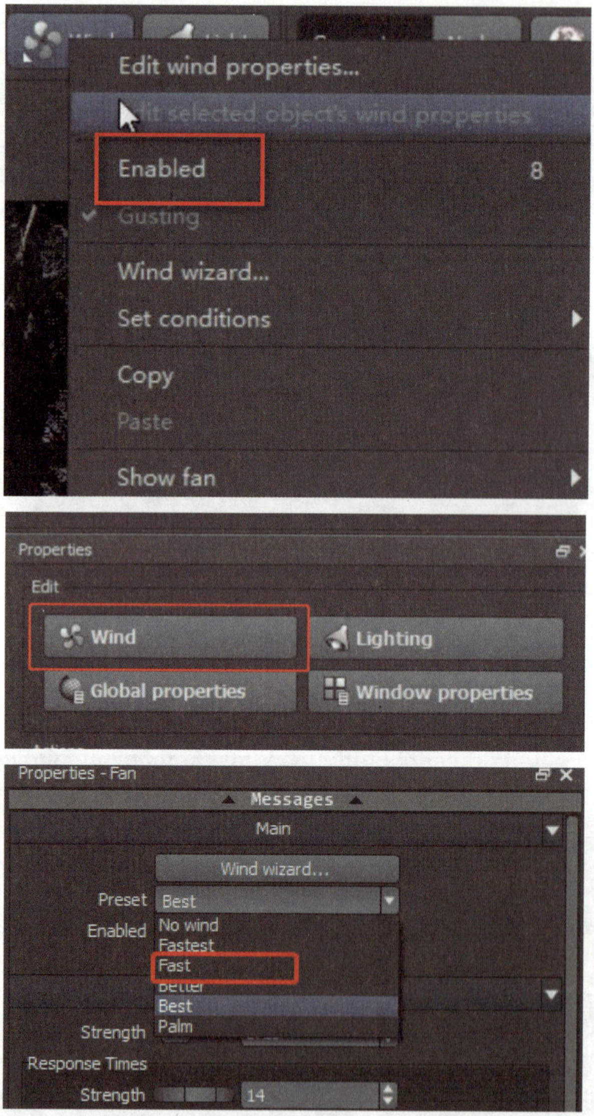

图 10–15

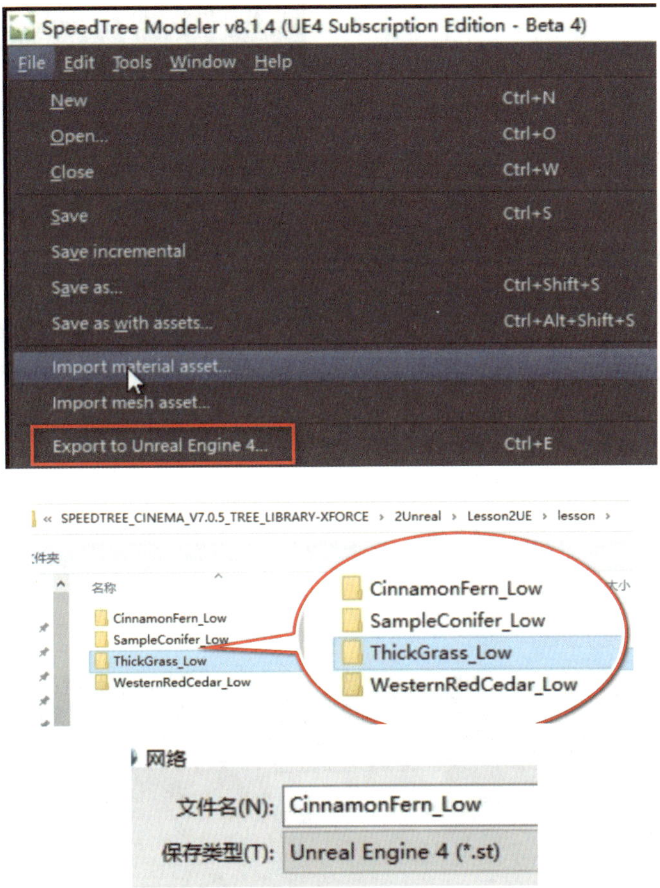

图 10–15（续）

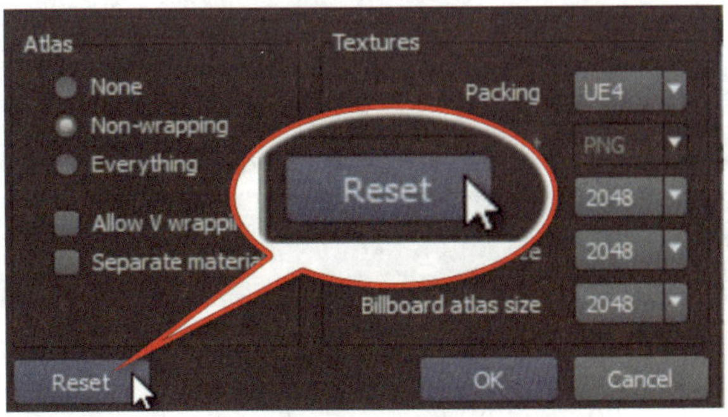

图 10–16

导入第三种植物的时候，可以在左侧工具栏 Preset 预设中将 No wind 改为 Fast，力度也可以调小，这样更符合植物的特点。

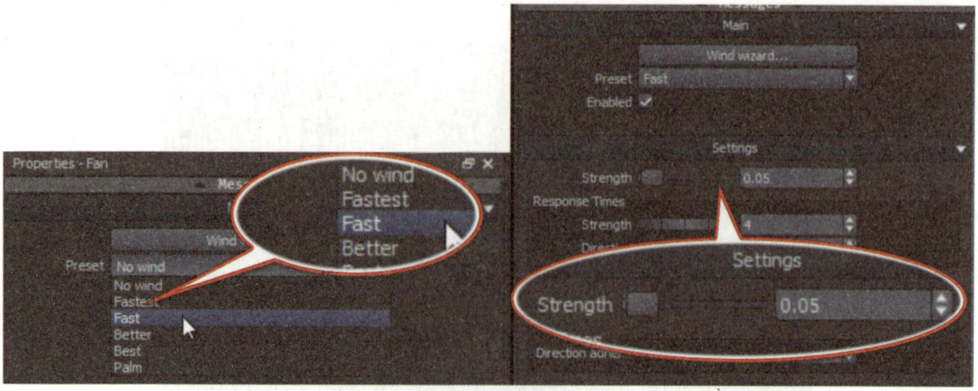

图 10–17

【将植物导入关卡进行摆放】

打开导出植物文件的文件夹，新建文件夹，在内容浏览器中点击导入，打开后缀为 st 的文件，设置如图 10-18 所示。导入草的时候，由于面数过低，可以关闭次表面复选框，点击导入。

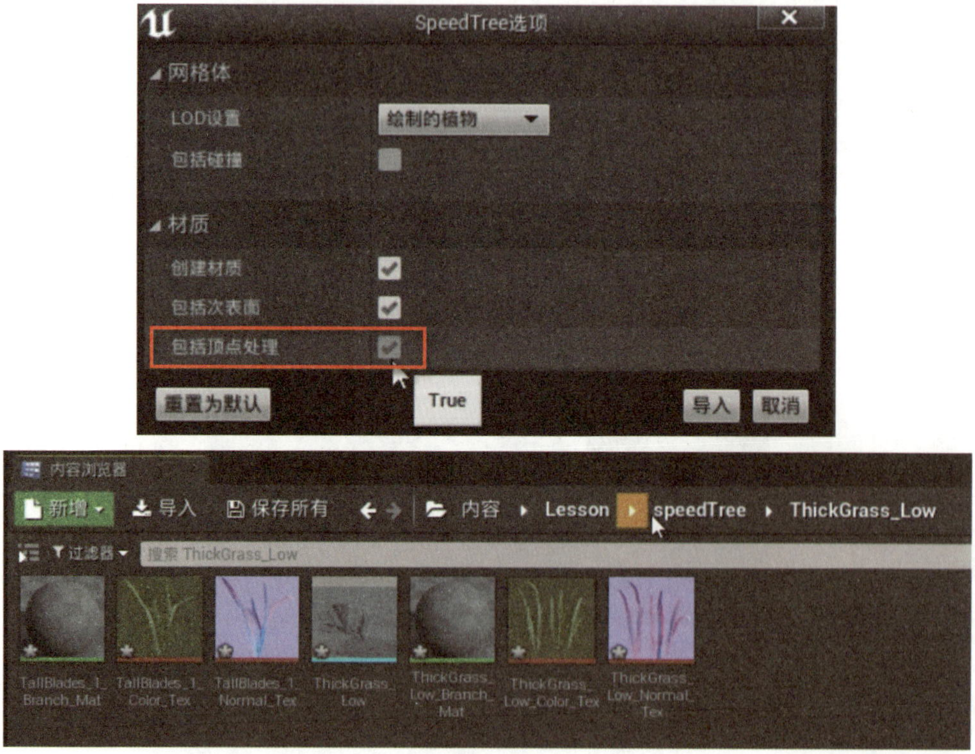

图 10–18

图 10–18（续）

双击导入的文件进入材质编辑器，然后导入场景进行测试。

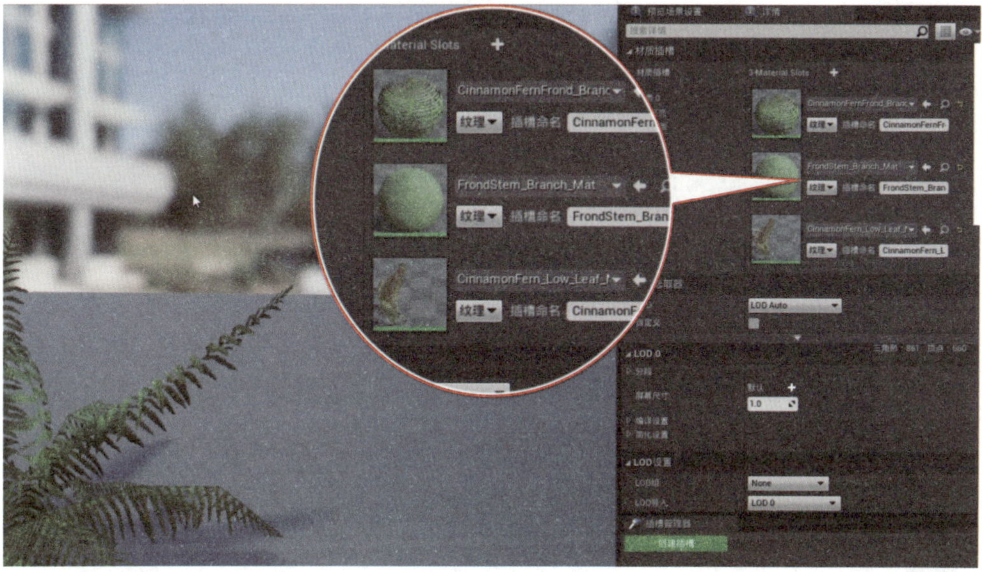

图 10–19

接下来对第三种植物的材质进行调节，双击第三种植物的材质球，按 M 键增加 Multiply 节点，按 3 创建三维向量节点（颜色节点），按 1 创建一维向量节点并连接到高光，降低第三种植物的高光。然后按照图 10-20 所示进行连接并保存。

然后将第三种植物放到合适的位置，按 Ctrl+W 复制第三种植物。对第三种植物进行旋转移动，以增加真实性。第三种植物这样较小的资产，也用于对场景中的接缝和不自然的地方进行遮挡。将第三种植物放在树根处，遮挡住树根和地面的接缝，也放在石块的缝隙、角落处，这样符合实际生活中第三种植物的生长位置，会使场景更加自然。在图 10-21 中，将第三种植物放在之前制作好的道路两旁的栏杆处来增添细节，同时也遮挡住了石块与石块重叠接缝的地方。

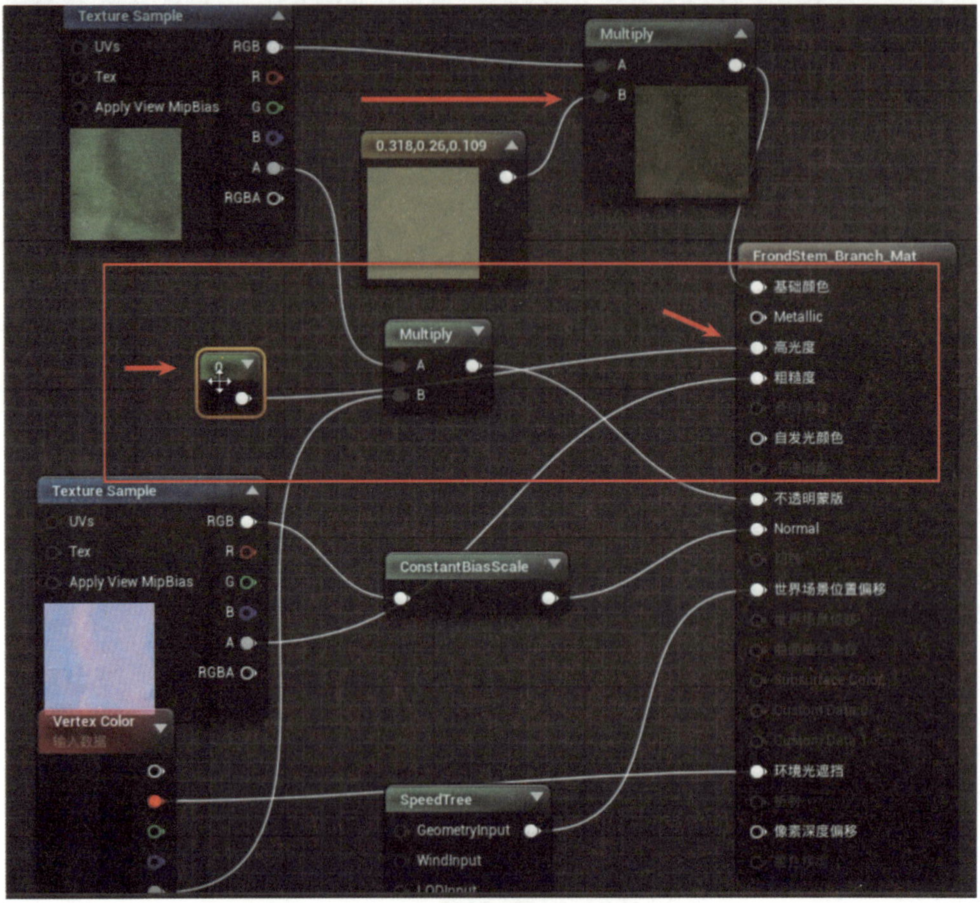

图 10-20

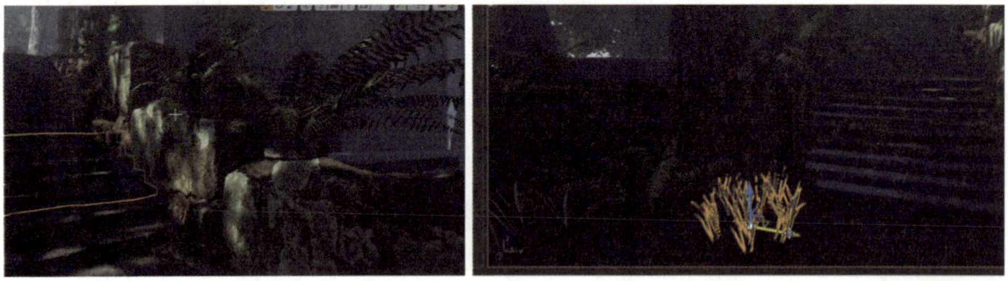

图 10-21

之后我们点击运行，让人物在场景中跑动起来，以近距离观察第三种植物的摆放和制作是否符合要求。

图 10-22

将第四种植物从内容浏览器中拖动到场景中。由于这是更小的植物，我们将其放在大棵植物之间的缝隙中，使植被更加丰富和自然。在刚刚放置灌木的角落，可以放置一些小的草来填充缝隙。

图 10-23

第十一章 虚拟现实场景设计与制作（七）

——添加道具与特效

一、添加道具与特效后的效果

本章我们介绍一些放置道具和特效的方法，它们除了能够丰富场景的细节，还能提示人物与场景或者人物与道具等交互的事件节点。本章我们在道路和植被细化的基础上，增加一些道具和特殊效果来丰富场景的细节，如场景中的雕塑及关键节点交互的对象。图 11-1 为制作后的效果图。

图 11–1

二、道具与特效制作流程

接下来我们打开之前在 UE4 中制作好道路和植被的场景来制作道具和特

效，道具资产仍然从 Quixel 中下载。

【下载资产导入 UE4 关卡】

在 Quixel Mixer 中找到要下载的资产 Japanese Komainu Statue，右键点击 Show in Explorer，打开资产所在的文件夹。

图 11–2

在 UE4 内容窗口中右击新建文件夹，将其命名为资产的名字，然后将如图 11-3 所示的模型和贴图拖入文件夹中。如图 11-3 所示选择 LOD0 模型，然后将其和 Albedo、Normal、Roughness、Specular 贴图导入文件夹中。

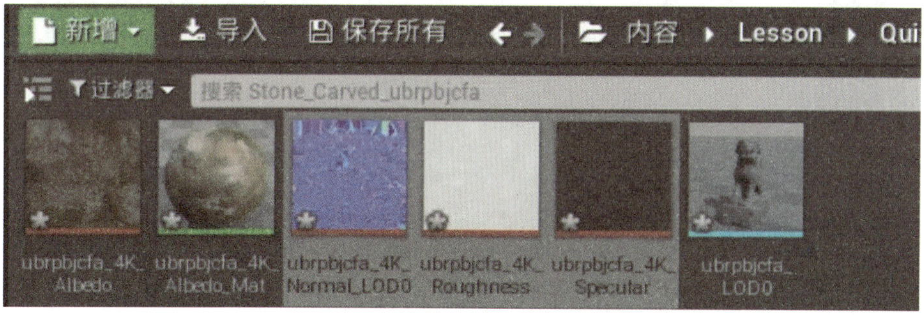

图 11–3

接下来在内容浏览器中找到 Albedo 贴图，点击右键新建材质球，双击材质球将其打开，将其他三张贴图拖入，双击法线（Normal）贴图，在细节面板中找到翻转绿通道，然后在左上角点击保存。接着在材质编辑器中按照图 11-4 所示连接好贴图的节点。然后点击左上角对材质球进行保存。双击 LOD0 模型将其打开，将创建好的材质球拖动到细节面板的材质插槽中赋予模型。

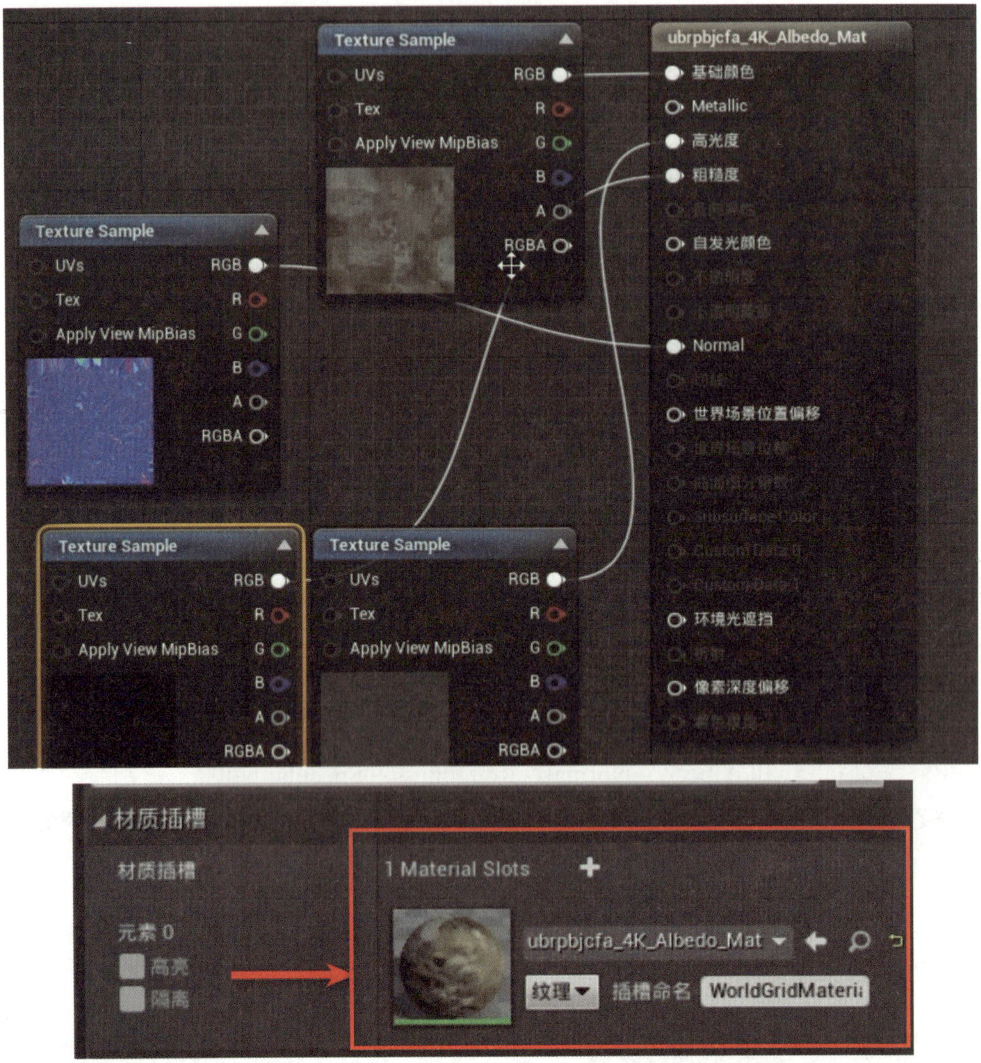

图 11–4

【制作场景】

之前我们使用多边形对关卡进行了设计，使用了一些低多边形标注了交互节点。现在我们从内容浏览器中拖动资产到场景中，在需要摆放资产的地方放置并对模型进行调整。如图 11-5 所示，将石狮子摆放在路口，将之前放置的植物移动到一边，遮挡住道具，让道具显得更加自然。通过旋转、缩放和按 Ctrl+W 复制的方式进行摆放。放置好后按右上角运行按钮▶，让人物在场景中跑动起来，以观察模型的大小是否合适。人物跑动起来后，可以适当放大石狮子，也可以调整植物的位置来避免模型的穿插。

图 11–5

【下载资产导入 UE4 关卡】

在 Quixel Mixer 中找到要下载的资产 Japanese Stone Lantern，右键点击 Show in Explorer，打开资产所在的文件夹。

在 UE4 内容窗口中右击新建文件夹，将其命名为资产的名字，然后将如图 11-6 所示的模型和贴图拖入文件夹中。如图 11-6 所示选择 LOD0 模型，然后将其和 Albedo、Normal、Roughness、Specular 贴图导入文件夹中。

接下来在内容浏览器中找到 Albedo 贴图，点击右键新建材质球，双击材质球将其打开，将其他三张贴图拖入，双击材质编辑器的法线（Normal）贴图，在细节面板中找到翻转绿通道，然后在左上角点击保存。接着在材质编辑器中按照图 11-7 所示连接好贴图的节点。然后点击左上角对材质球进行保存。双击 LOD0 模型将其打开，将创建好的材质球拖动到细节面板的材质插槽中赋予模型。

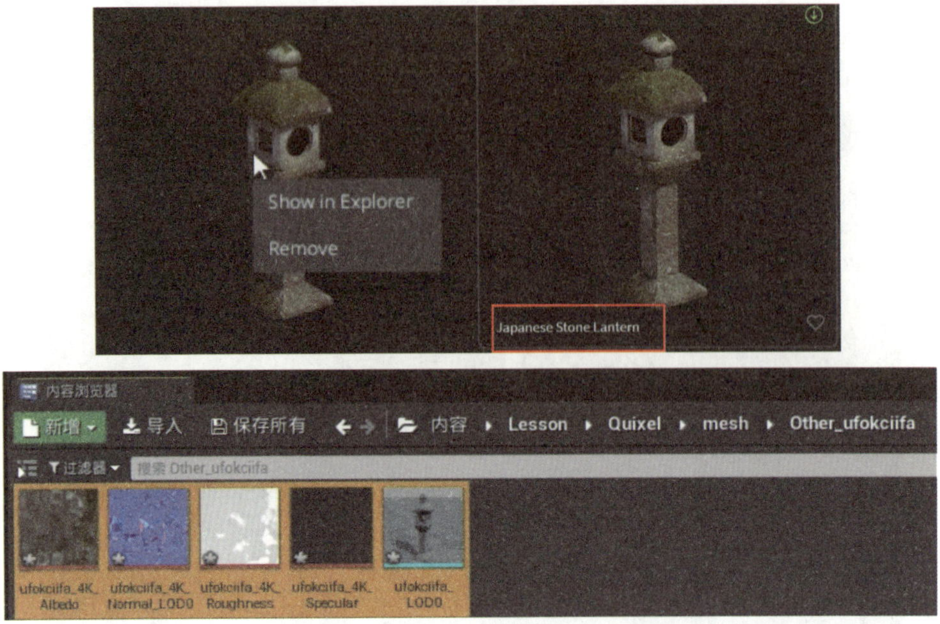
Show in Explorer
Remove
Japanese Stone Lantern
内容浏览器
新增
导入
保存所有
内容
Lesson
Quixel
mesh
Other_ufokciifa
过滤器
搜索 Other_ufokciifa
ufokciifa_4K_Albedo
ufokciifa_4K_Normal_LOD0
ufokciifa_4K_Roughness
ufokciifa_4K_Specular
ufokciifa_LOD0

图 11–6

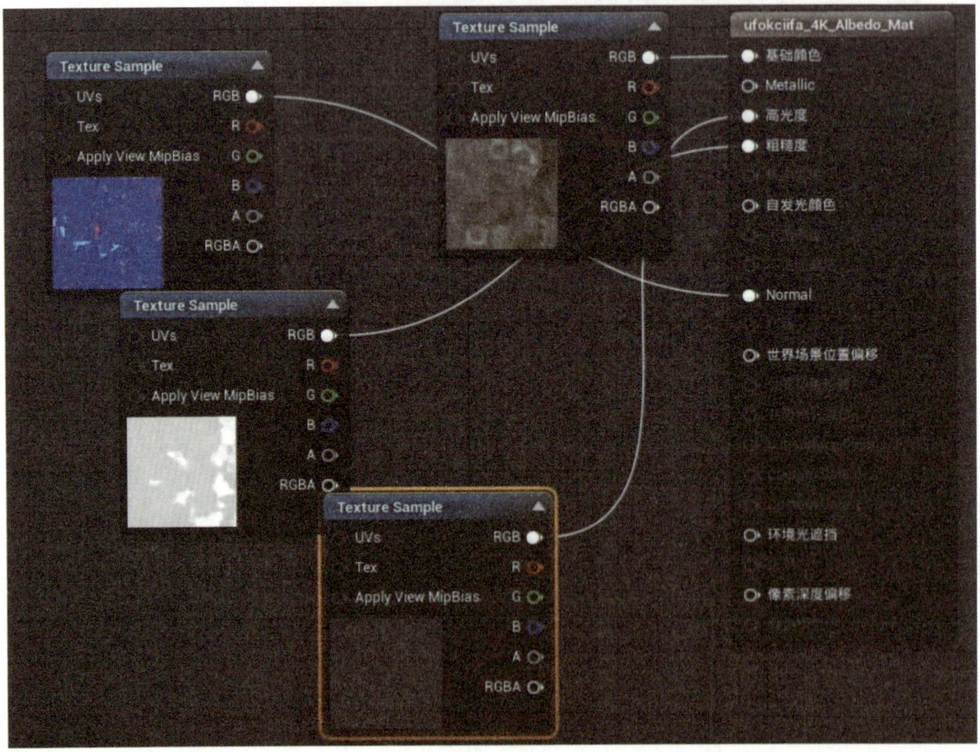
Texture Sample
UVs
Tex
Apply View MipBias
RGB
R
G
B
A
RGBA
ufokciifa_4K_Albedo_Mat
基础颜色
Metallic
高光度
粗糙度
自发光颜色
Normal
世界场景位置偏移
环境光遮挡
像素深度偏移

图 11–7

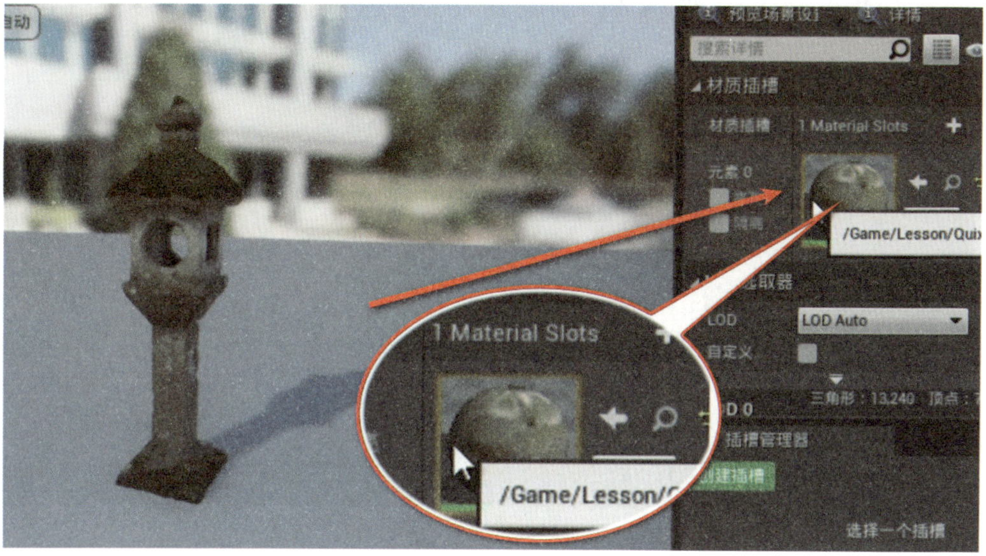

图 11-8

【保存关卡】

将当前关卡进行另存，命名为 Cj_07 节点道具。

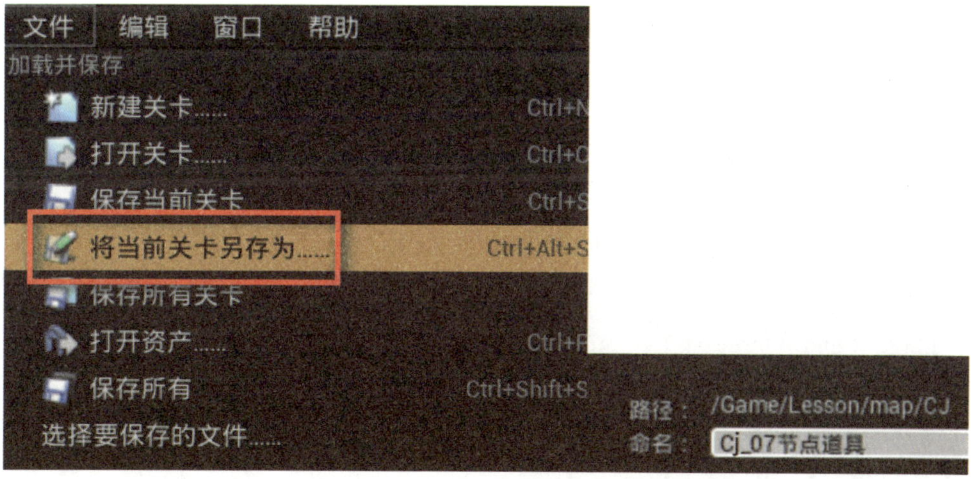

图 11-9

【制作场景】

从内容浏览器中拖动资产到场景中，在需要摆放资产的地方放置并对模型进行调整。如图 11-10 所示，将资产摆放在路口，将之前放置的植物移动到一边，避免穿插。通过旋转、缩放和按 Ctrl+W 复制的方式进行摆放。

图 11–10

放置好后按右上角运行按钮，让人物在场景中跑动起来，以观察模型的大小是否合适。在光影照到的地方可以放置一些道具，让光影显得更加丰富，并调整之前放置的模型，让整个环境显得更加和谐。

图 11–11

【下载资产导入 UE4 关卡】

在 Quixel Mixer 中找到要下载的资产 Japanese Stone Lantern，右键单击 Show in Explorer，打开资产所在的文件夹。

图 11–12

在 UE4 内容窗口中右击新建文件夹，将其命名为资产的名字，然后将如图 11-13 所示的模型和贴图拖入文件夹中。如图 11-13 所示选择 LOD0 模型，然后将其和 Albedo、Normal、Roughness、Specular 贴图导入文件夹中。

图 11–13

接下来在内容浏览器中找到 Albedo 贴图，点击右键新建材质球，双击材质球将其打开，将其他三张贴图拖入，双击材质编辑器的法线（Normal）贴图，在细节面板中找到翻转绿通道，然后在左上角点击保存。接着在材质编辑器中按照图 11-14 所示连接好贴图的节点。然后点击左上角对材质球进行保存。双击 LOD0 模型将其打开，将创建好的材质球拖动到细节面板的材质插槽中赋予模型。

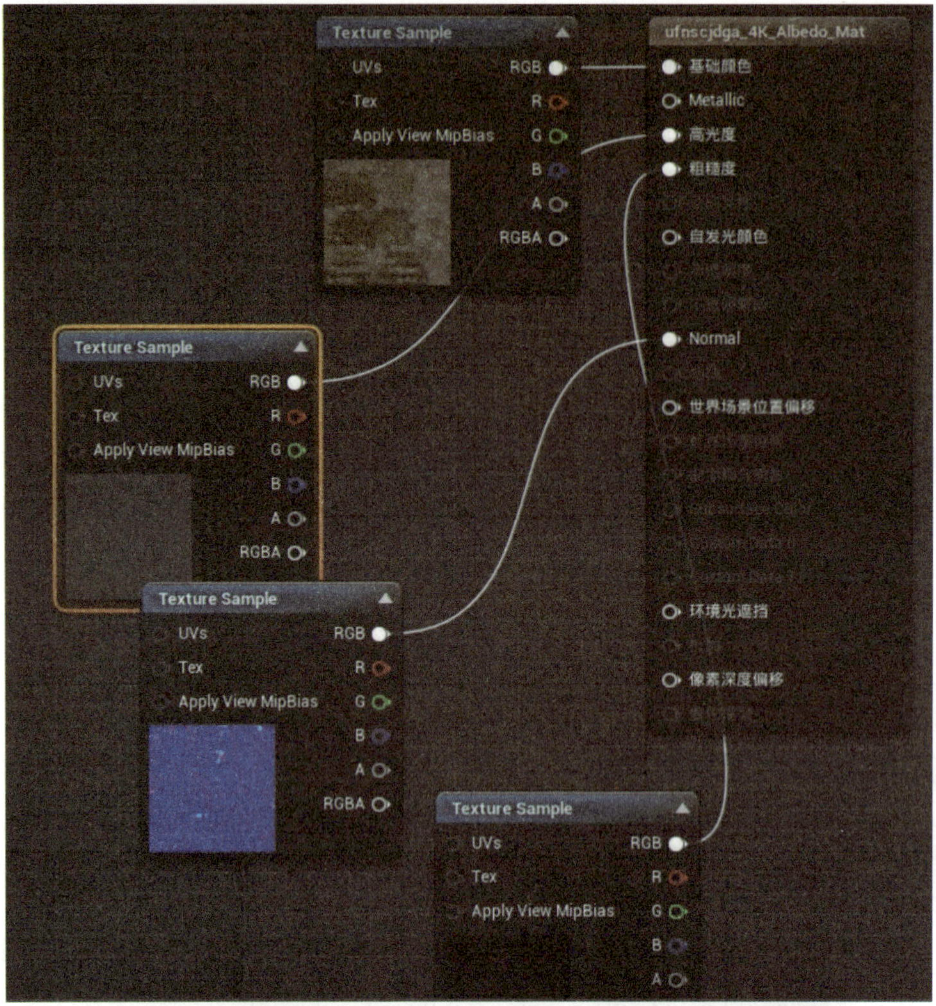
Texture Sample
UVs
RGB
Tex
R
Apply View MipBias
G
B
A
RGBA
ufnscjdga_4K_Albedo_Mat
基础颜色
Metallic
高光度
粗糙度
自发光颜色
Normal
世界场景位置偏移
环境光遮挡
像素深度偏移

材质插槽
1 Material Slots
LOD
LOD Auto
创建插槽

图 11–14

【制作场景】

从内容浏览器中拖动资产到场景中，在需要摆放资产的地方放置并对模型进行调整。如图 11-15 所示，将香炉摆放在设计好的交互节点，将之前放置的植物移动到一边，遮挡住道具，让道具显得更加自然。通过旋转、缩放和 Ctrl+W 复制的方式进行摆放。放置好后按右上角运行按钮，让人物在场景中跑动起来，以观察模型的大小是否合适。人物跑动起来后，可以调整道具的大小，让场景显得更加真实，并调整植物的位置，以避免模型的穿插。

图 11–15

【将特效导入 UE4 关卡】

特效在场景中有着举足轻重的作用，它带有光效、动态，吸引着玩家的注意，不仅能让场景变得更加震撼，也能够在交互节点使用中来提示事件。在我们配套资源中，打开 Lesson > Particle，找到提前放置好的特效。把第一个 P_OrbGlow Lights 特效拖入场景中，即可看到效果。将它移动到之前放置的道具顶部，适当放大让火焰覆盖道具顶部，这样显得更为自然。

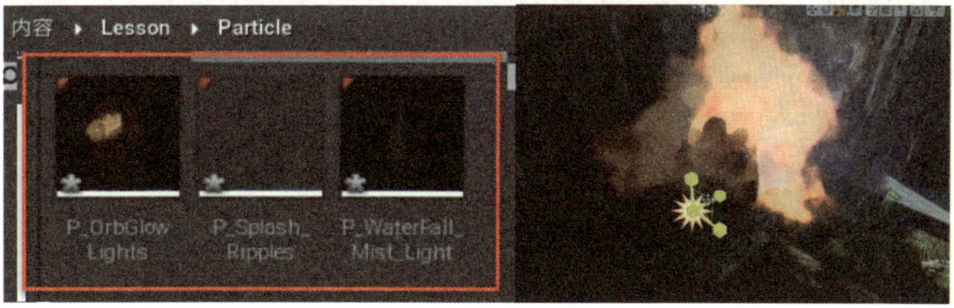

图 11–16

把第二个特效 P_Splash_Ripples 和第三个特效 P_WaterFall_Mist_Light 拖入

场景中。先将第二个特效放在地面上，进行放大，和道具有一定重叠，然后将第三个特效放在高处从上往下喷射，制作出喷泉的效果。在游戏进行的过程中，这样的瀑布可以用来提示交互节点。

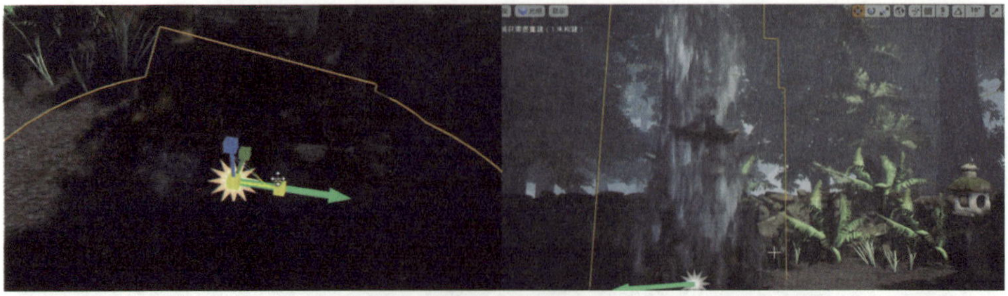

图 11–17

然后点击上方运行按钮▶，让人物在场景中跑动起来，以观察特效的位置和大小是否合适。

图 11–18

【编辑特效】

观察火的颜色，可以让它的颜色更亮。双击细节面板中的粒子材质，进入粒子特效编辑面板，点击 Base 粒子发射器层。按 S 可以单独显示该粒子特效图层，点击初始颜色，在左侧细节面板中调整颜色。调至最大值的亮度，即可看到火苗的一部分变亮。

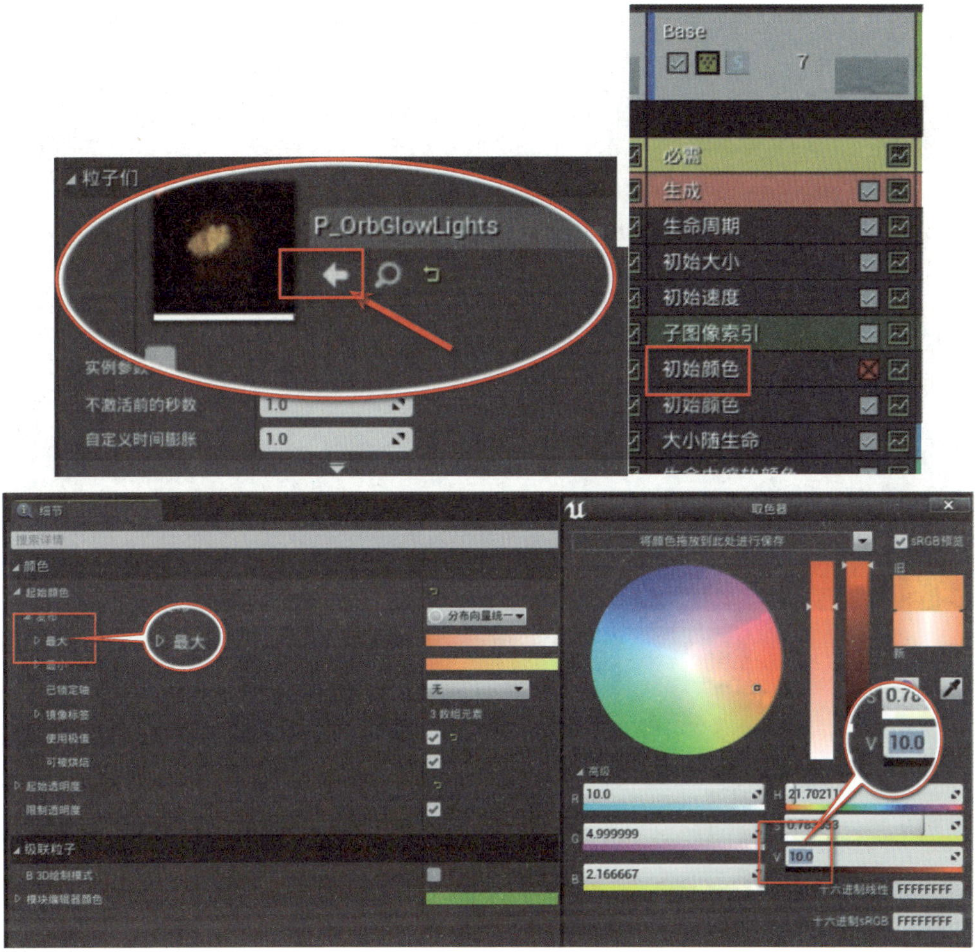

图 11-19

另外一种办法：点击 Base 中的必需，然后双击材质打开火苗的材质编辑器。按 M 键增加 Multiply 节点进行连接，然后将常量调高，点击左上角进行保存，整个火苗都变亮了，如图 11-20 所示。

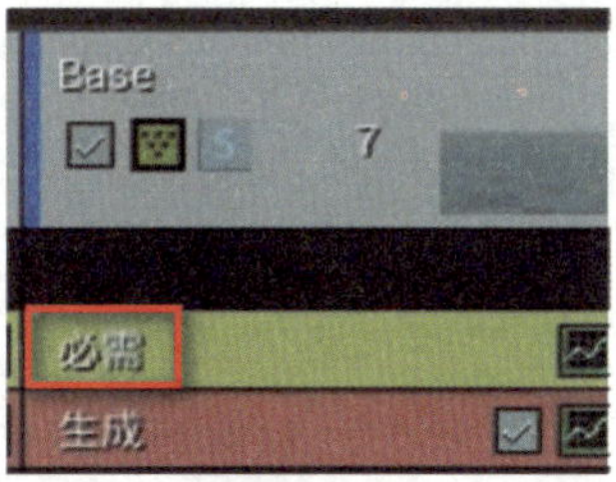

图 11-20

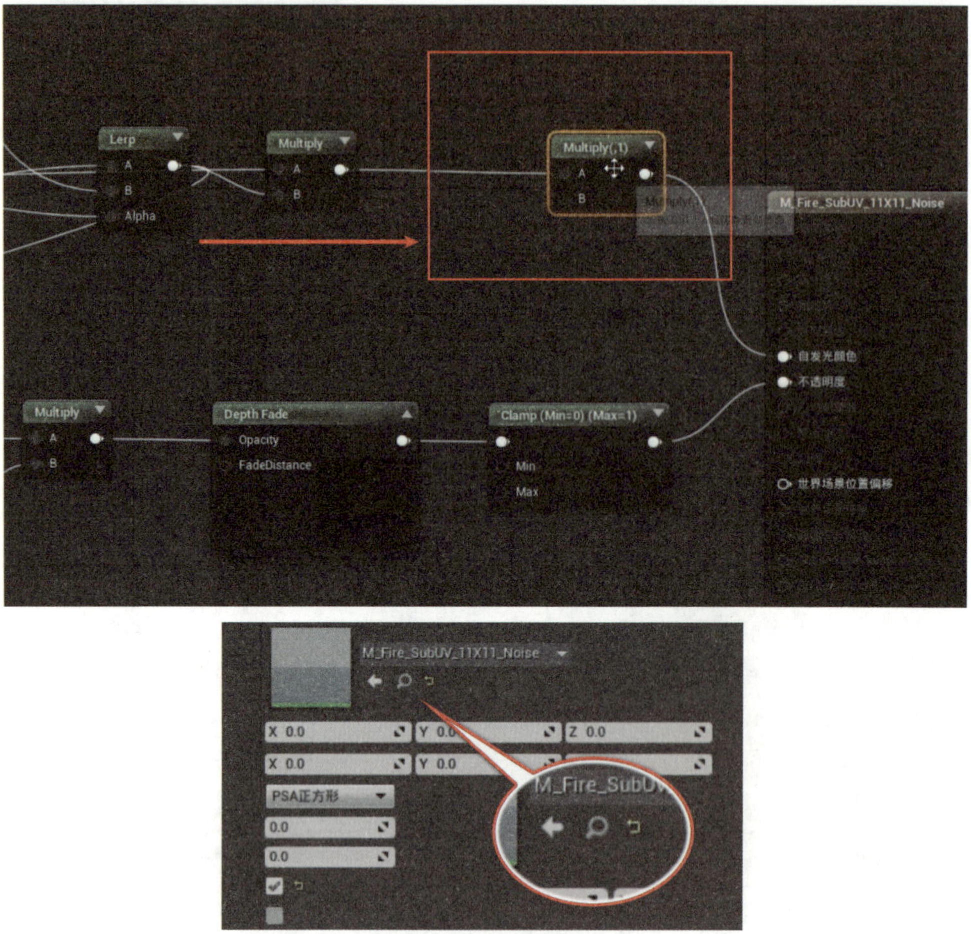

图 11–20（续）

可以制作几个不同亮度的火苗放在不同级别的关卡中。点击 Base 中的必需，在左边材质处点击浏览到内容浏览器，材质就显示到内容中了。将材质复制两个，双击材质打开材质编辑器，将其中一个 Multiply 常量 B 的数值调低进行保存。

图 11–21

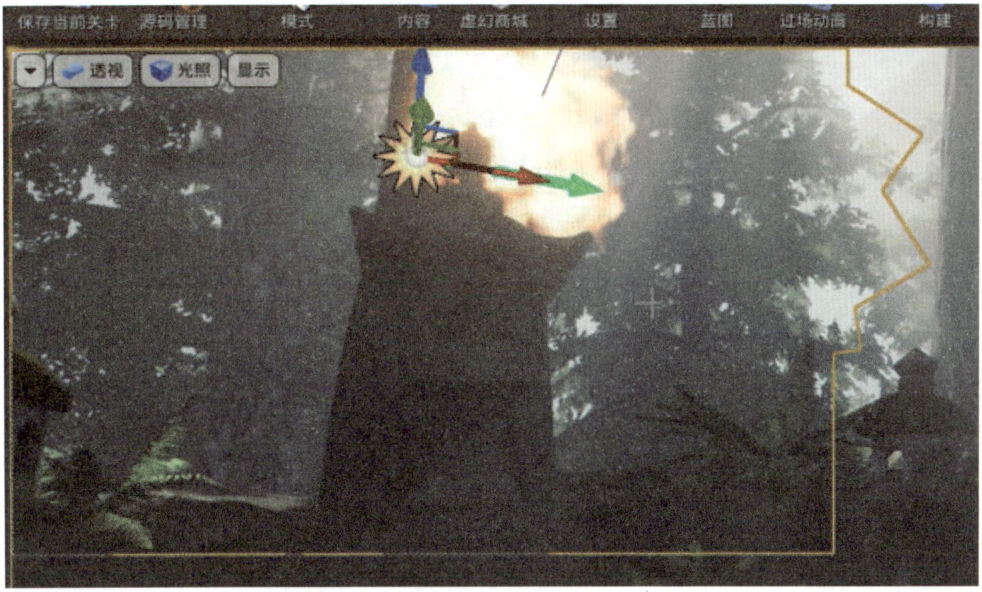

图 11–21（续）

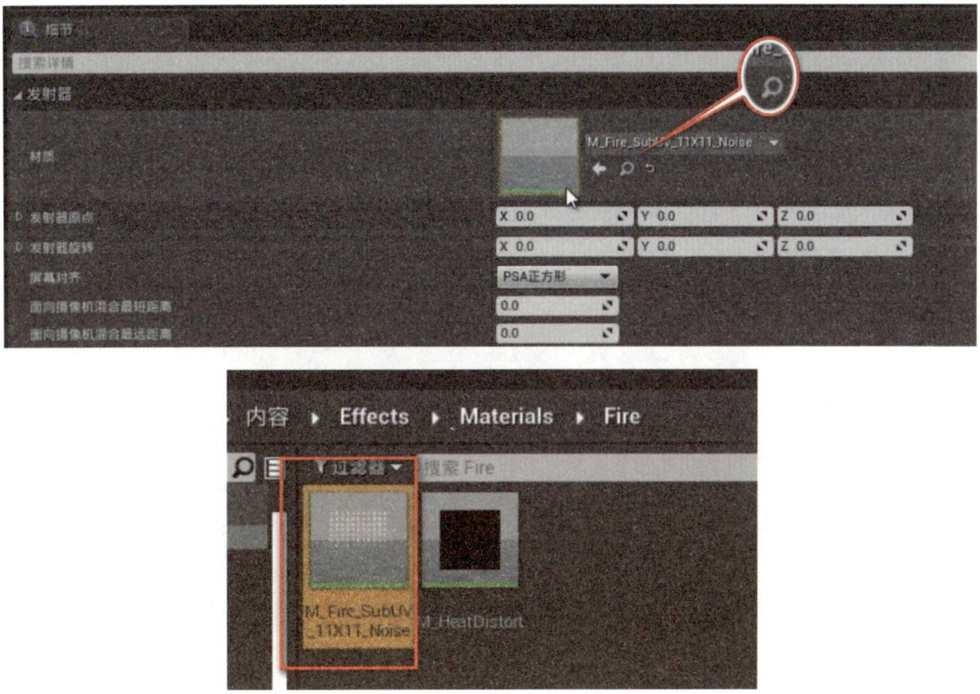

图 11–22

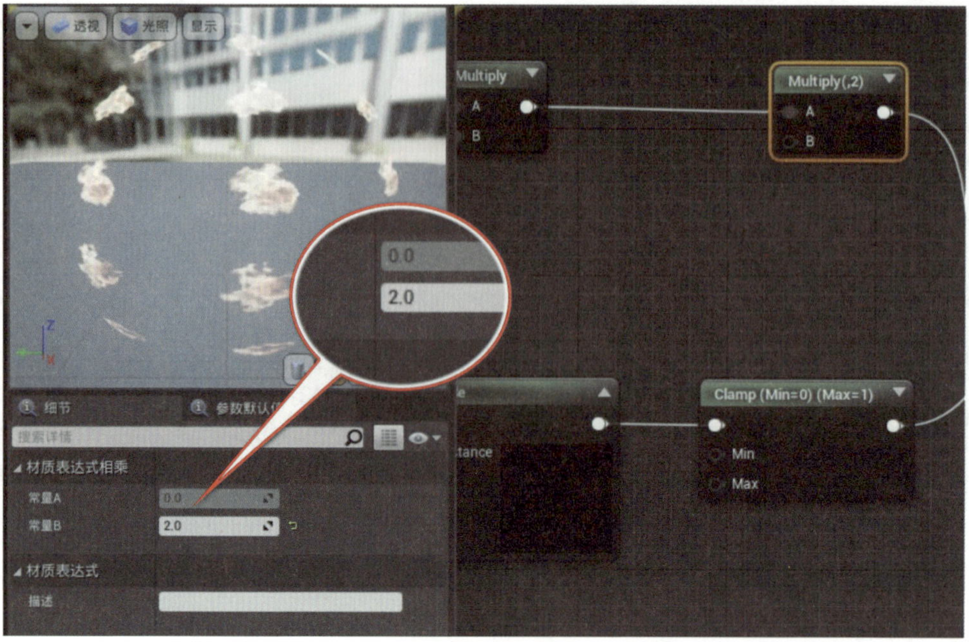

图 11–22（续）

双击第二个材质，按键盘上的 3 键增加颜色节点，点击左边的颜色，改为紫色并调高亮度。

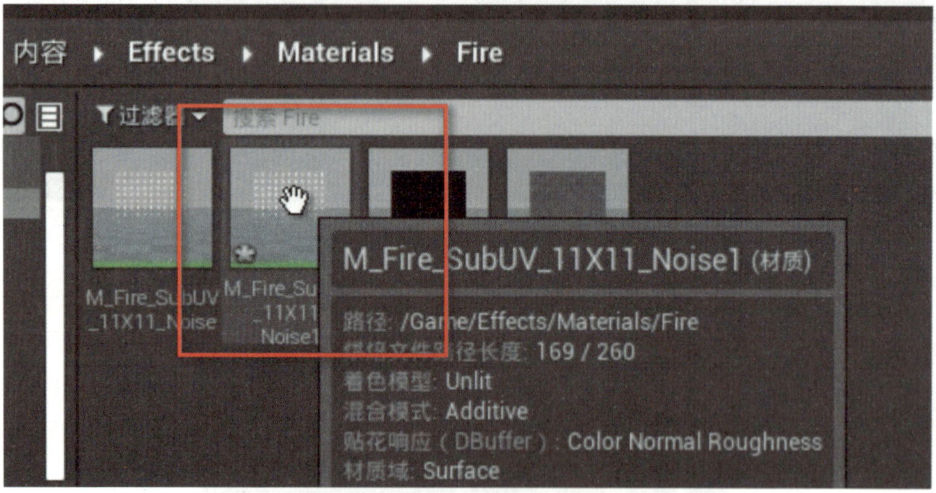

图 11–23

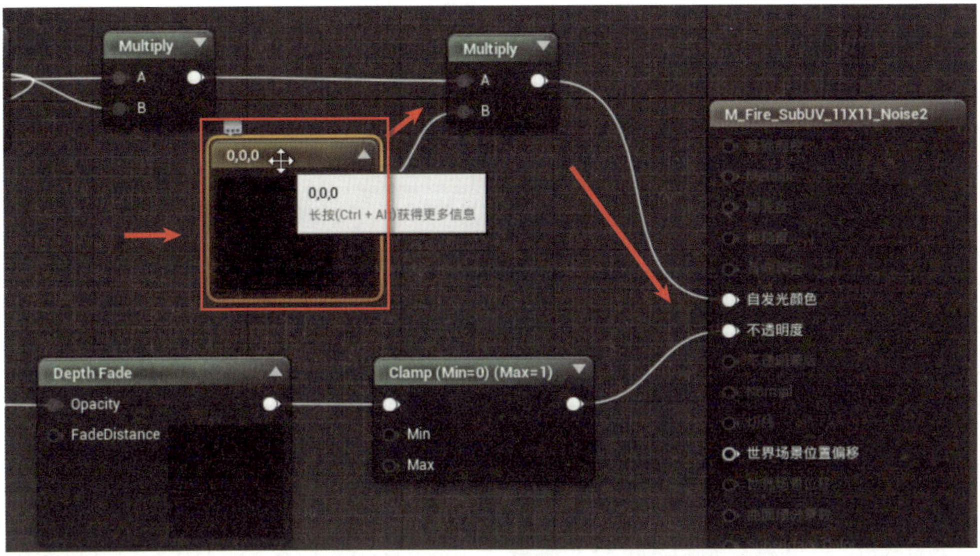

图 11-23（续）

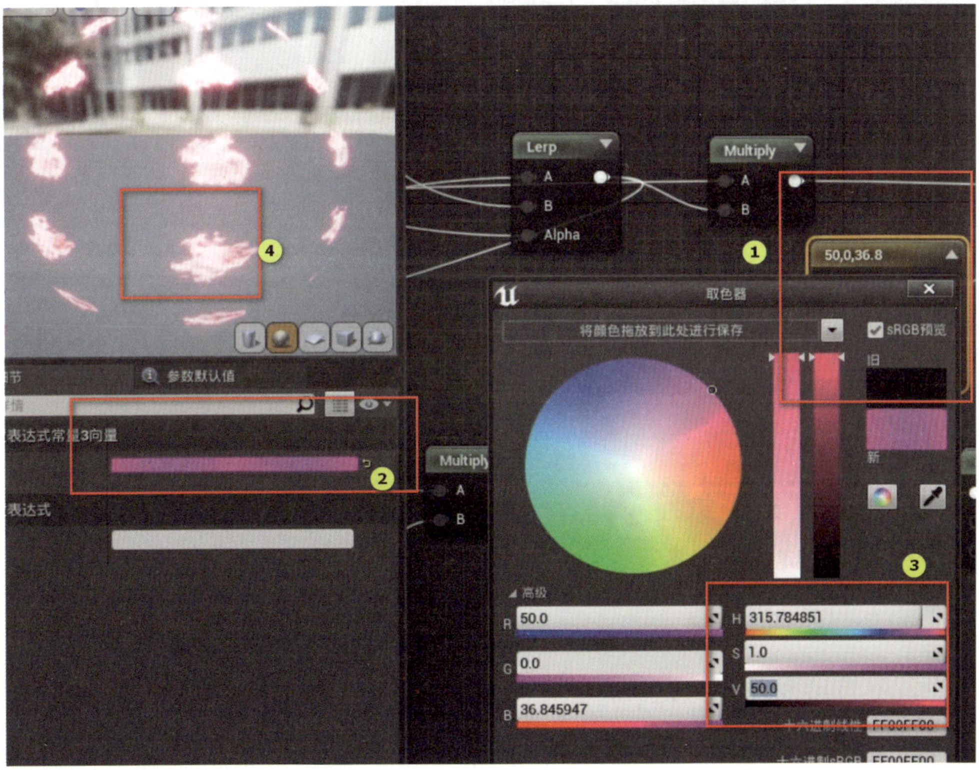

图 11-24

点击第二簇火苗，在细节面板中的材质处点击浏览到内容浏览器。然后将火苗的材质①复制两个，分别为②③，如图 11-26 所示。

图 11-25

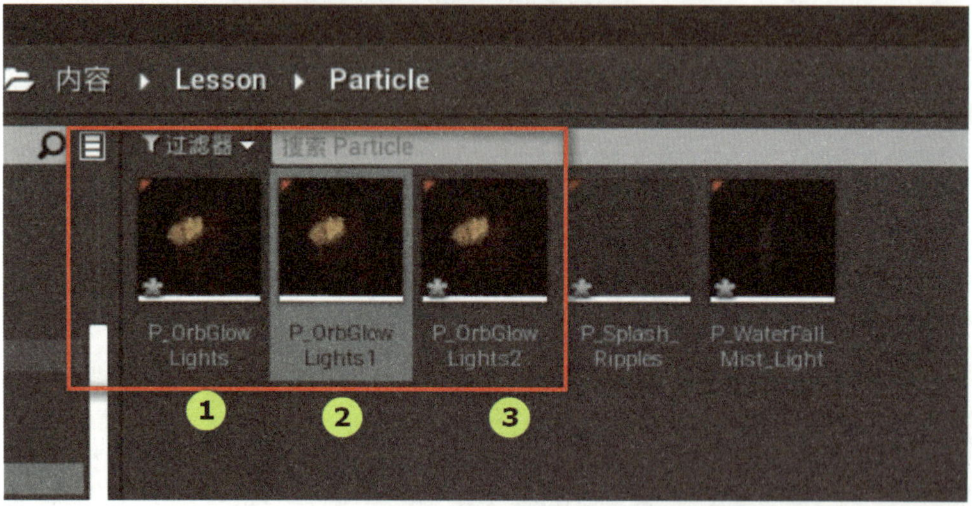

图 11-26

双击材质②，点击右上角必需，将材质改为刚刚复制出来的 Noise2 并保存。

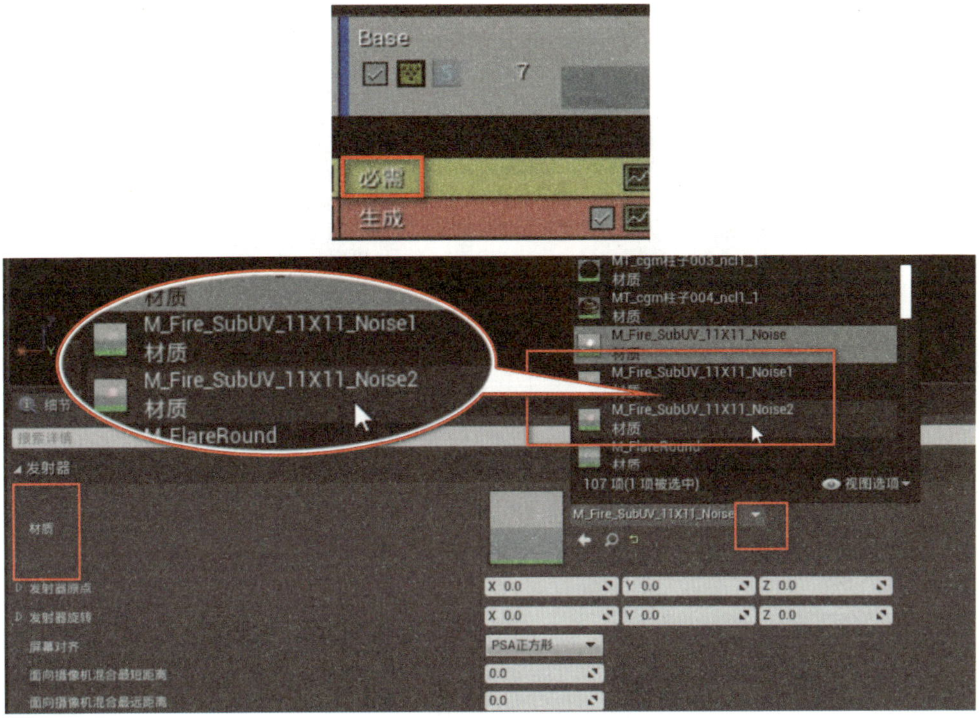

图 11–27

同样，双击材质③，点击细节面板中的必需，在左边的材质下拉菜单中选择 Noise2，火苗便变成刚刚设置的紫色了。

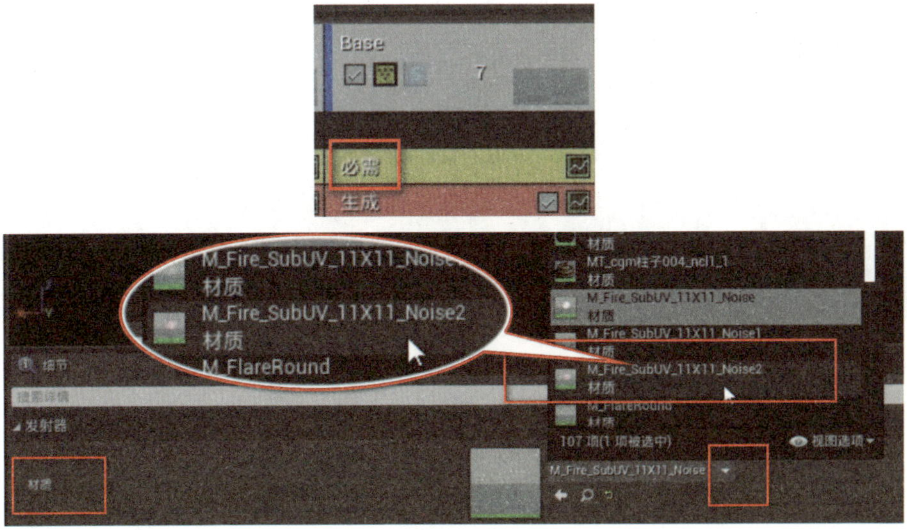

图 11–28

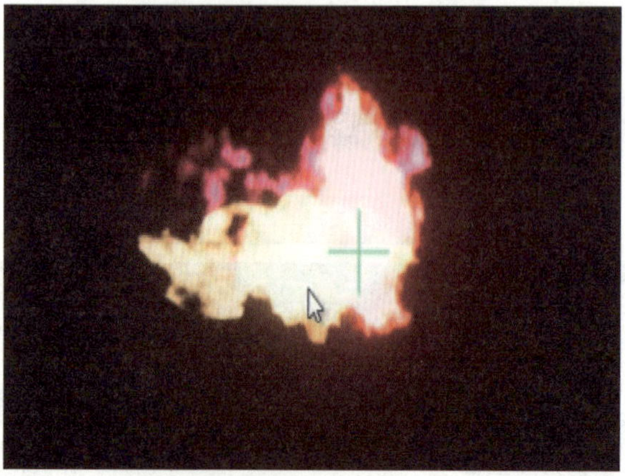

图 11–28（续）

接着点击细节面板 Velocity 粒子发射器中的必需，在左边的细节面板材质下拉菜单中也选择 Noise2 并保存。

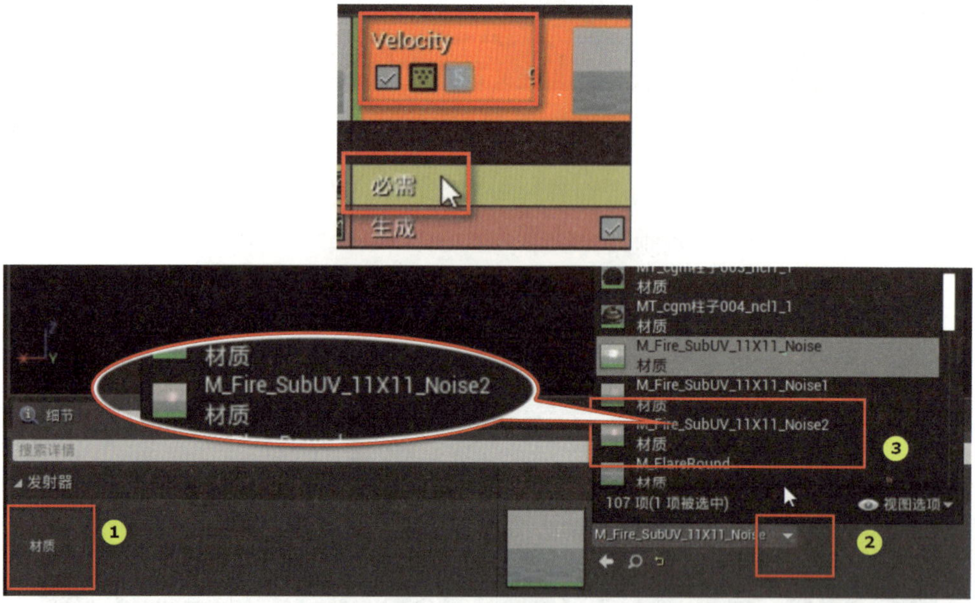

图 11–29

然后回到内容栏，将两个更改过的火苗拖入场景，即可得到两簇不同的火苗。

图 11–30

点击运行，让人物在场景中跑动起来，对火焰进行观察。

图 11–31

第十二章　虚拟现实场景设计与制作（八）

——填充优化地形

一、填充优化地形后的效果

在之前的场景中，我们虽然制作了道路及附近的植被和道具，但是远处的地形仍然是用多边形代替的。在这个阶段我们需要制作出道路外的地形，并对其材质进行绘制，在绘制过程中要配合之前放置的植物，绘制出泥土及草地的材质效果。图 12-1 为地形填充优化后的效果图。

图 12–1

二、填充优化地形流程

接下来我们对地形填充和材质绘制的具体流程进行讲解。

【保存关卡】

将当前关卡进行另存，命名为 Cj_08 地形填充。

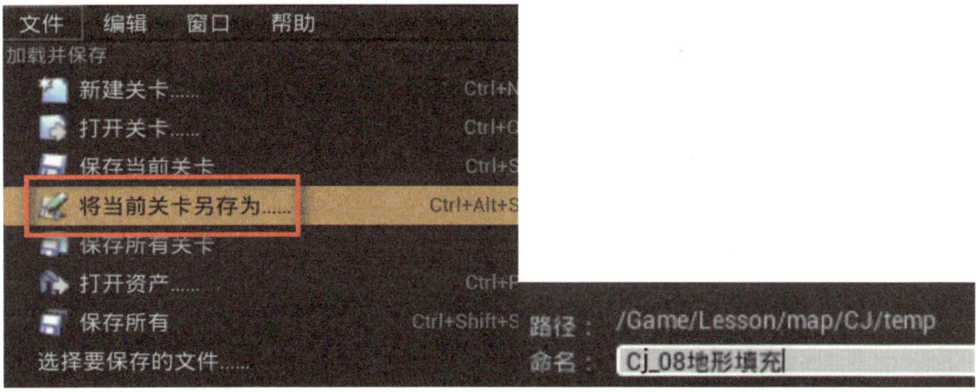

图 12-2

【制作地形】

首先将之前用来占位置的低多边形全部删除，打开前面章节中模式中的地形工具，分段大小设为 7×7 四边形、每个组件的分段设为 1×1、组件数量设为 8×8，点击创建按钮创建地形。然后选择模式中的选择工具，将地形移动、缩放到合适的位置，打开地形中的雕刻工具。

图 12-3

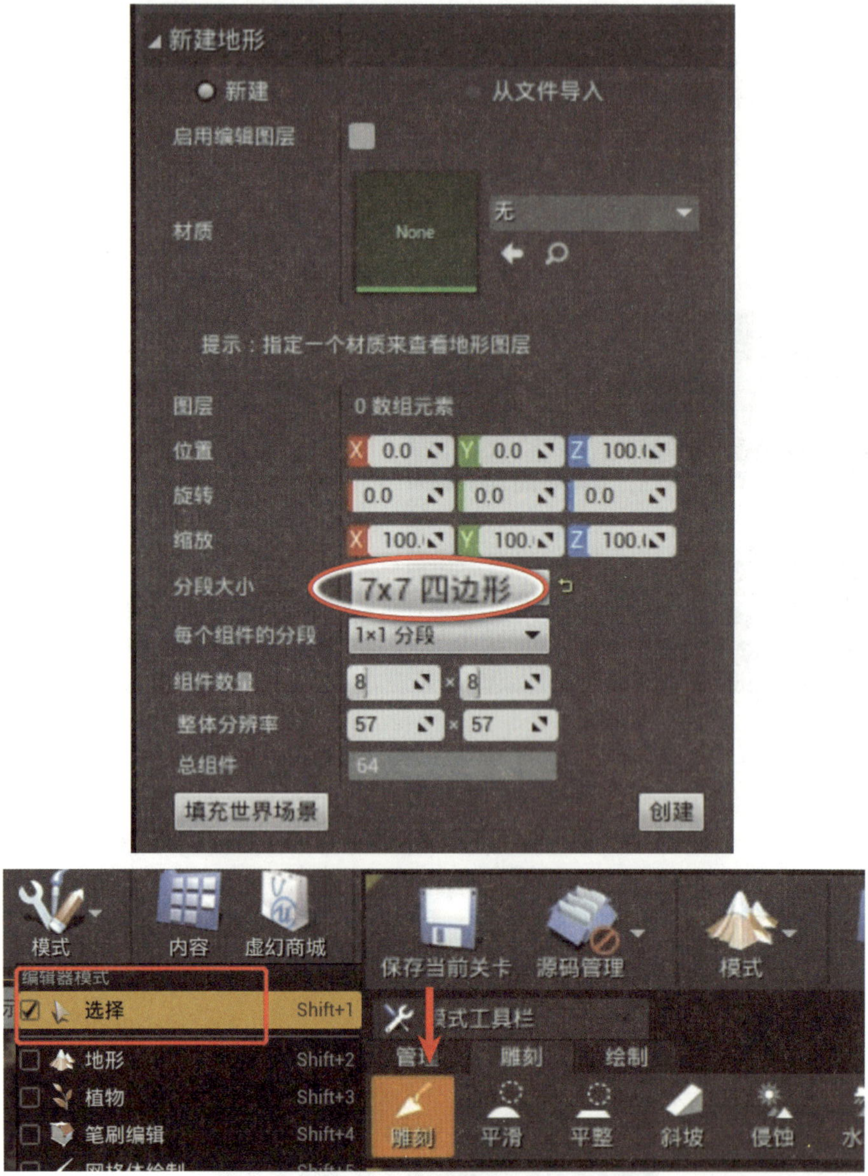

图 12-3（续）

选择雕刻工具后，调整笔刷的半径和强度。在地形工具上绘制，则地形凸起，按住 Shift 绘制，则地形下凹。在楼梯两侧可以选择平整工具，不规则的地方可以使用平滑工具，如图 12-4 所示。然后按上方运行按钮，让人物在场景中跑动起来以观察地形。

图 12–4

【连接地形材质】

在内容栏新建材质球，然后双击进入材质编辑器，按键盘上的 3 键创建两个颜色节点。选择模式中的网格体绘制工具，然后在材质编辑器左边把混合模式改为已遮罩。

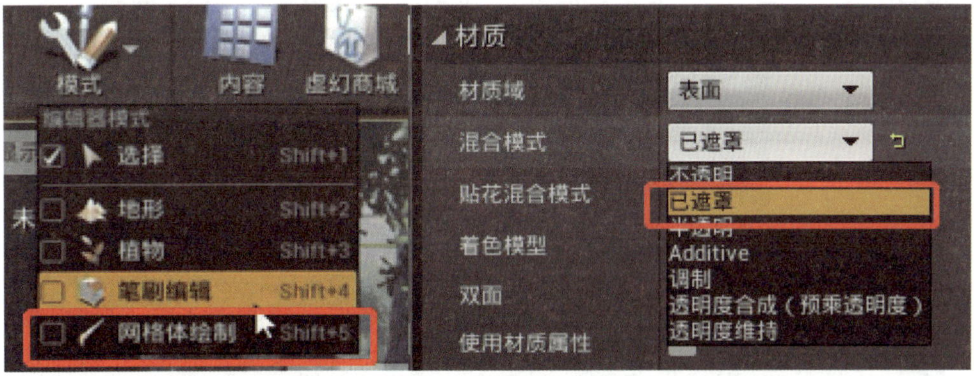

图 12–5

将两个颜色节点的颜色在左边颜色常量处分别改为蓝色和红色，创建 LandscapeLayerBlend 节点，在左边细节面板中点击两次“+”增加图层，分别命名为 dm1 和 dm2，然后按照图 12-6 所示连接节点并点击保存。

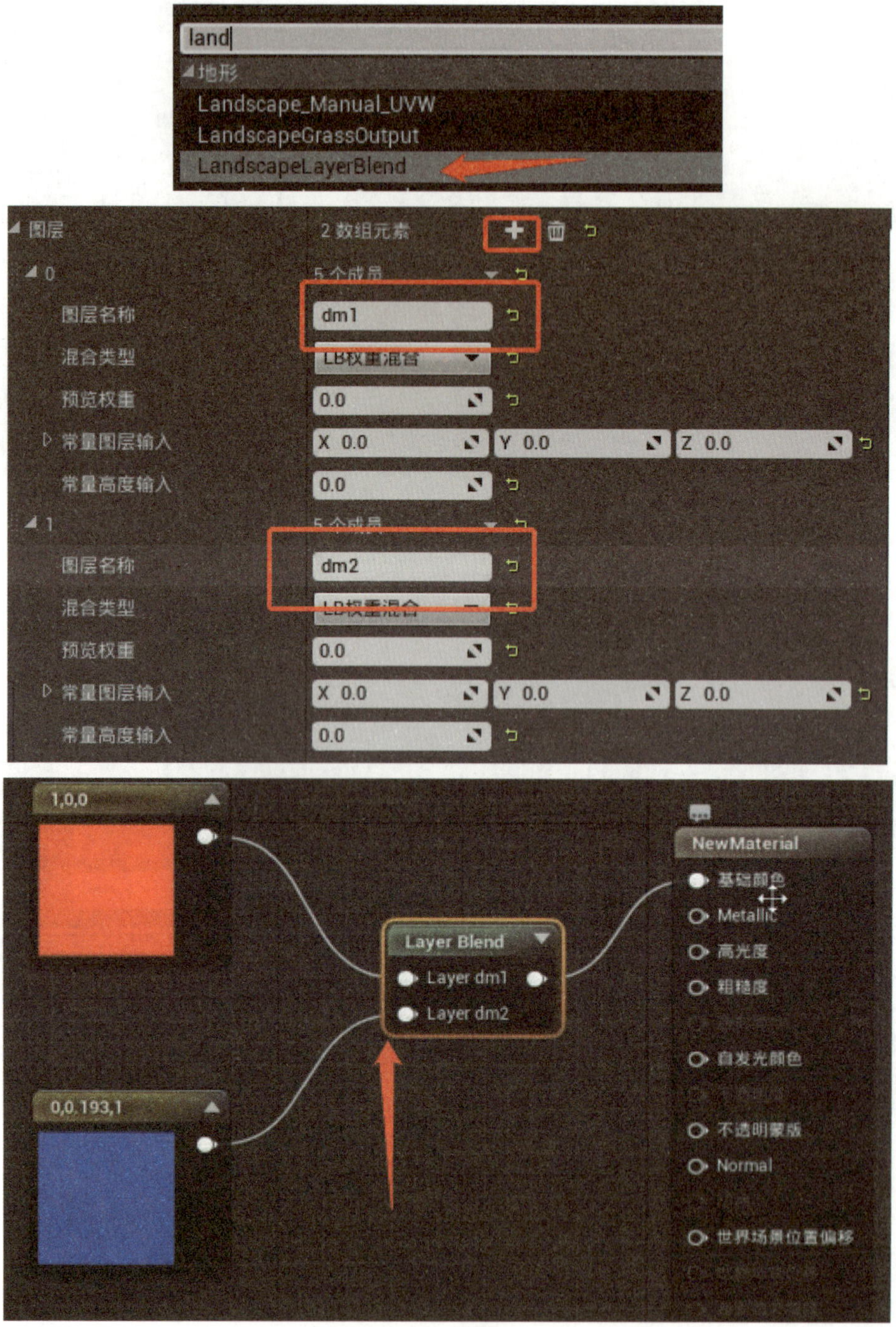
land
地形
Landscape_Manual_UVW
LandscapeGrassOutput
LandscapeLayerBlend
图层
2 数组元素
0
5 个成员
图层名称
dm1
混合类型
LB权重混合
预览权重
0.0
常量图层输入
X 0.0
Y 0.0
Z 0.0
常量高度输入
0.0
1
5 个成员
图层名称
dm2
混合类型
LB权重混合
预览权重
0.0
常量图层输入
X 0.0
Y 0.0
Z 0.0
常量高度输入
0.0
1,0,0
0,0.193,1
Layer Blend
Layer dm1
Layer dm2
NewMaterial
基础颜色
Metallic
高光度
粗糙度
自发光颜色
不透明蒙版
Normal
世界场景位置偏移

图 12–6

关闭材质编辑器，选择刚刚创建好的地形，在细节面板中将材质球拖入地形材质栏。点击上方地形按钮，在左边面板中可看到刚刚创建好的两个图层 dm1 和 dm2，点击“+”，文件自动创建出材质目录，用来放置创建或导入的材质。内容栏便出现创建好的材质信息，刚刚选择的红色也被填充到地形上了。

图 12–7

在绘制工具栏下，选择左侧面板中的颜色，便可以在地形上直接绘制出该颜色的材质。

图 12–8

【将材质导入地形】

打开 Quixel Mixer，找到如图 12-9 所示两种地形进行下载并导入。

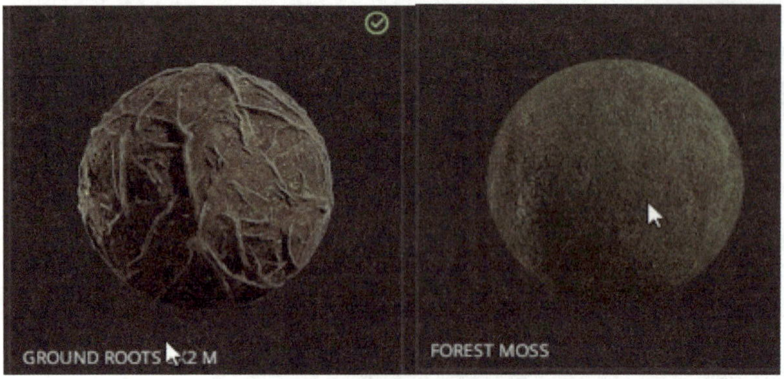

图 12–9

下载时将 GROUND ROOTS CX2 M 命名为 dm1，并选择下载文件夹。

图 12–10

下载好后回到 UE4，在内容浏览器中点击右键新建文件夹并命名为 dmTieTu，然后将从 Quixel 中下载的两个材质贴图导入。

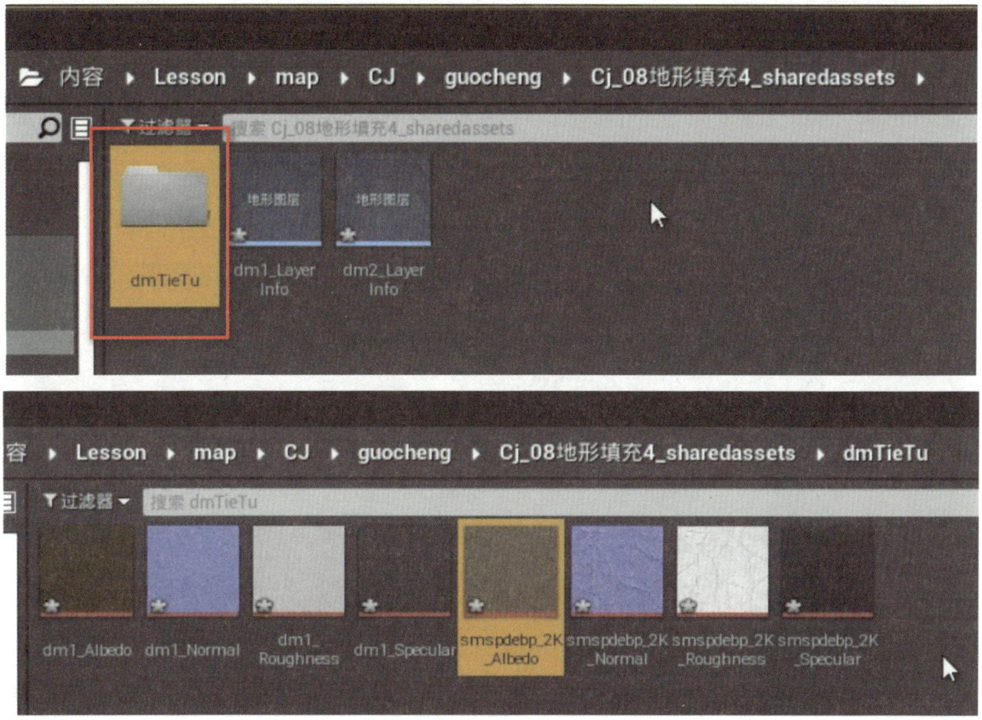

图 12–11

打开之前的材质球，从 Albedo 贴图开始连接节点，删除原先的两个颜色节点，然后将两个颜色贴图如图 12-13 所示进行连接。

图 12–12

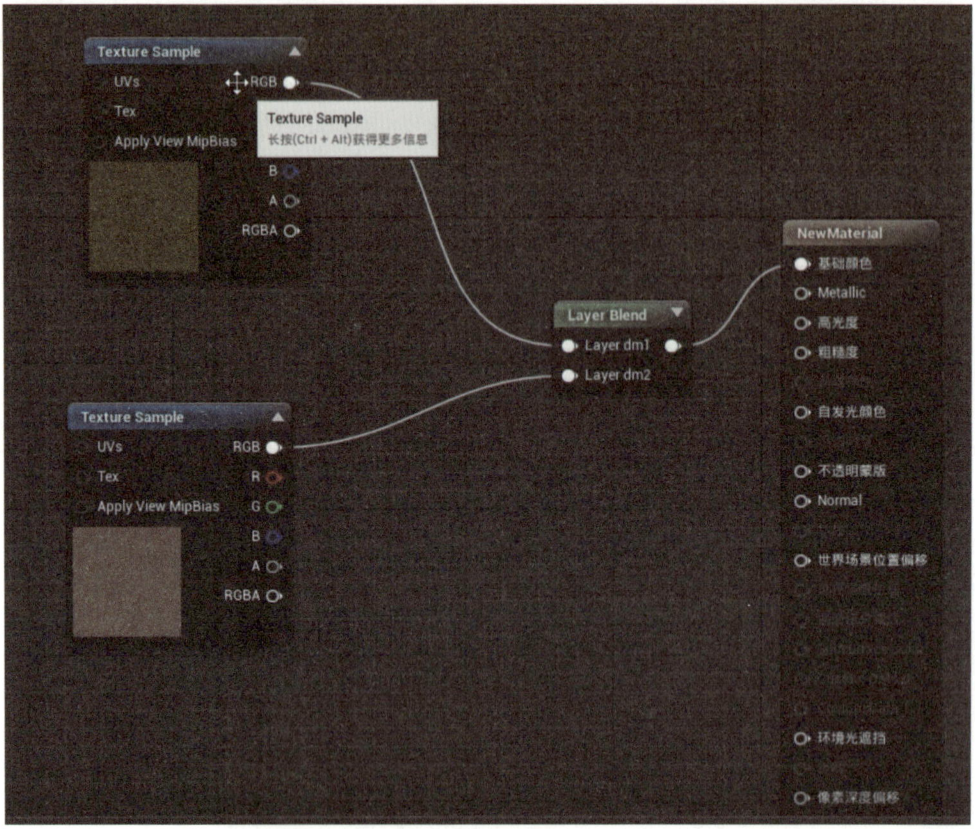

图 12–13

接下来需要控制贴图的坐标。找到 TextureCoordinate 节点，连接到贴图 UV，在左边细节面板中更改为如图 12-14 所示的数值。

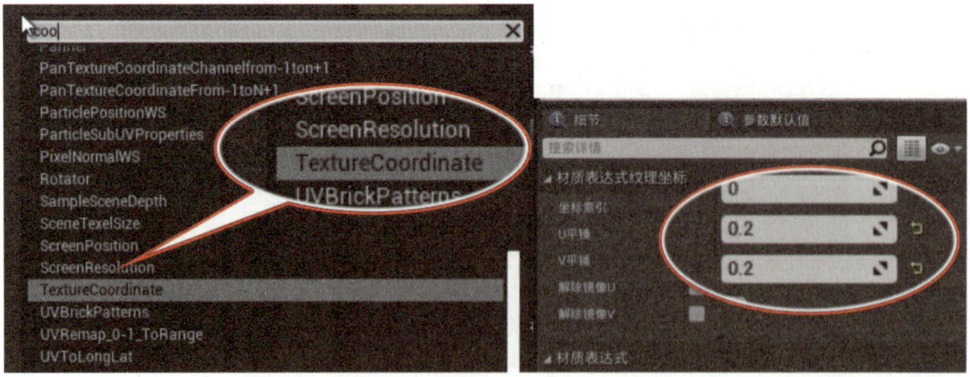

图 12–14

接下来把其他贴图连接起来。首先双击法线贴图，点击右侧翻转绿通道。

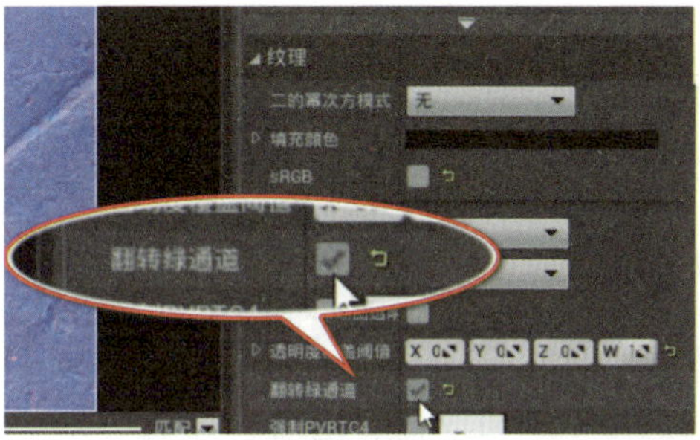

图 12–15

复制三个 LayerBlend 节点和一个 TextureCoordinate 节点，然后将其他贴图按照图 12-16 所示连接起来。

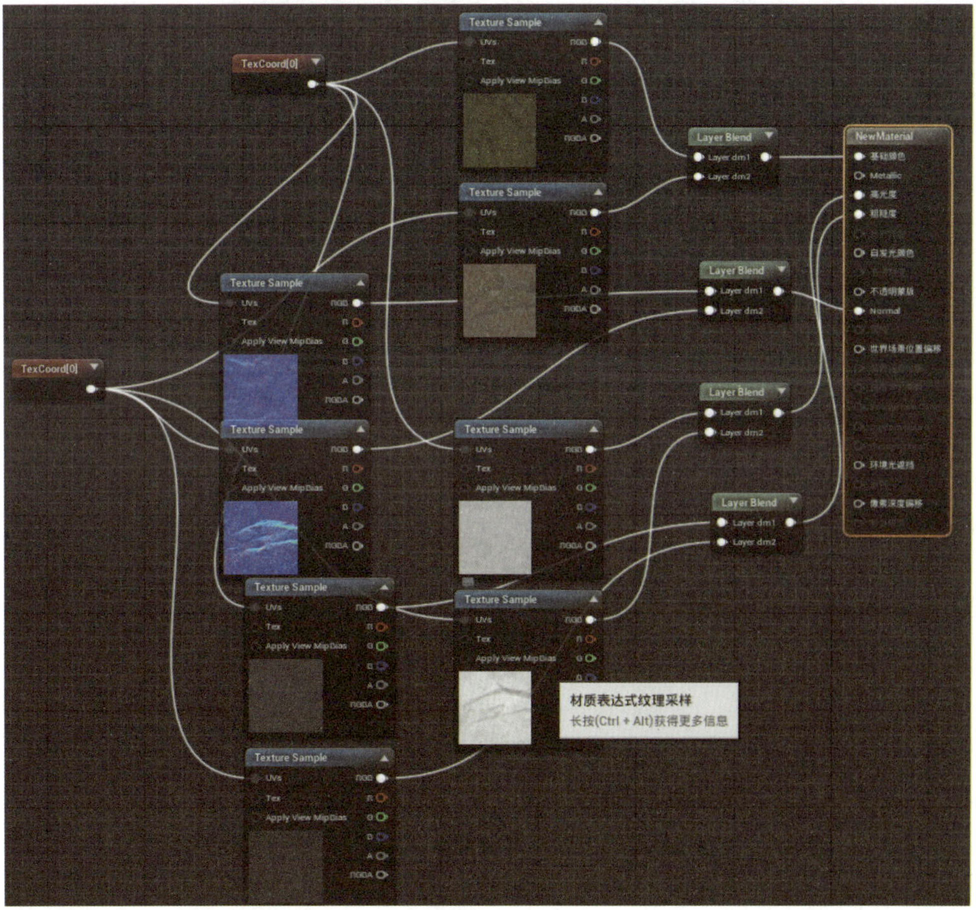

图 12–16

打开模式中地形工具的绘制工具，在左侧面板中选择 dm1 或 dm2 材质，便可以直接绘制出需要的地形。调整衰减和半径可以使绘制更加自然。

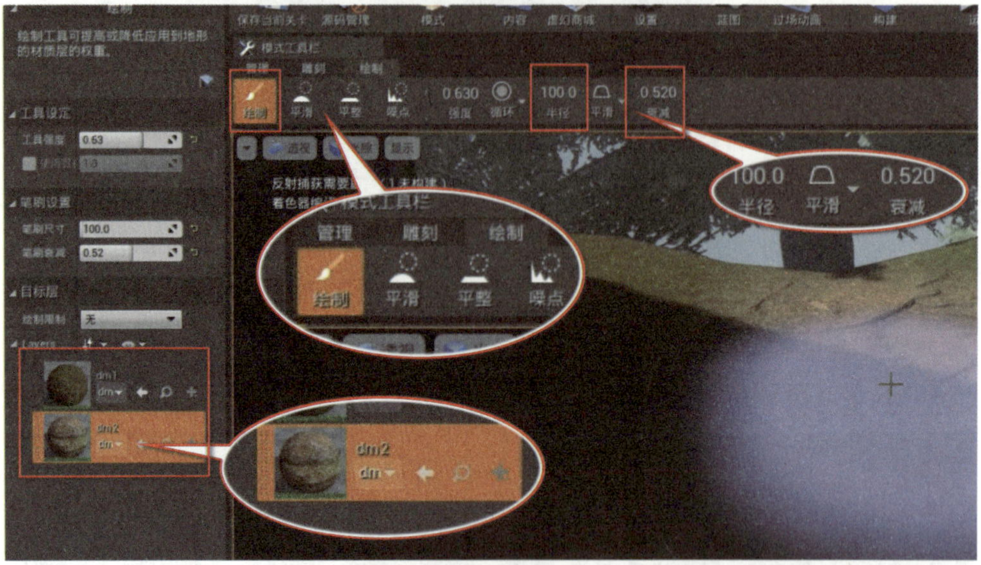

图 12–17

然后我们点击运行，让人物在场景中跑动起来，以观察绘制出的地形。

图 12–18

第十三章　虚拟现实场景设计与制作（九）

——更多场景细化方法

一、更多场景细化方法介绍

在之前的章节中我们制作了场景中基本的地形和植物，本章我们将对场景进行进一步的细化和完善。在这一章里，我们要给大家讲解五种细化场景的方法，分别是接缝、Decal 贴花、地形 LOD 的优化、对植物等细节的调整和 Post Process 后期效果的优化。

图 13–1

1. 接缝

在之前的课程里，我们学习到很多资源都是以拼接的方式，或者说资源以“硬”的方式进行衔接，衔接线过于明显，接缝非常生硬，场景会显得不够自然，比如图 13-2 中地面和树或者石头和地面之间的衔接。经过优化之后会呈现图 13-3 中的效果。

图 13-2

图 13-3

2. Decal 贴花

贴花，即透明 Alpha 贴图。我们可以将透明贴图放到物体的表面来进行优化。贴花可以用在很多地方，比如在场景资产中或者想在地面的不同区域制作出不同效果，都可以采用这种方法。

3. 地形 LOD 优化

玩家进入游戏场景时，与地形的距离不同，观察到的地形的外在表现也不同。

我们可以通过地形 LOD 进行改善，使之不会出现明显的变形。

图 13–4

4. 植物、地形绘制和调整

第四种是对更多的植物、地形的绘制和调整。

5. Post Process 后期效果的优化

例如，增加场景的光晕及对场景颜色进行调节。

二、更多场景细化方法操作流程

1. 接缝具体细节制作

进入 UE4 中，首先进行存盘。在接缝的制作中，我们在内容浏览器中点击右键新建材质球，如图 13-5 所示连接 Albeto、Normal、Specular、Roughness 贴图。接下来加入 DitherTemporalAA 节点，并与常量相乘，连接到像素深度偏移。最后连接结果如图 13-5 所示。

增加节点后的优化结果如图 13-6 所示，可以看见接缝的过渡明显变得自然了。

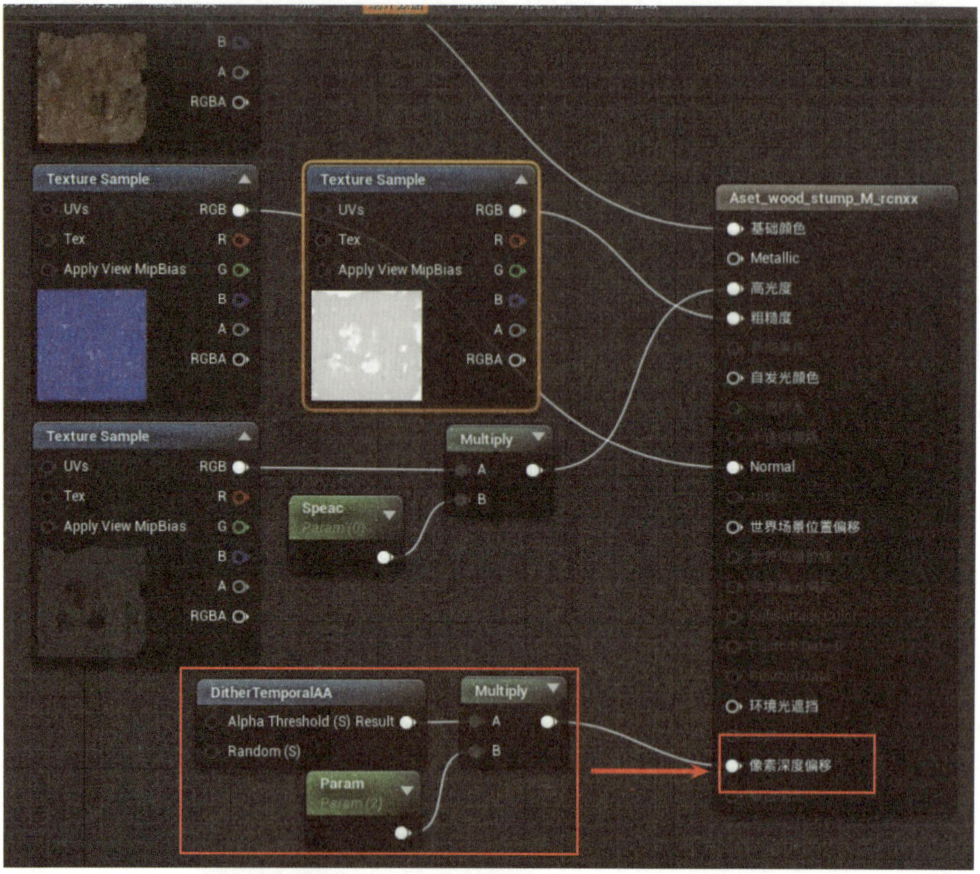

图 13–5

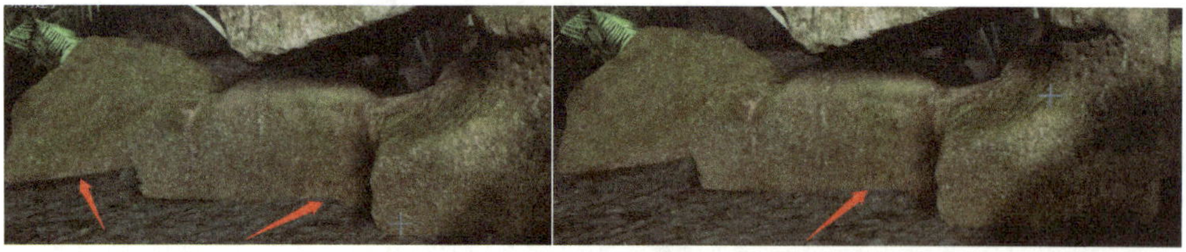

图 13–6

在节点上点击右键，将常量转换为参数，可以直接对参数进行进一步的调节。

打开细节面板，找到参数组，将 Param 打开，并调节数值。将参数调整为 19 左右时，效果如图 13-7 所示。

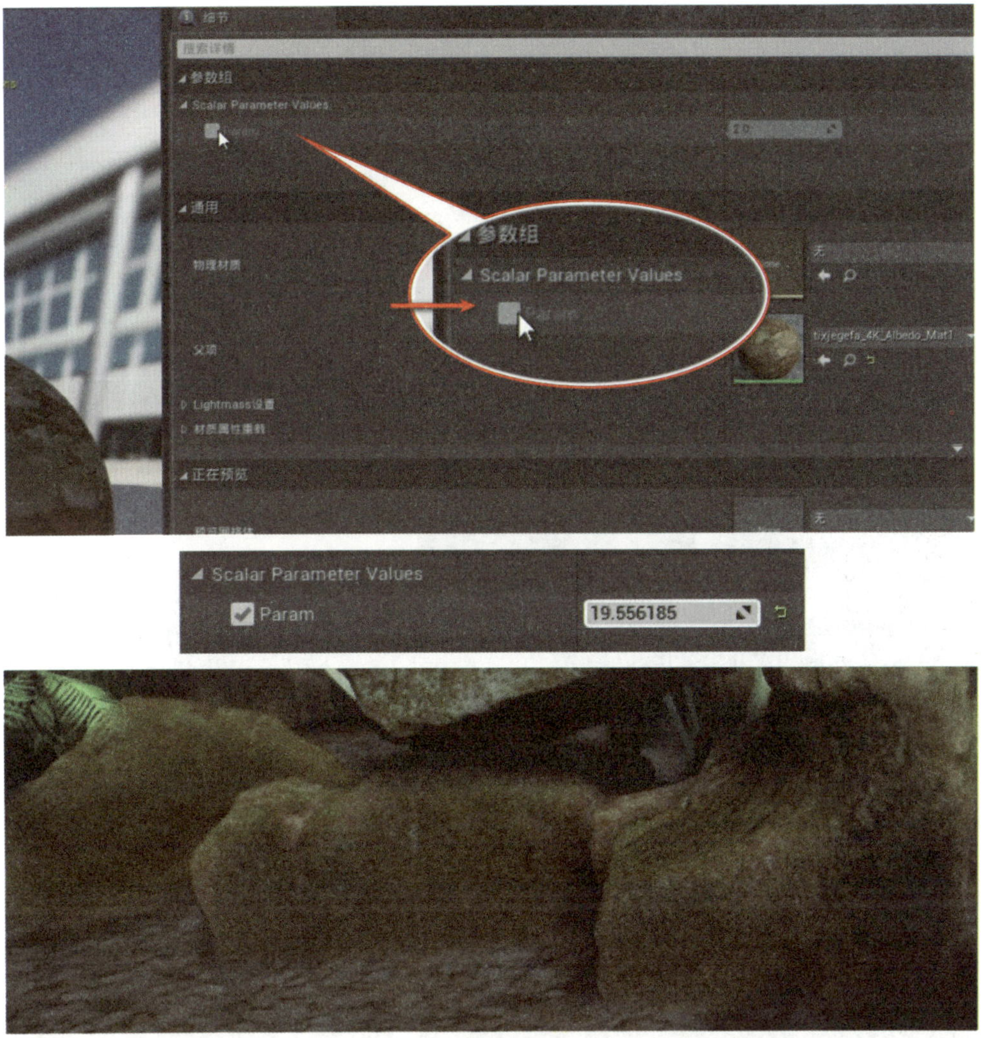

图 13–7

以上是对物体融合方法进行的讲解，这种方法可以用在物体与地面衔接的地方，使物体接缝处更为自然。

2. Decal 贴花具体细节制作

接下来我们来看 Decal 贴花。我们在场景中放置 Actor 面板中选择贴花 ，并拖动到场景中放置。

如图 13-8 所示，材质会投射到绿色方块范围内的垂直平面上。在内容浏览器中单击右键创建一个材质，双击材质球打开材质编辑器，在左侧细节面板中将类型改为延迟贴花、混合模式改为半透明。连接颜色贴图和透明贴图。

图 13–8

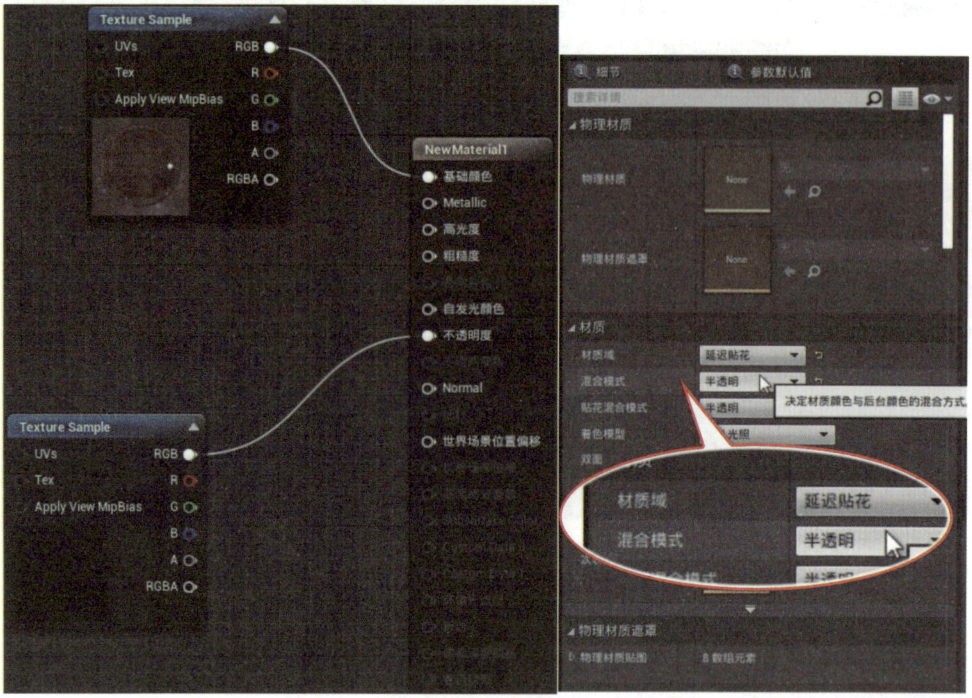

图 13–9

贴图被“投影”到物体上，如图 13-10 所示。

在我们的场景中，可以为石头地面等添加草的延迟贴花。双击草的材质球，在左侧细节面板中调节常量 B 的数值，通过用常量与颜色贴图相乘、降低高光度等方式先将草的饱和度调低。

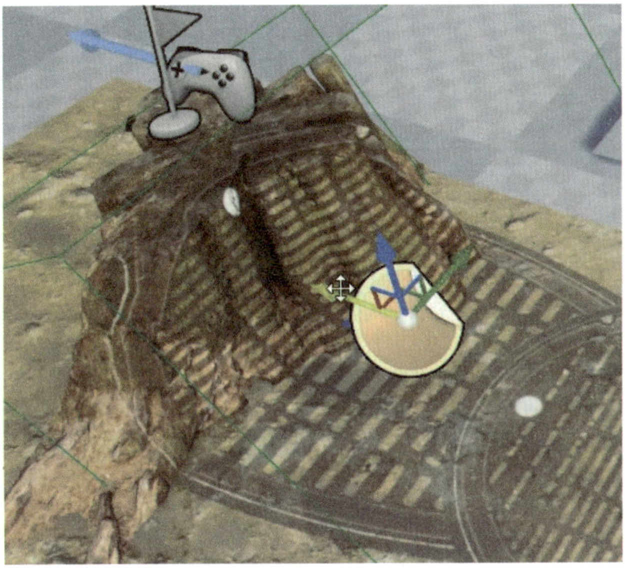

图 13–10

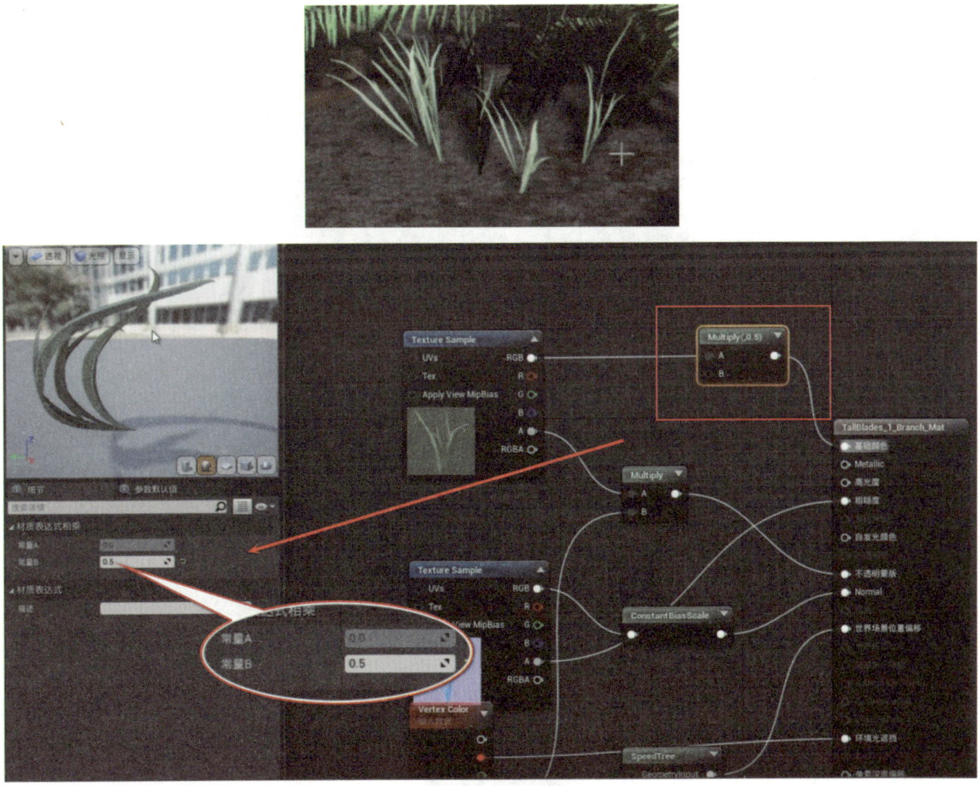
Texture Sample
UVs
Tex
Apply View MipBias
RGB
R
G
B
A
RGBA
Multiply(,0.5)
Multiply
ConstantBiasScale
Vertex Color
SpeedTree
TallBlades_1_Branch_Mat
Metallic
Normal
常量A
常量B
0.5

图 13–11

点击保存后，打开 Quixel Bridge ，找到合适的贴图后，单击右键选择 Go to Files 。

在文件夹中选择颜色、高光、粗糙度、法线及透明贴图，并拖入 UE4 的内容浏览器。

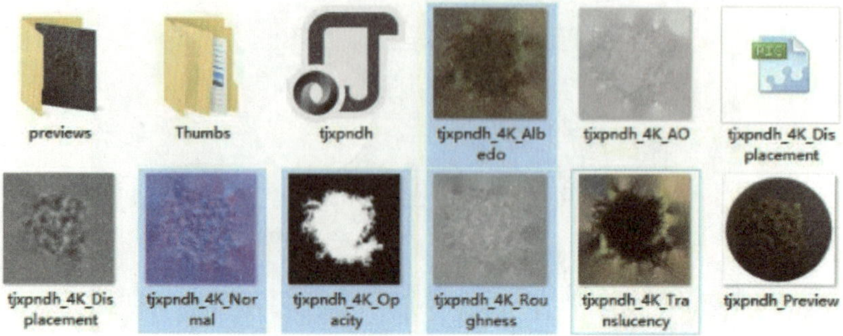

图 13-12

在 UE4 合适的路径下新建文件夹，将刚才选择的贴图全部导入，双击打开法线贴图，在右侧面板中勾选翻转绿通道。

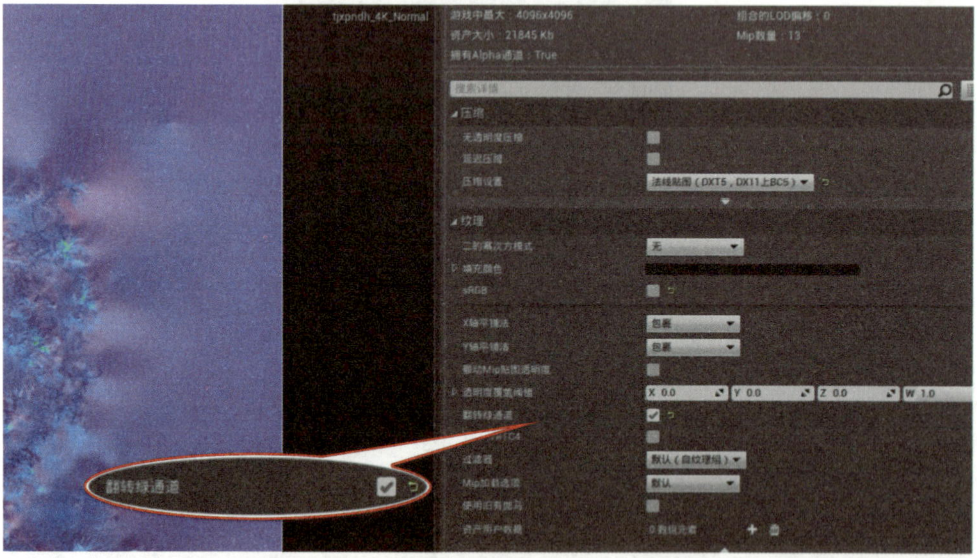

图 13-13

在内容浏览器中点击右键，新建材质球，在左侧的细节面板中将类型改为延迟贴花、混合模式改为半透明 。将另外三个贴图如图 13-14 所示连接起来。在左侧上方的示图中可以预览效果。

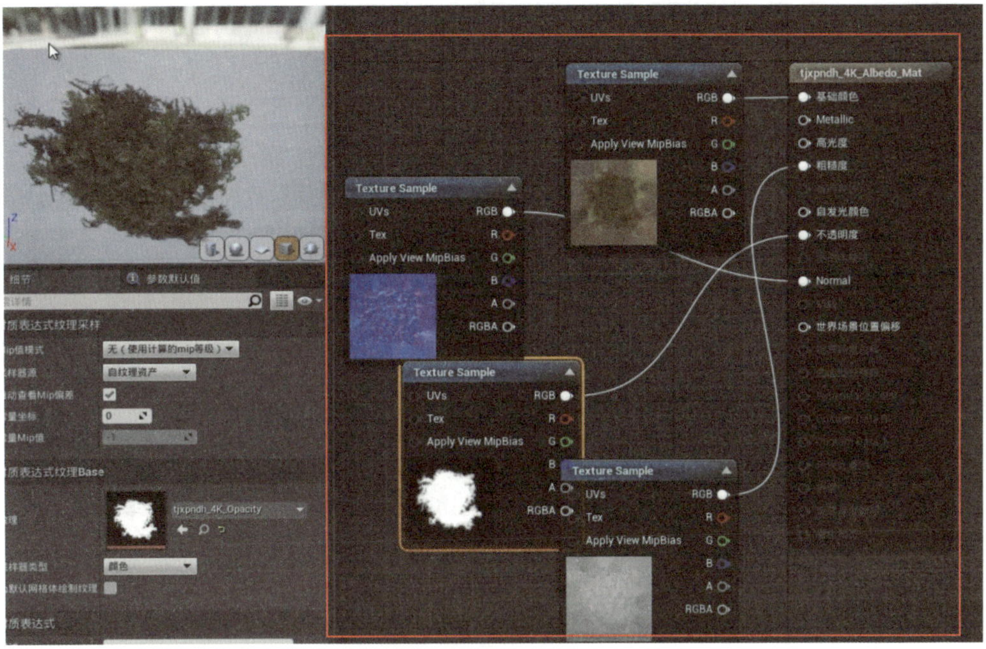

图 13–14

接下来进行存盘。回到场景中，在放置 Actor 面板中搜索到 decal 贴花并拖入场景中，调整到合适的大小和位置。

图 13–15

接下来将刚做好的贴花材质赋予它。可能会出现黑色的情况，用缩放工具将它上下翻转即可。

图 13–16

打开材质编辑器，按键盘上的 M 键增加 Multiply 节点，连接贴图，在左侧细节面板中调节常量 B 的数值，将颜色调暗并保存。

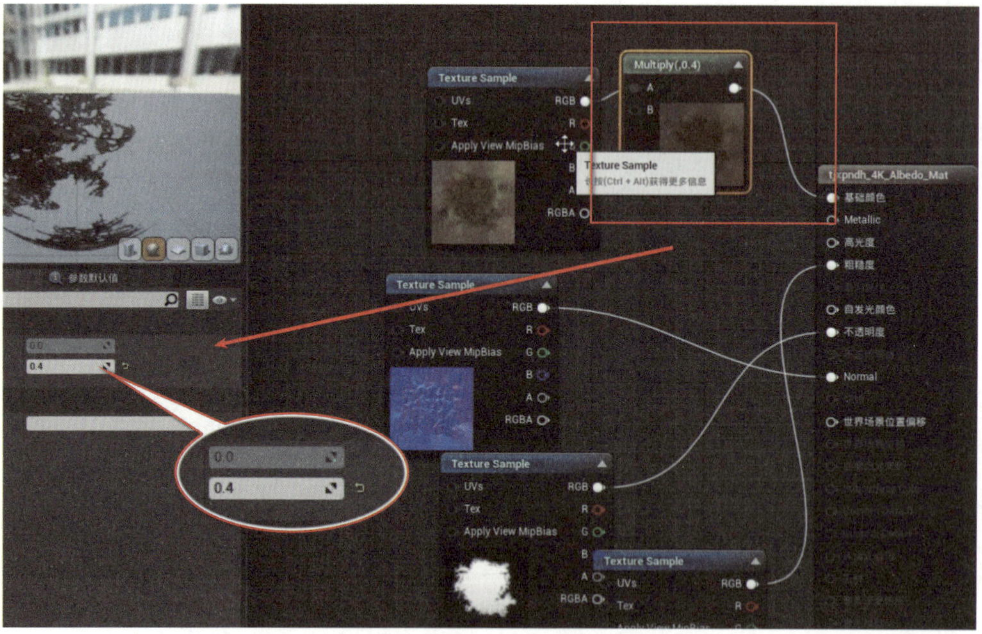

图 13–17

调整之后的效果如图 13-18 所示。

图 13-18

一些地方植物上也被投射上了贴花，这时只需要通过缩放的方式调整贴花范围，让它不包括植物即可。

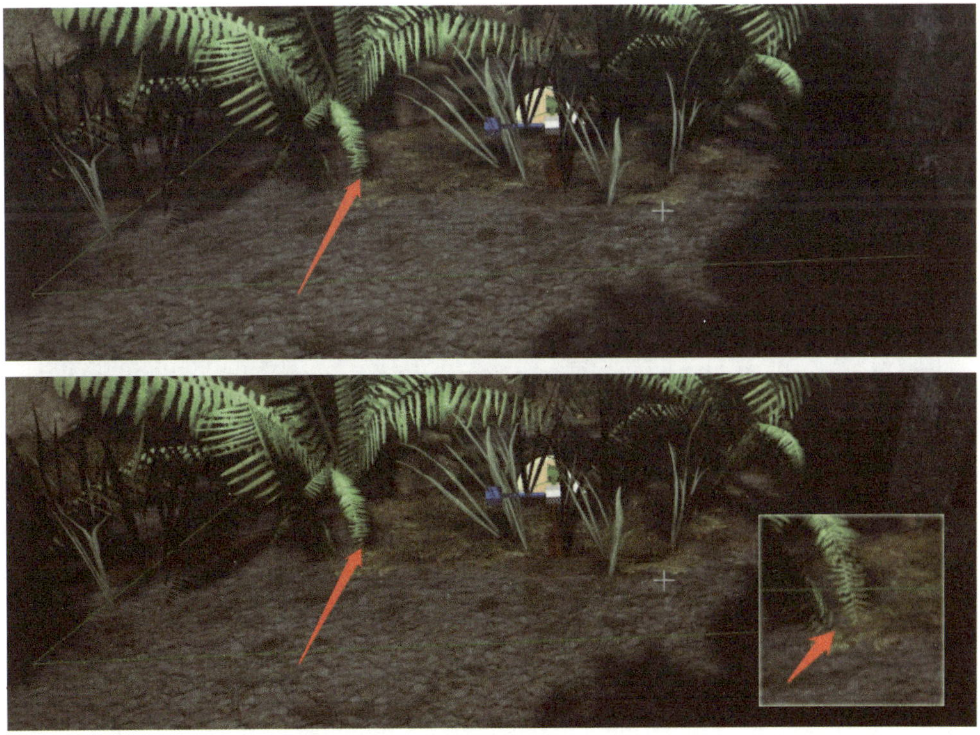

图 13-19

按 Ctrl+W 进行复制，可以将贴花放到其他位置。

图 13–20

在左侧细节面板的材质中改变贴花混合模式，可以做出不同的效果。

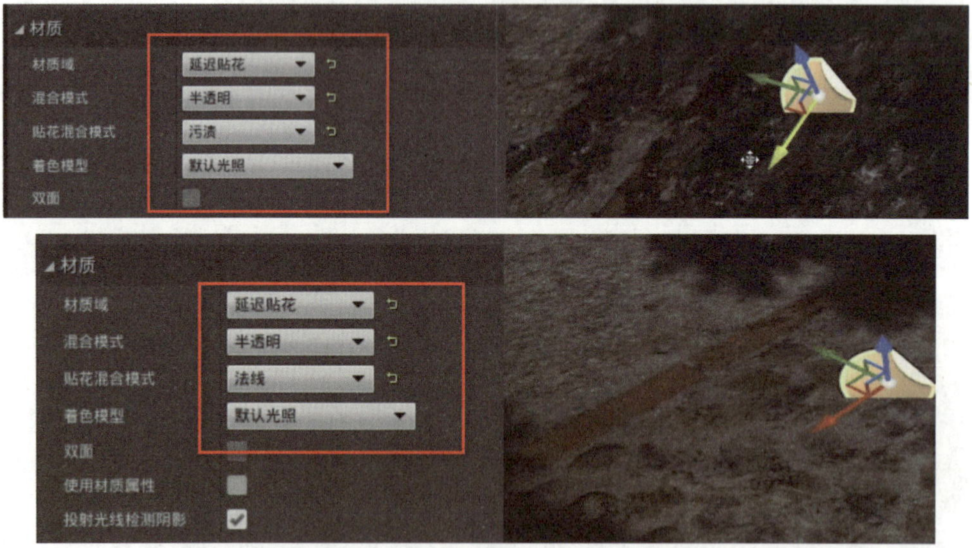

图 13–21

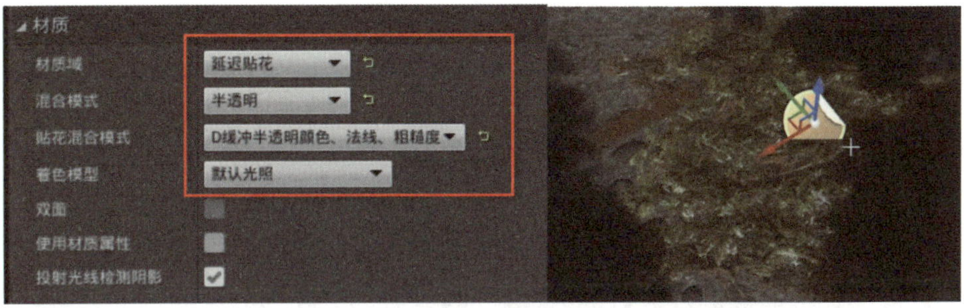

图 13-21（续）

可以将贴花再次复制到其他地方，但是注意不要将其和其他物体衔接，贴图可能会出现拉伸问题。除了自然环境的贴法，还可以在地面或者建筑物等处增加污渍。

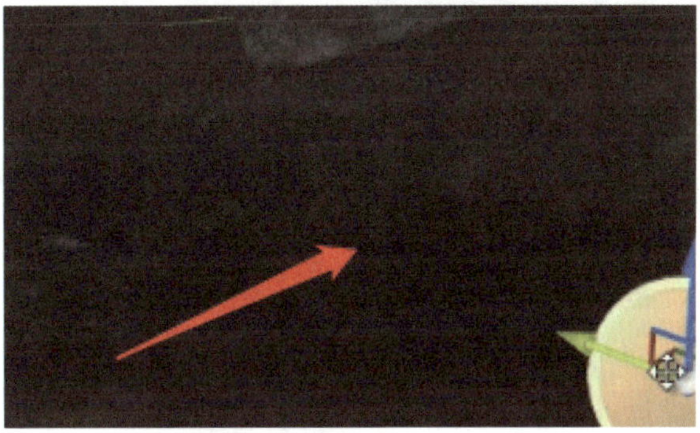

图 13-22

检查当前的场景，可以为场景添加灯光，这样会产生从远处照射的效果。

图 13-23

在放置 Actor 面板中选择聚光灯并拖入场景中，调节右侧细节面板的参数。

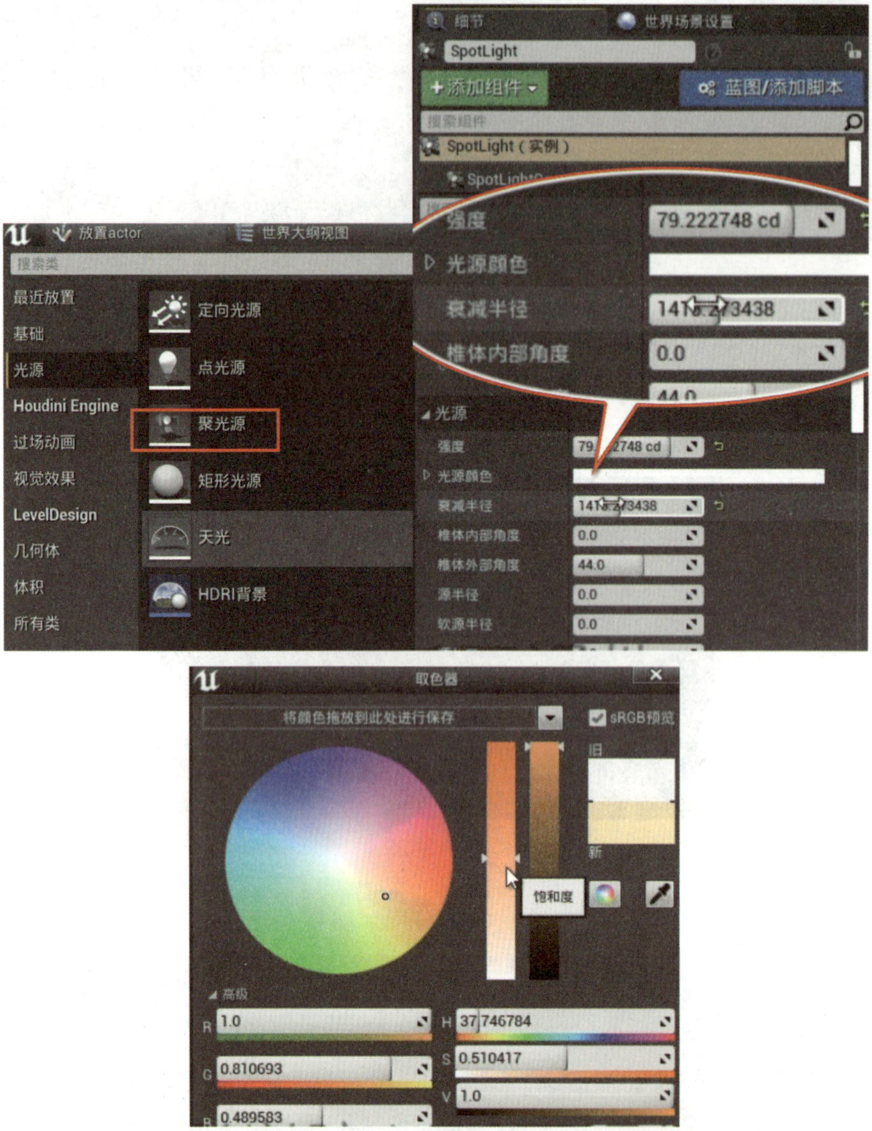

图 13–24

将颜色调整到与灯光类似的颜色。调整灯光的位置，让灯光有照射的主体物，即可得到如图 13-25 所示的效果。

图 13–25

接下来为场景添加更多细节。打开 Quixel Bridge ，找到合适的贴图后，单击右键选择 Go to Files。选择颜色、高光、粗糙度、法线及透明贴图，并导入 UE4。

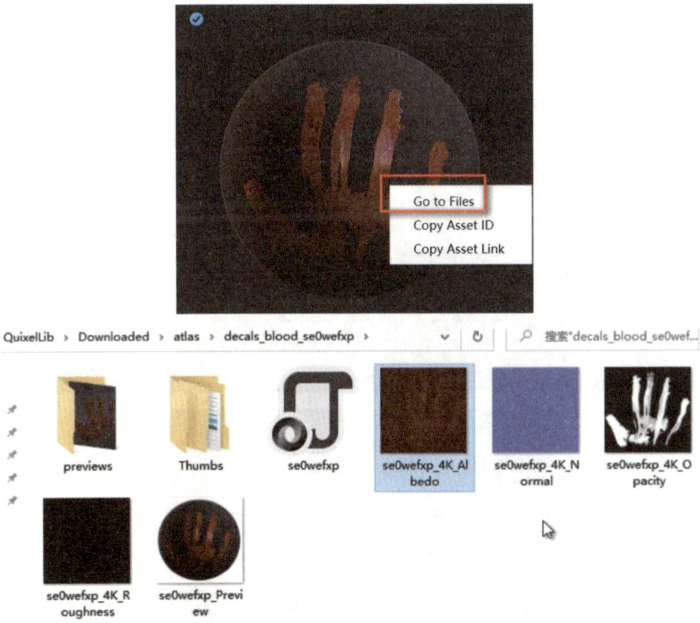

图 13–26

在 UE4 合适的路径下新建文件夹，将刚才选择的贴图全部导入，单击右键新建材质 ，在细节面板中将材质域改为延迟贴花、混合模式改为半透明。将另外三个贴图连接，贴花放置在场景中效果如图 13-27 所示。

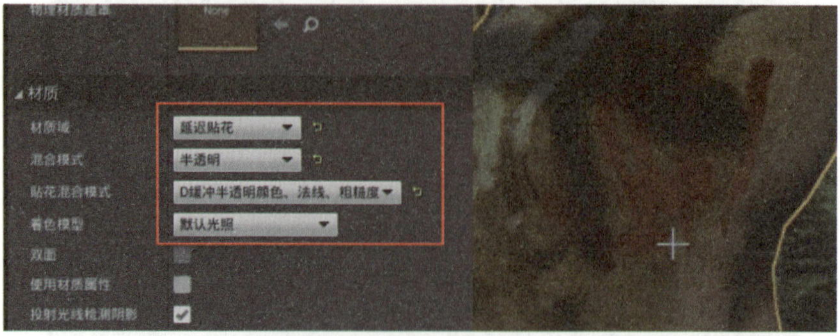

图 13–27

接下来为手印添加自发光效果。按键盘上的 M 键增加 Multiply 节点，将颜色贴图增加倍数，效果如图 13-28 所示。

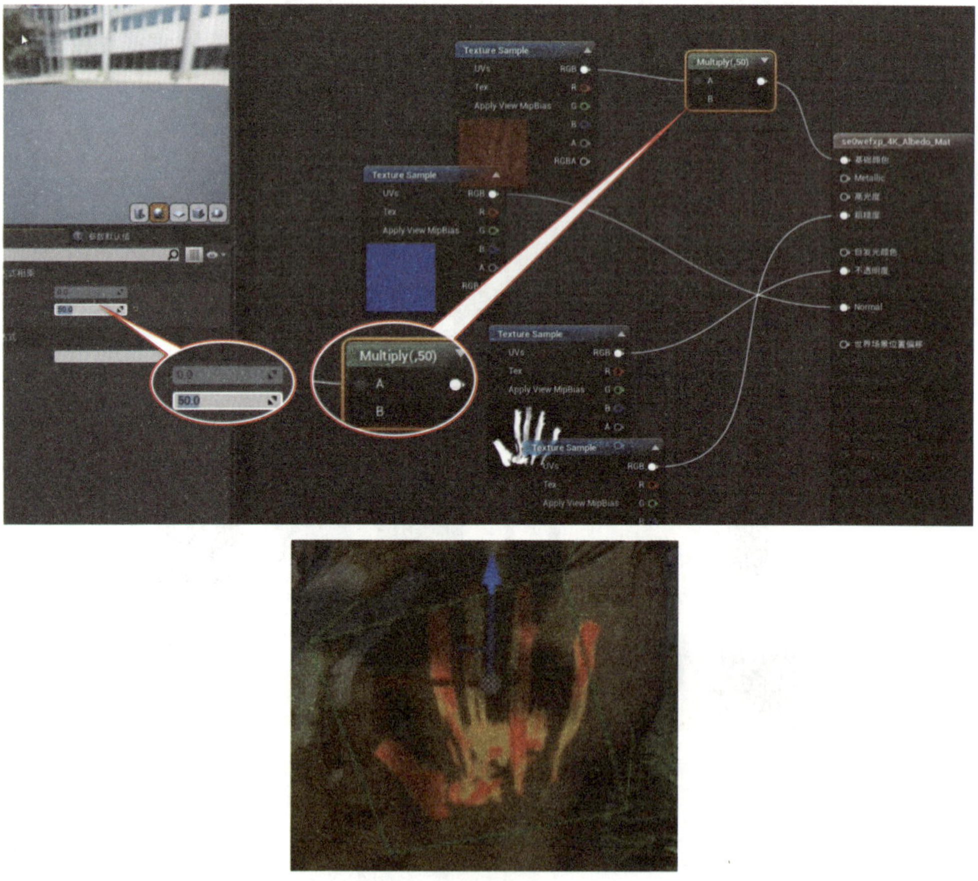

图 13–28

但是效果并不理想，接下来进行下一步调整。将颜色贴图通过 Multiply 节点连接到自发光，效果如图 13-29 所示。

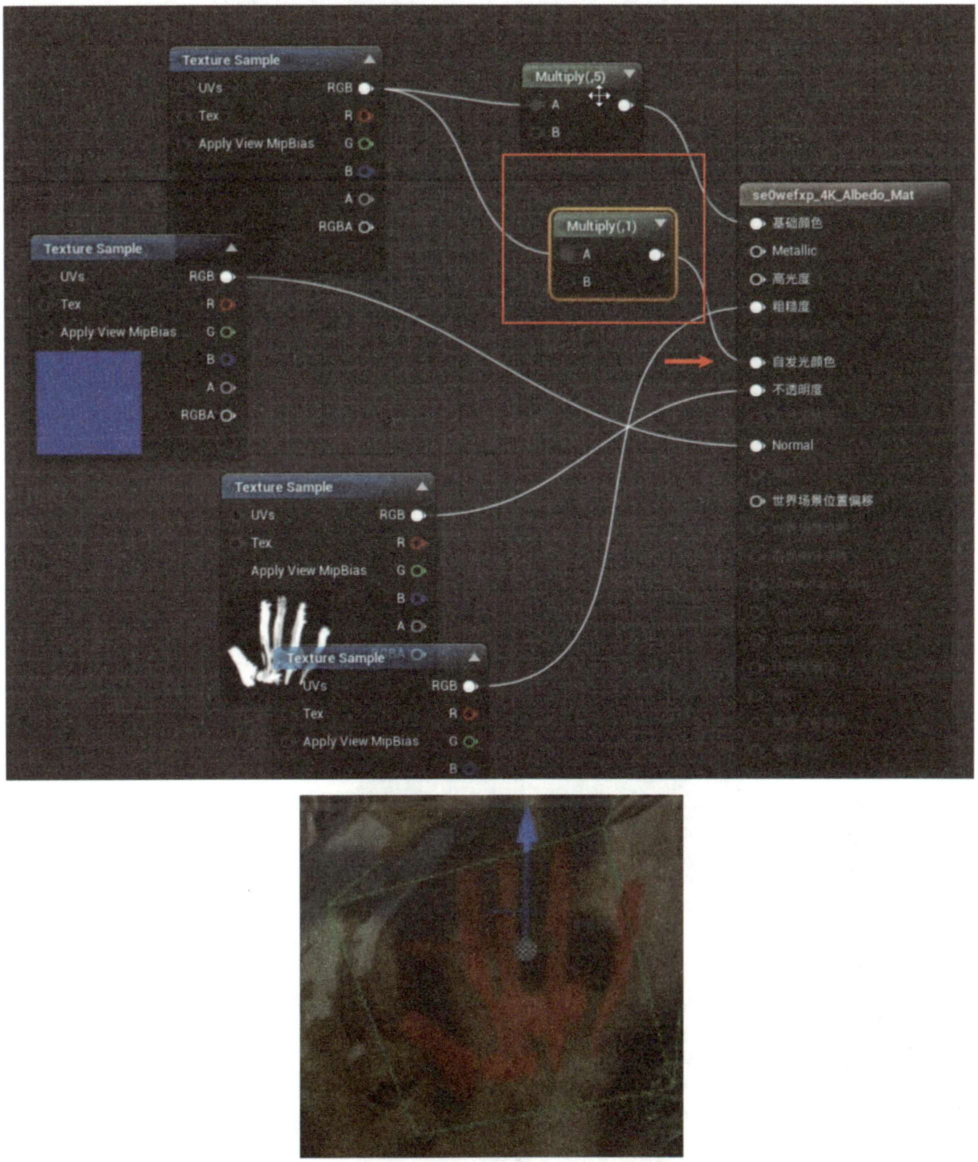

图 13–29

如果需要夸张的发光，可以将 Multiply 节点左侧细节面板中的常量 B 数值调高至 10 以上，如图 13-30 所示是将数值调整为 50 时的手印状态。或者在左侧细节面板与颜色图层连接并调整亮度值，效果如图 13-31 所示。

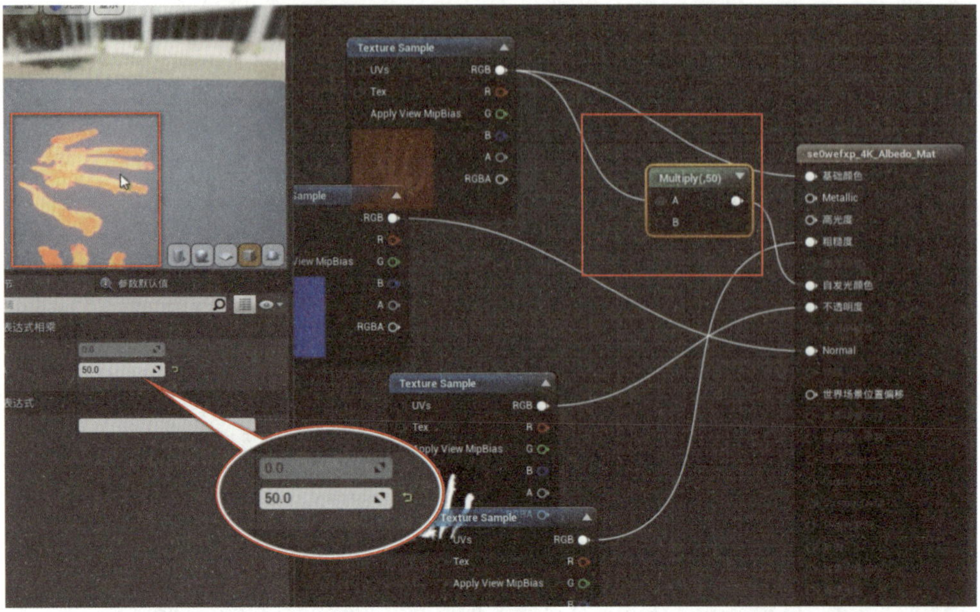

图 13-30

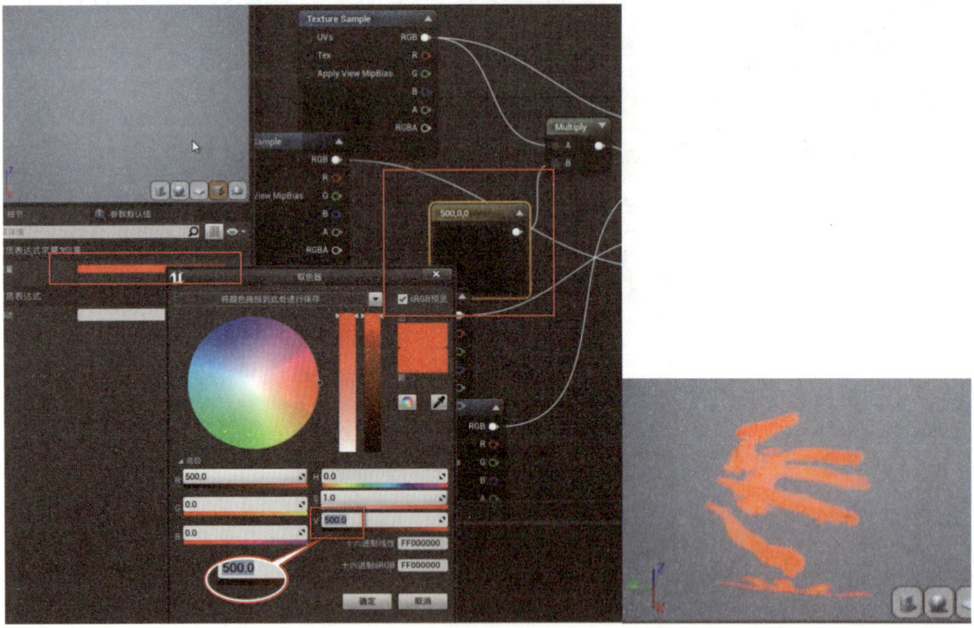

图 13-31

将亮度数值改为 1000 时，会有光晕效果。可以将这样效果的贴花贴在其他合适的地方。

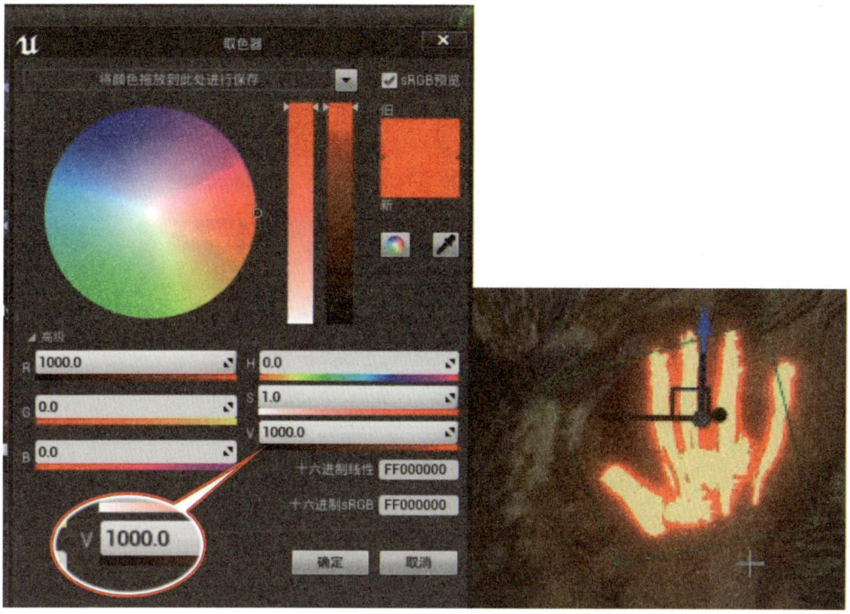

图 13–32

接下来继续细化场景，在地面上添加细节。打开 Quixel Bridge ，找到合适的贴图后，单击右键选择 Go to Files。选择颜色、高光、粗糙度、法线及透明贴图，并导入 UE4。

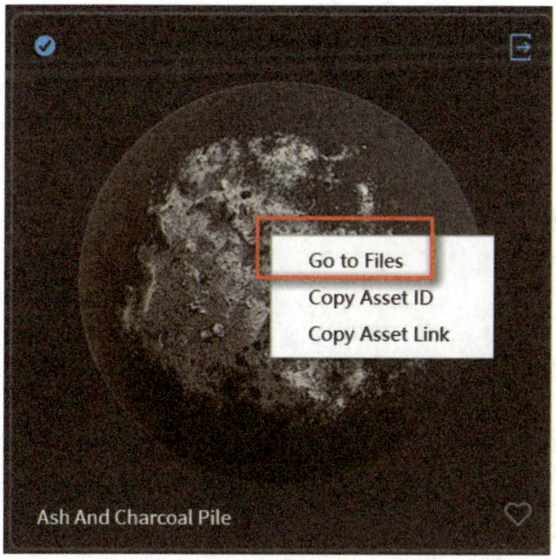

图 13–33

图 13–33（续）

在 UE4 合适的路径下新建文件夹，将刚才选择的贴图全部导入，新建材质球，并在左侧细节面板中将材质域改为延迟贴花、混合模式改为半透明。将另外三个贴图如图 13-34 所示进行连接。因为此贴图为白灰色，所以按键盘上的 M 键增加 Multiply 节点并进行连接，令颜色贴图与某种颜色相乘，以达到想要的效果。

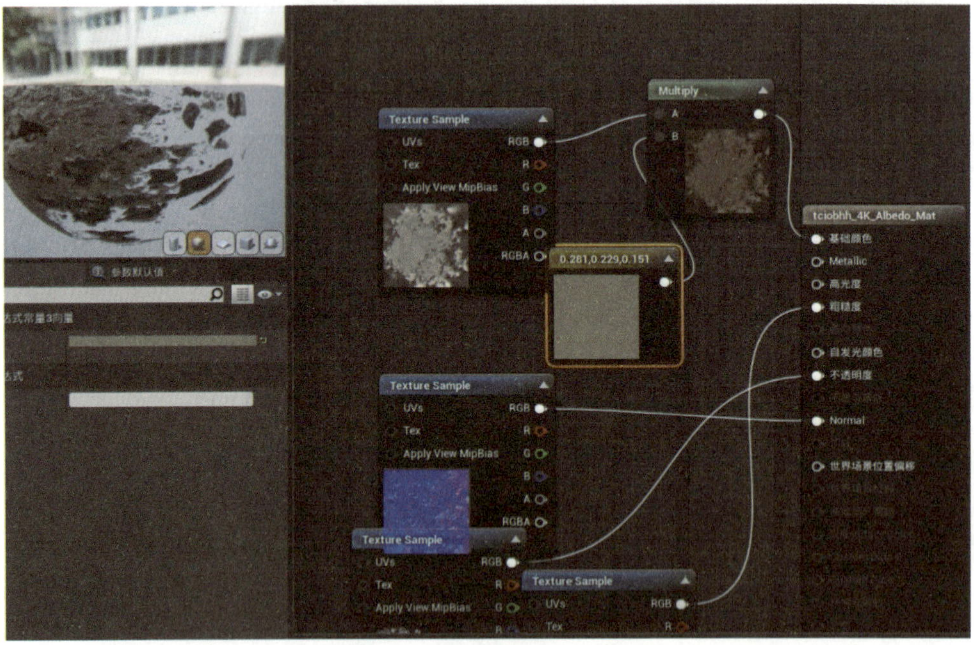

图 13–34

在左侧放置 Actor 中选择贴花，在场景中加入贴花，如图 13-35 所示。

图 13-35

为贴花贴上刚做好的材质，并调整到合适的位置。

图 13-36

打开 Quixel Bridge ，找到合适的贴图后，单击右键选择 Go to Files，选择颜色、高光、粗糙度、法线及透明贴图，并导入 UE4。

图 13-37

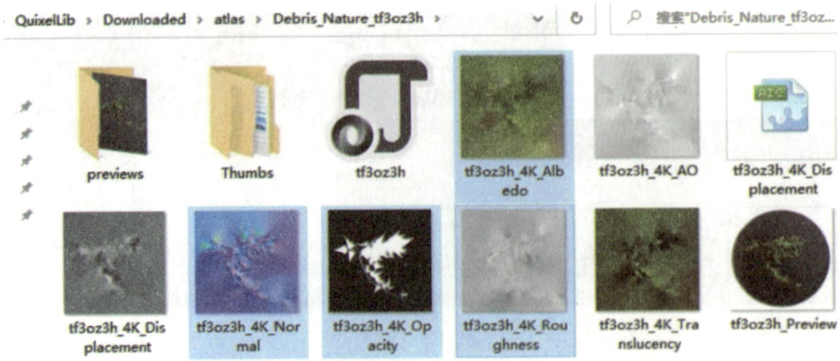

图 13–37（续）

在 UE4 合适的路径下新建文件夹，将刚才选择的贴图全部导入，新建材质，并在左侧细节面板中将材质域改为延迟贴花、混合模式改为半透明。将另外三个贴图节点进行连接。延迟贴花可以贴在石头上作为石头上的草。

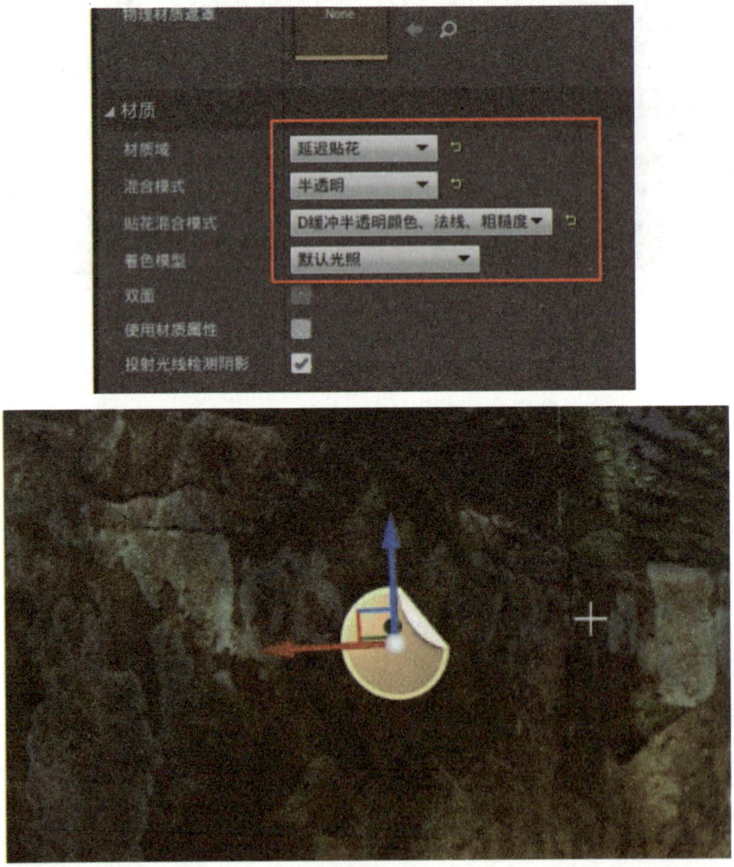

图 13–38

3. 地形 LOD 优化具体细节制作

当我们与物体的距离有所变化时，地形在视图上会产生形变。

图 13–39

选择地形，在细节面板中找到 LOD 选项，将数值调大后可以修改这种形变。

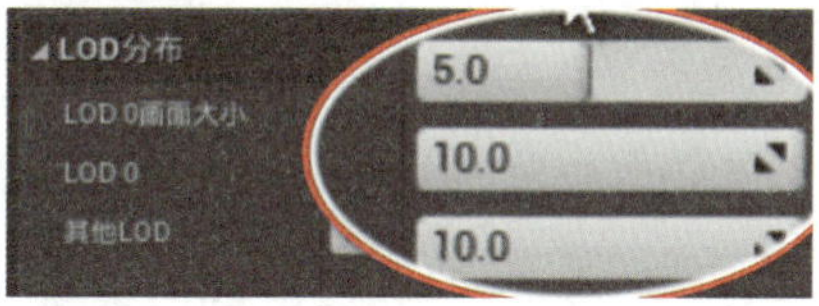

图 13–40

摄像机与物体比较近的时候，会加载 LOD 等级较低和数值较小的；摄像机与物体比较远时，反之。但是数值过大不利于画面的优化，所以需要将 LOD 调整到合适的数值。

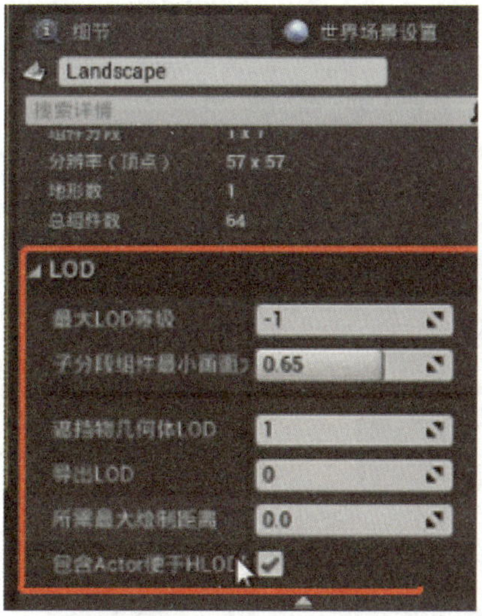

图 13–41

4. 植物、地形细节制作

首先将之前制作的进行保存

。在配套文件的资源中导入一套新的植物。

如图 13-42 所示将植物拖动导入场景。调节细节面板中植物的颜色，按键盘上的 3 键创建颜色节点，按 M 键创建 Multiply 节点。然后将颜色节点调成黄色，用颜色贴图和黄色相乘得到黄绿色，让植物颜色的过渡更柔和。调整之后如图 13-42（续）所示。

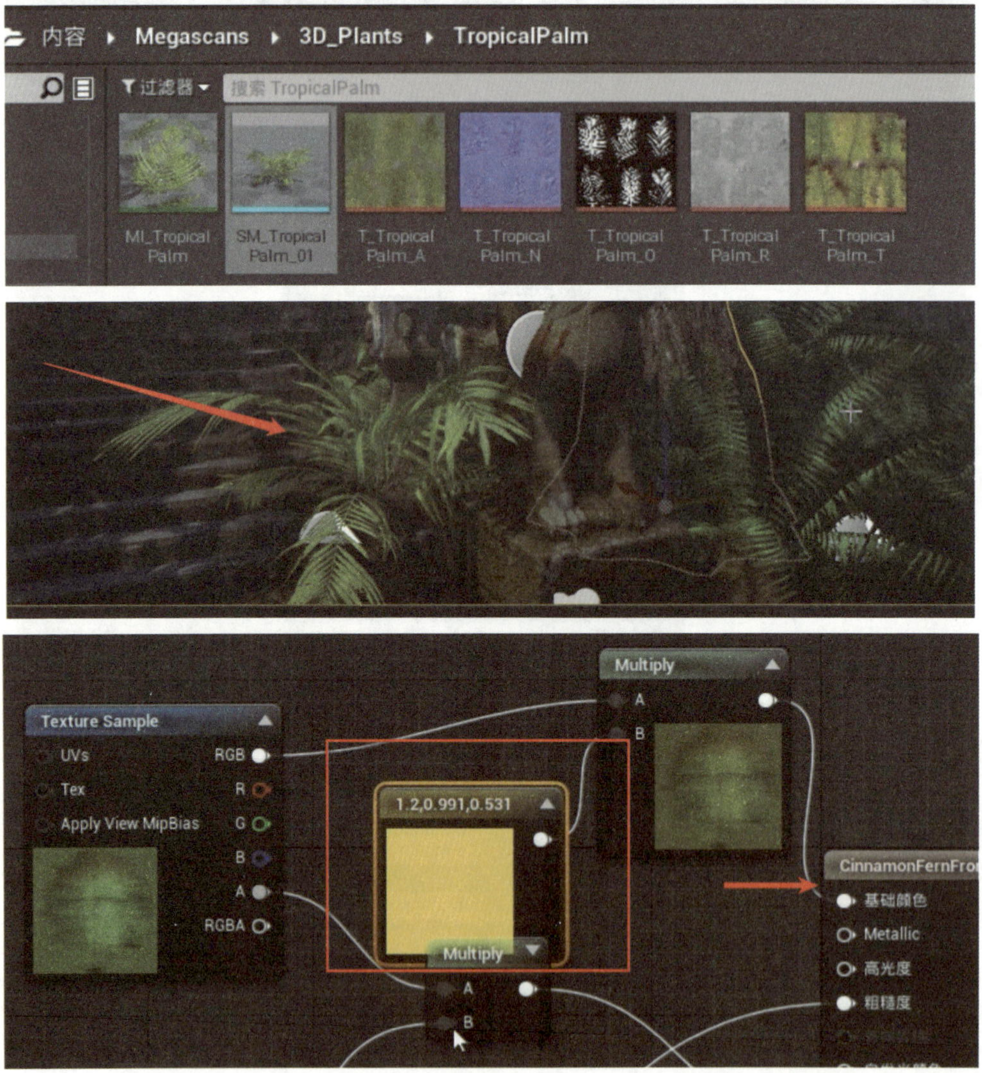

图 13-42

图 13-42（续）

接下来可以将新的植物复制放到合适的位置。

图 13-43

全部调整结束后，可以点击运行▶看看玩家视角的效果，以进行下一步的完善。

5.PostProcess 后期效果具体细节制作

PostProcess 可以用来处理材质，调整光晕、景深、焦距、曝光等数值。将右侧细节面板中的 Bloom 打开，画面会有泛光的效果，在默认值下效果如图 13-44 中的左图，调整数值后效果如图 13-44 中的右图。

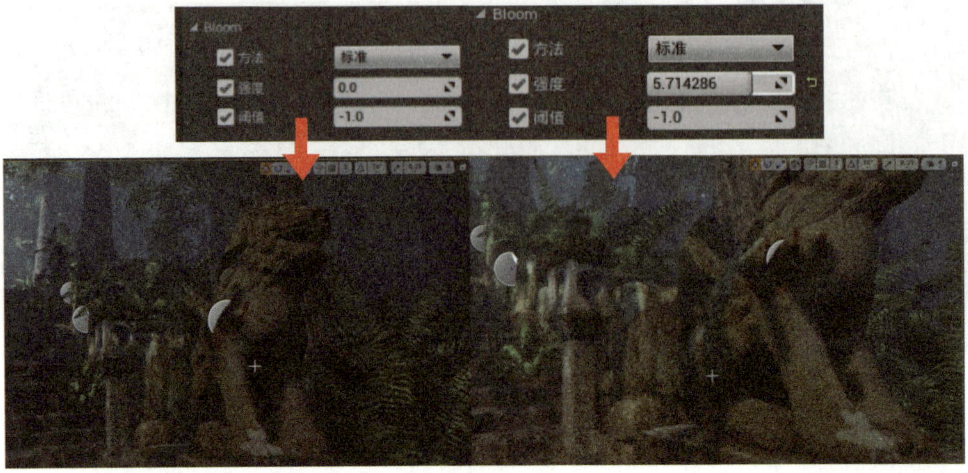

图 13–44

阈值用来调整影响范围，默认值即最小值，为 -1。

图 13–45

将阈值调高后，会出现如下效果。

图 13–46

在颜色分级中可以对整体场景的色调进行调整。

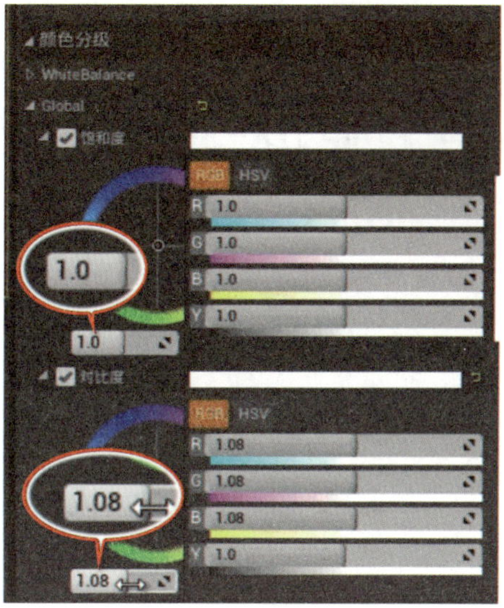

图 13–47

第十四章　虚拟现实场景设计与制作（十）

——制作夜景光照与氛围

一、夜景光照制作后的效果

在之前的章节中我们均使用天光进行制作，以其作为白天的场景。在本章中我们来制作夜景和灯光效果，使夜晚灯光效果更加丰富，同时使游戏关卡的引导更加明确，主体更加鲜明，也增强可交互物体的指向性。图 14-1 为制作后的效果图。

图 14–1

图 14-1（续）

二、夜景光照制作流程

接下来我们对夜景光照的制作流程进行讲解。

【保存关卡】

首先将当前关卡进行另存，命名为 Cj_10 夜景光照与氛围。

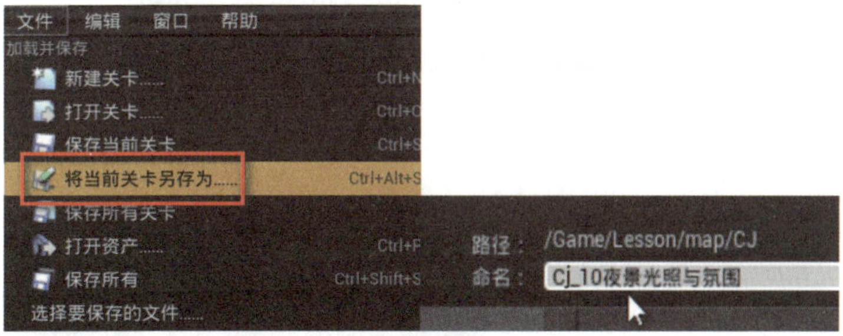

图 14-2

【设置基础背景】

将白天改为黑夜最主要的设置在于基础天光，我们在右侧世界大纲视图中搜索 Light，将太阳光删除，然后点击 SkyLight，在下方的细节面板中将强度范围调节为 1.0，颜色调为蓝色。

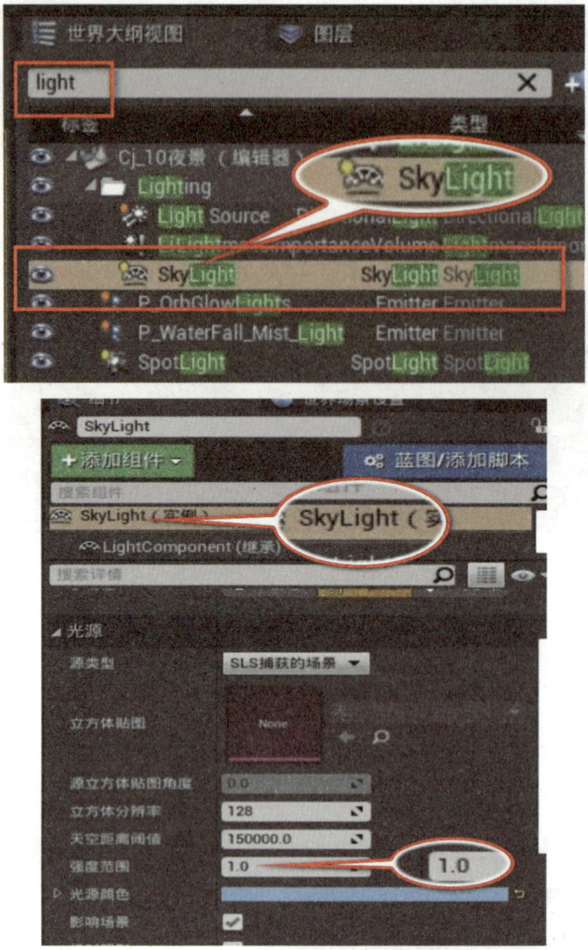

图 14–3

搜索 fog，找到体积光的高度 HeightFog。在下方的细节面板中找到雾内散射颜色，然后调暗。

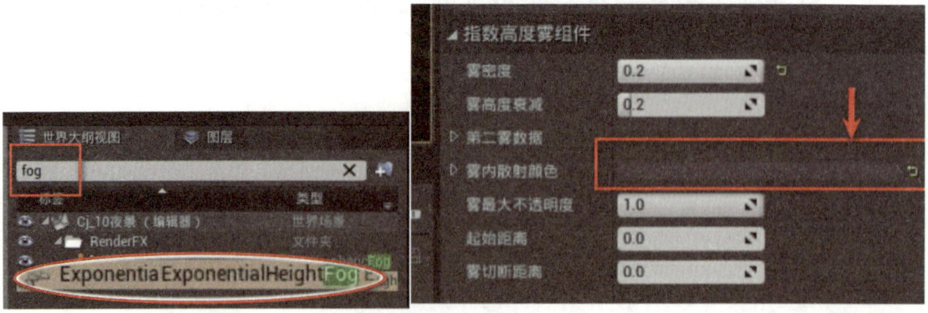

图 14–4

搜索 Sky，找到 SkySphere，将下方细节面板中的颜色调暗。

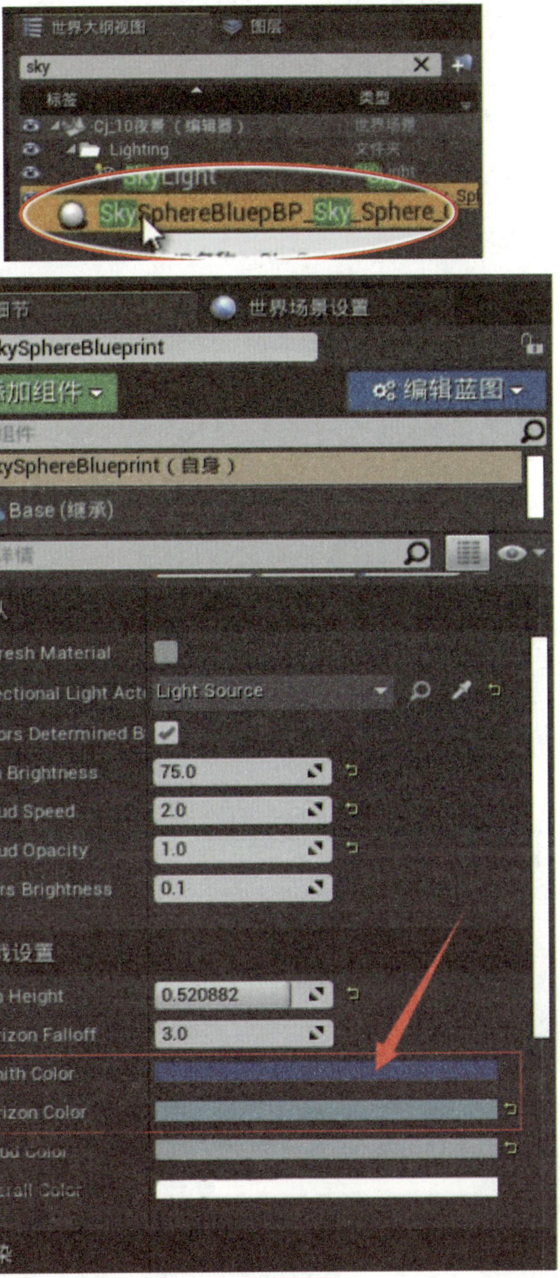

图 14–5

这样就可得到夜晚较暗的基础效果，然后在这个基础上增加光照。

图 14–6

【设置灯光】

选择天上的主光，将亮度调高为 600，然后复制到细节面板区域，并将复制出来的灯光调暗为 300，再将两盏灯的体积雾效果降低。

图 14–7

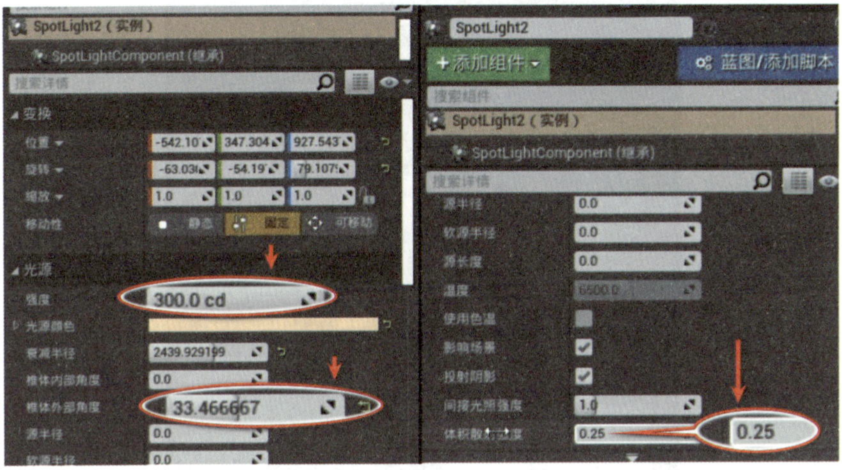

图 14–7（续）

找到主要的火苗特效，在细节面板中将材质显示到内容浏览器中，将 Noise2 复制一个作为 Noise3，双击左边细节面板将紫色火苗的亮度调暗。

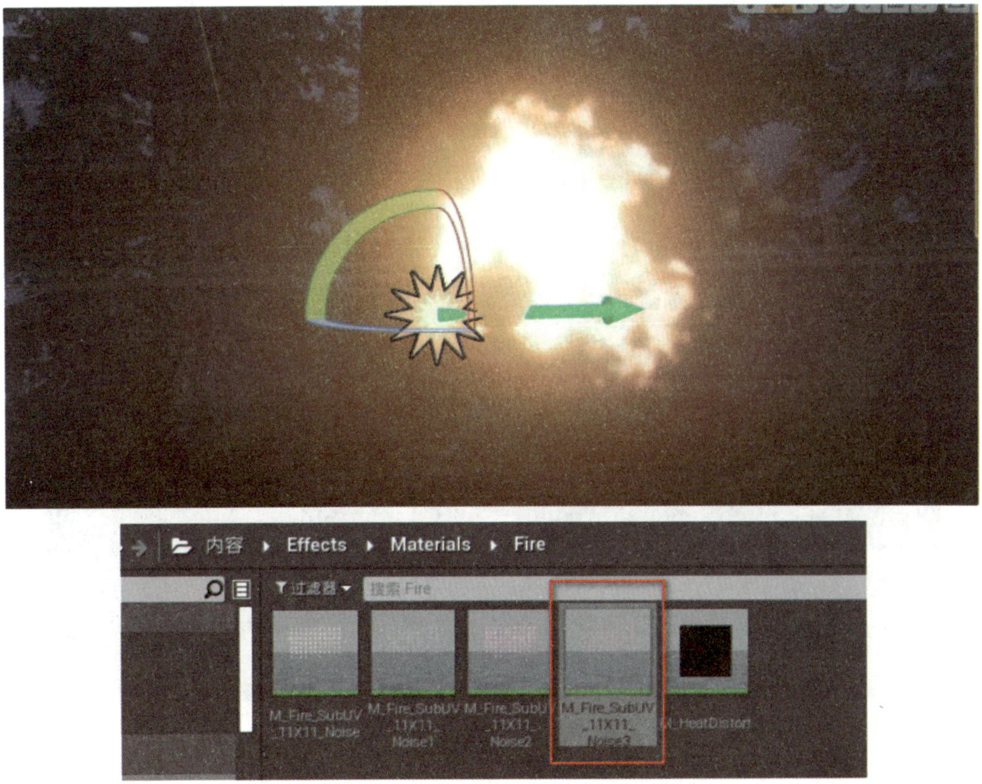

图 14–8

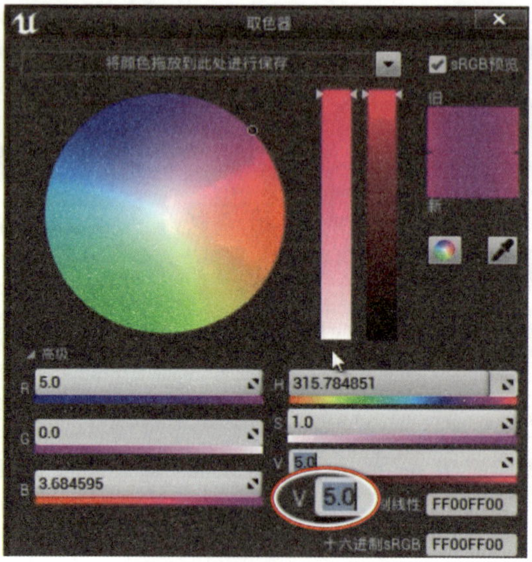

图 14-8（续）

保存后返回。双击打开细节面板中的火苗特效编辑器，分别点击细节面板中的 Base 和 Velocity 中的必需，点击左侧材质的下拉菜单选择 Noise3，即可以显示出夜晚中紫色火焰的效果。

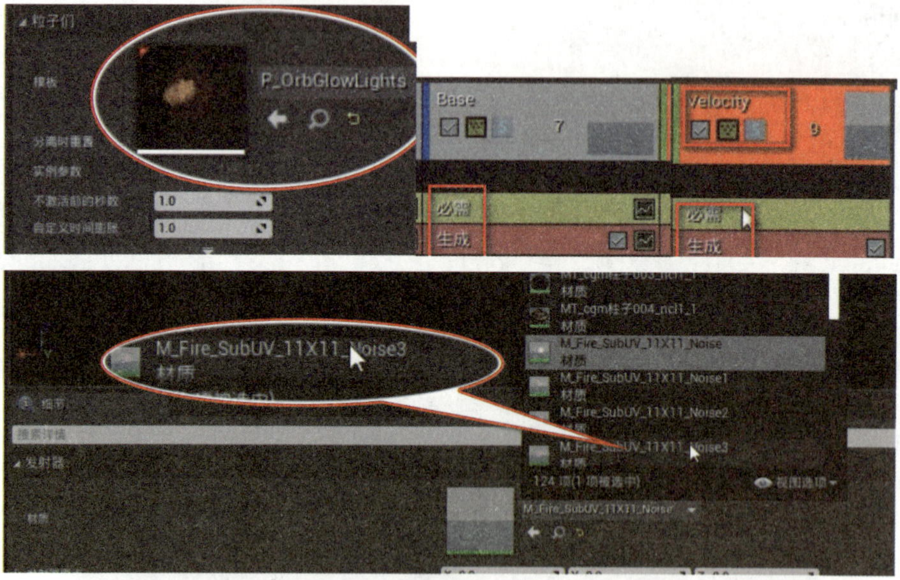

图 14-9

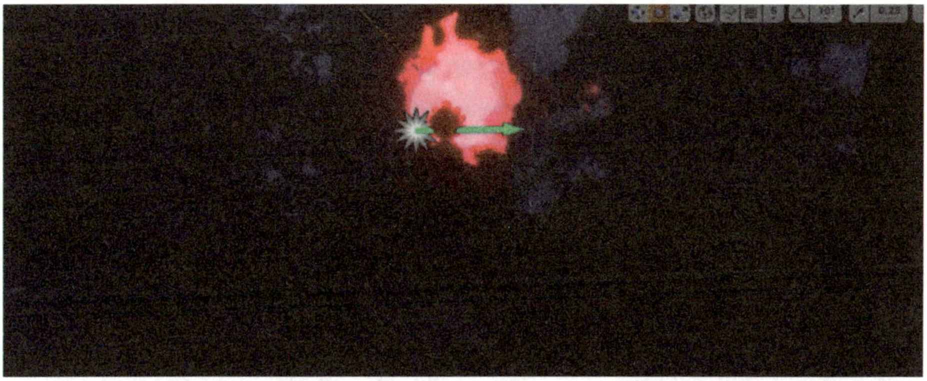

图 14–9（续）

从左侧的放置 Actor 中选择点光源，设置成紫色，在火苗中制作火焰的灯效。

图 14–10

接下来进一步制作场景和光效。在配套的内容资源中找到牌坊文件夹，将其拖动到场景中并调整大小。

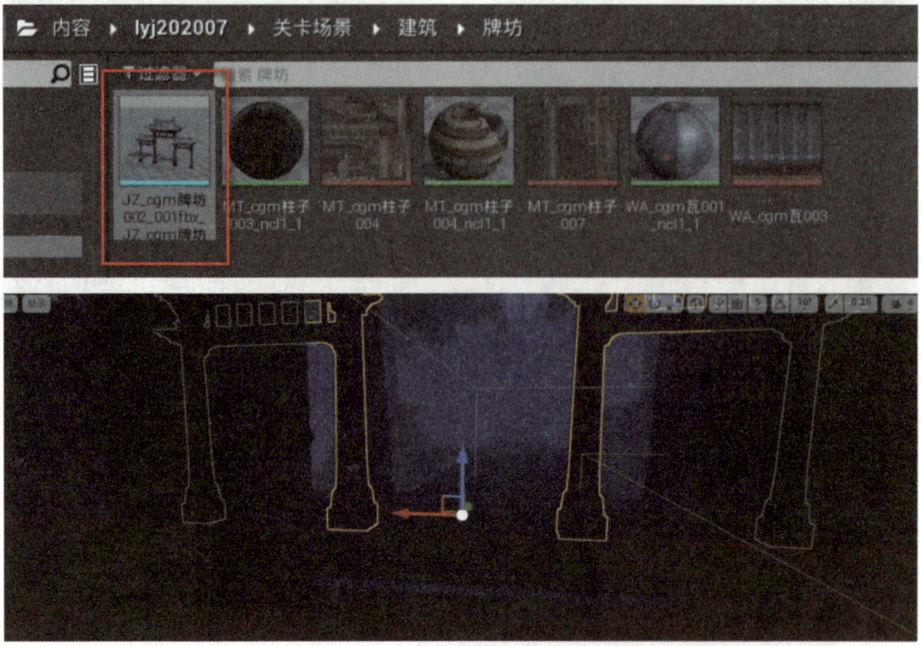

图 14–11

在左边放置 Actor 中找到聚光源，按照图 14-12 所示调整强度等参数，然后找到体积散射强度并调整为 0.25，得到如图 14-12（续下）所示效果。

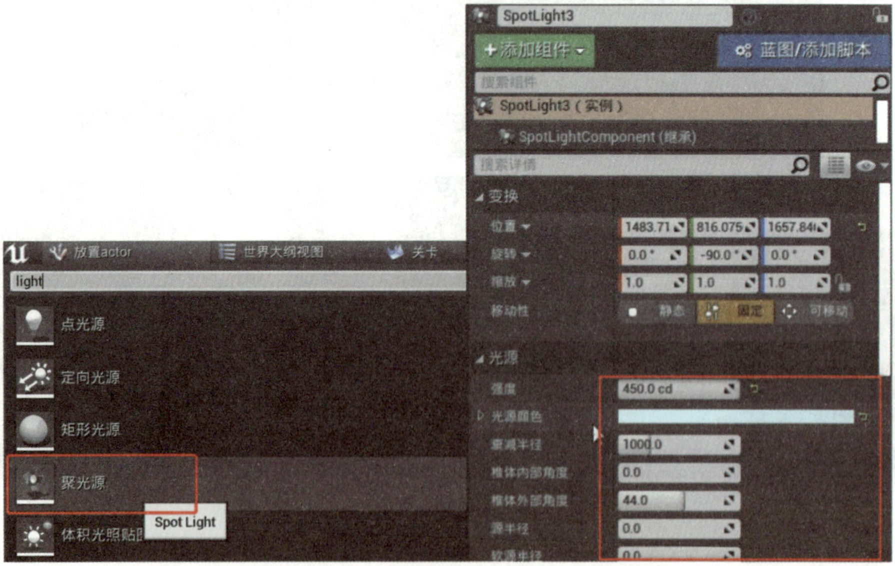

图 14–12

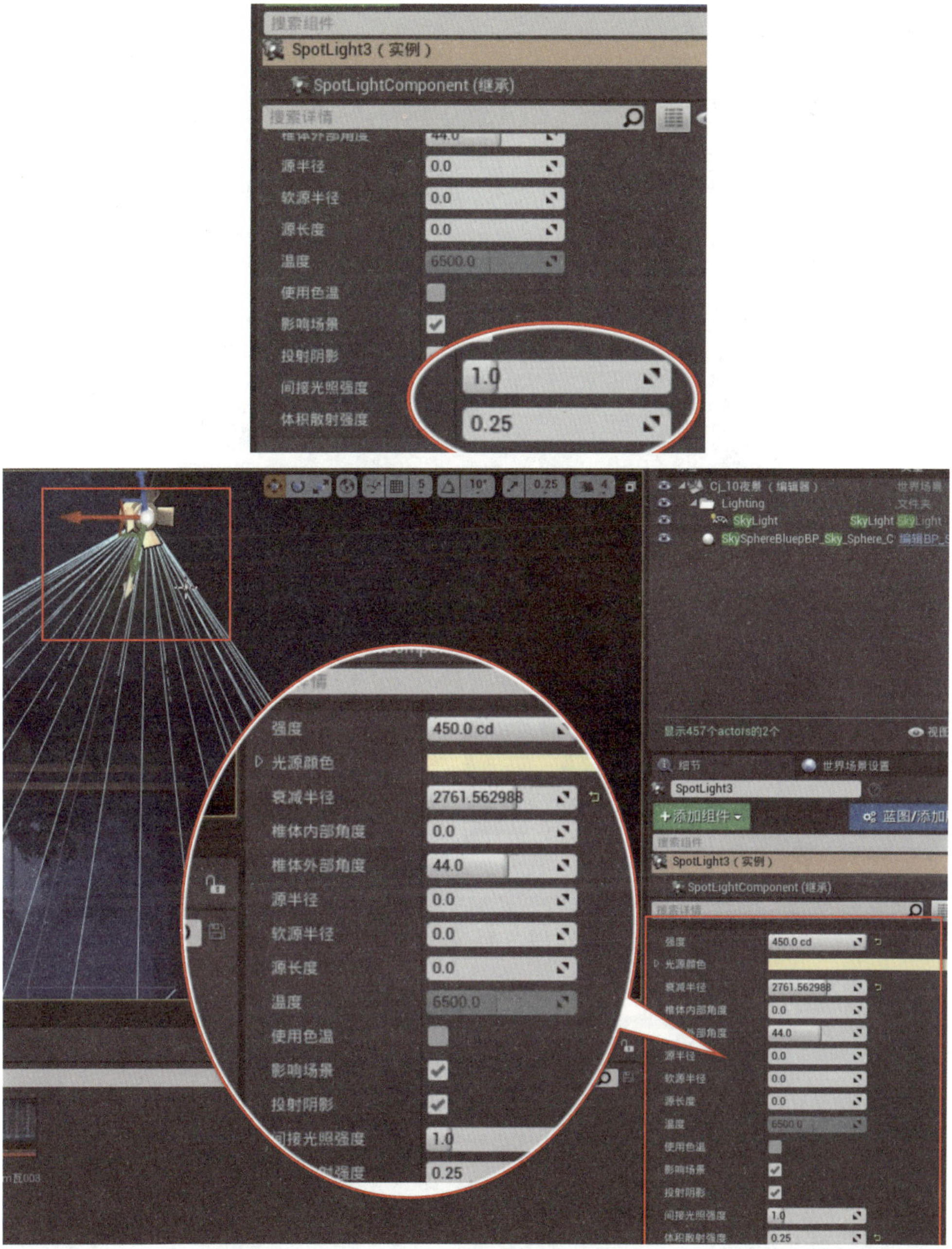

图 14–12（续）

接着继续在场景中放置牌坊，将前面的射灯复制到第二个牌坊处并调整参数。

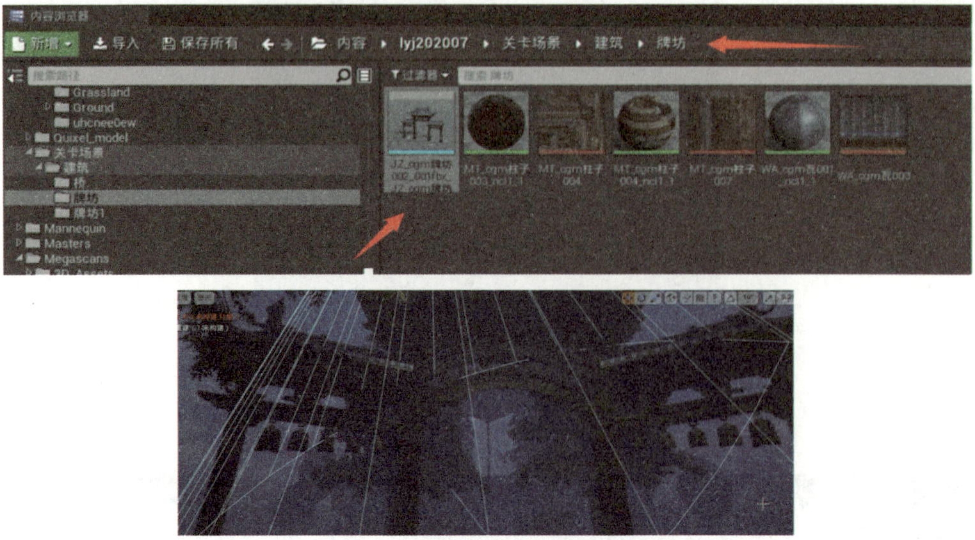

图 14-13

点击场景中的瀑布，在细节面板中将其显示在内容浏览器中，然后将其拖动到场景中调整位置和大小并进行放置，效果如图 14-14（续）所示。

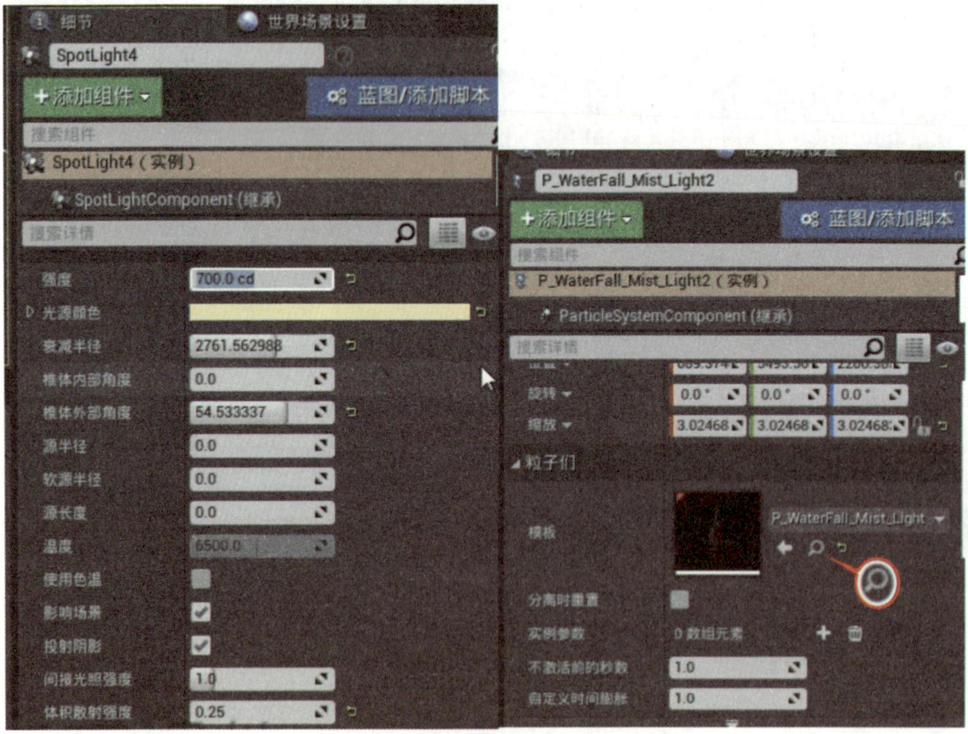

图 14-14

图 14–14（续）

最后再次调整天光，找到 SkyLight 将体积散射强度调低，亮度调高。

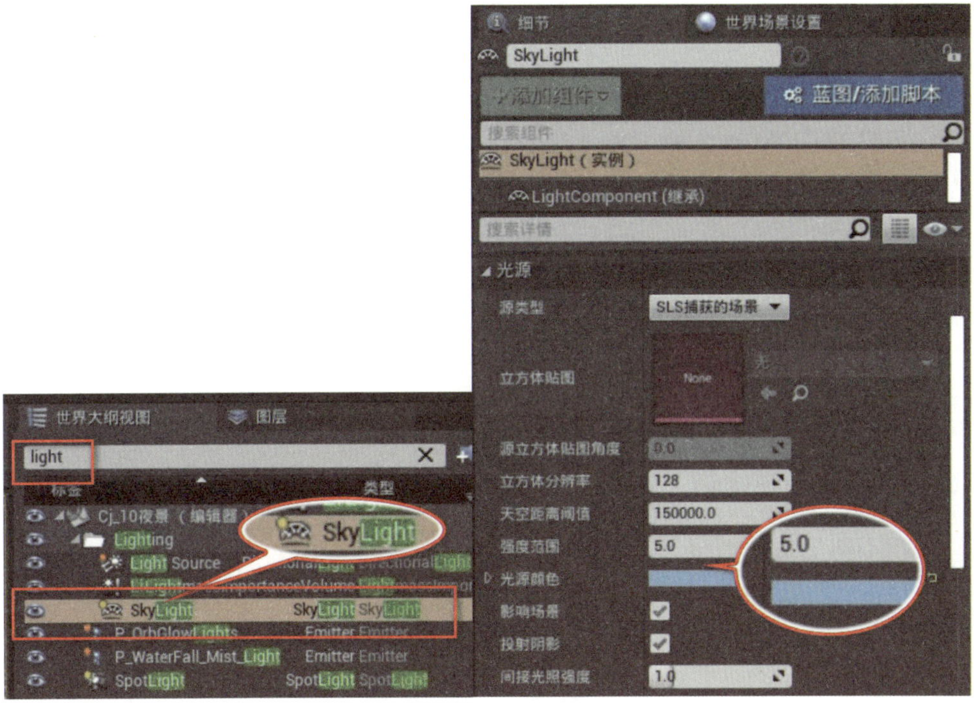

图 14–15

在世界大纲视图中找到后期处理体积，在细节面板中调节强度和阈值。

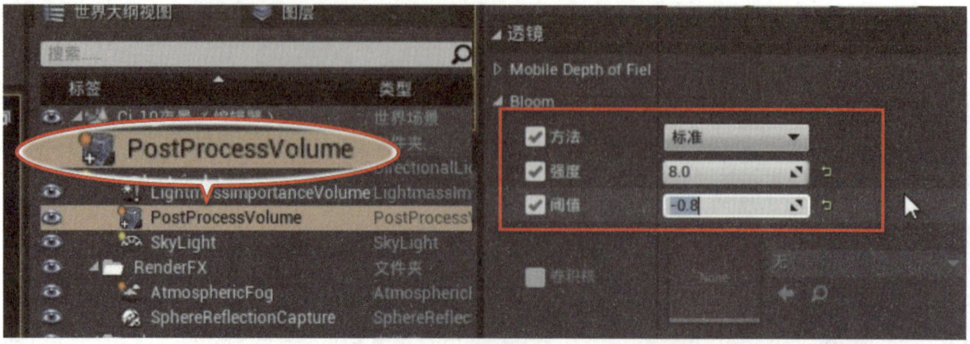
世界大纲视图
图层
标签
类型
PostProcessVolume
LightmassImportanceVolume
PostProcessVolume
SkyLight
RenderFX
AtmosphericFog
SphereReflectionCapture
透镜
Mobile Depth of Fiel
Bloom
方法
标准
强度
8.0
阈值
-0.8

图 14–16

第十五章　虚拟现实场景设计与制作（十一）

——完善夜景环境

一、完善夜景后的效果

本章是整个虚拟现实场景制作的最后一个章节。在这个章节中主要增加了远处的悬浮山，为近处牌坊附近瀑布的出现提供根据。同时，为了使整个场景的氛围更加强烈，符合整个仙境的主题，在树林和悬浮山上都增加了烟雾。图15-1为虚拟现实场景夜景完善后的效果图。

图 15–1

二、完善夜景的流程

【保存关卡】

首先将当前关卡进行另存，命名为 Cj_11 夜景完善。

图 15-2

【进一步细化场景】

在场景的远处增加了一些悬浮的山、和雾气来营造整个场景的氛围。

在内容浏览器中找到配套文件，里面有很多可用的资源，可以直接使用。首先找到内容浏览器中的 mesh 文件夹，从文件中找到一块岩石，拖入场景中。调整大小并调到合适的位置作为悬浮山，如图 15-4 所示。

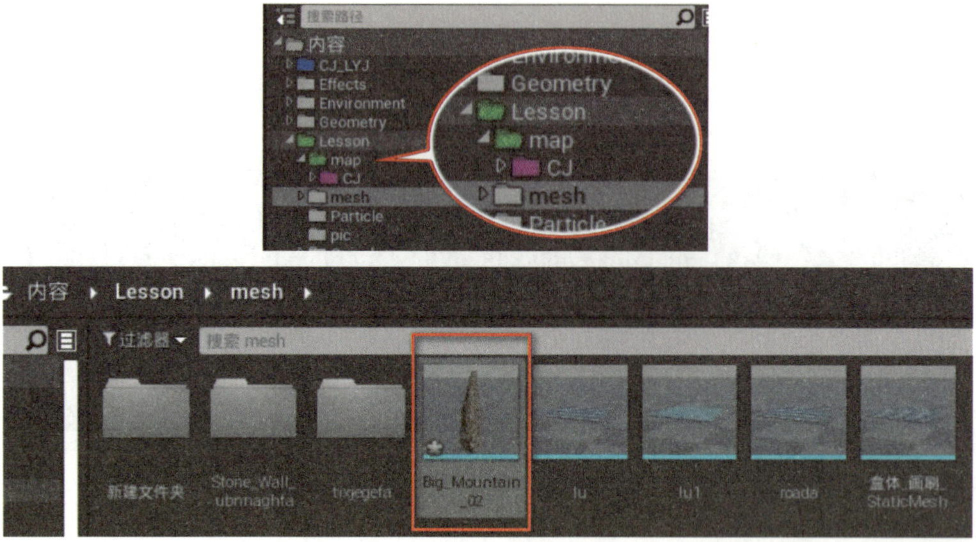

图 15-3

接着找到配套资源中内容浏览器的 SpeedTree 中制作好的植物。在前面的章节我们介绍过使用 SpeedTree 制作完整植物或者使用其自带植物并将其导入 UE4 中的方法。这里我们直接使用教材中制作好的植物，并拖动植物放置在岩石上，为悬浮山增加生气，如图 15-5 所示。

图 15–4

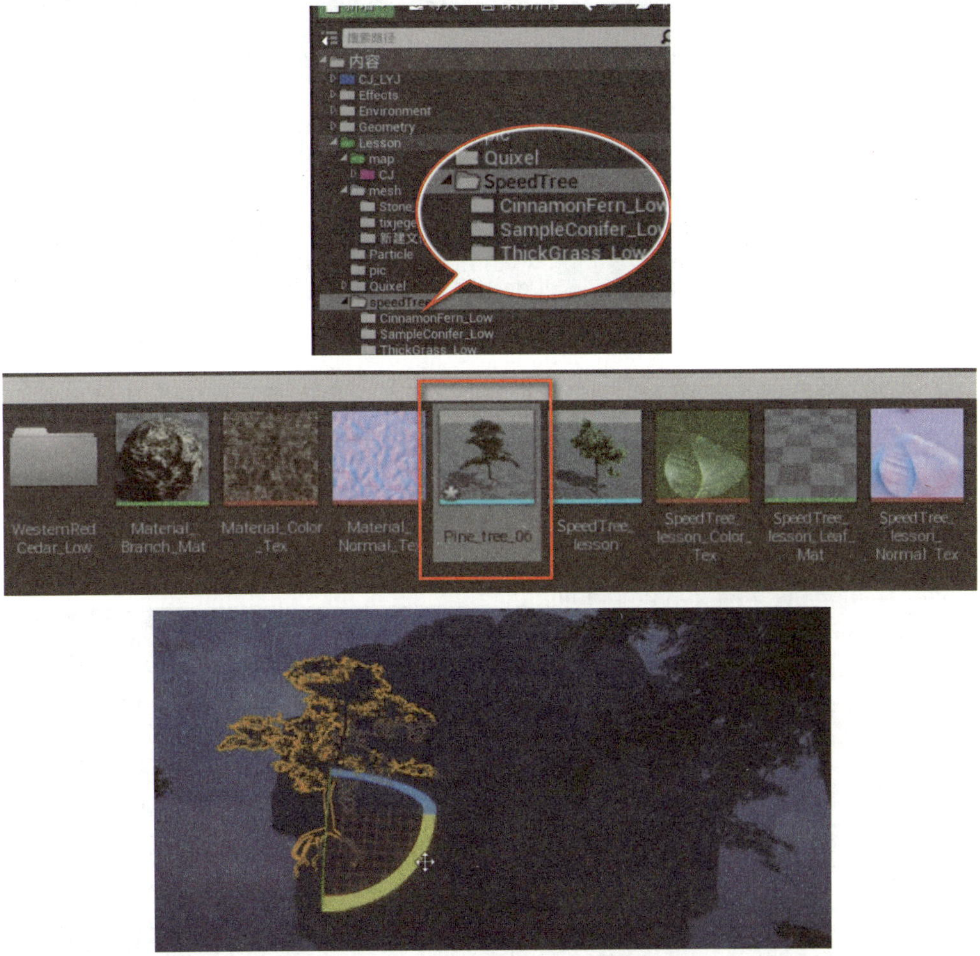
内容
CJ_LYJ
Effects
Environment
Geometry
Lesson
map
CJ
mesh
Particle
pic
Quixel
SpeedTree
CinnamonFern_Low
SampleConifer_Low
ThickGrass_Low
WesternRed Cedar_Low
Material_ Branch_Mat
Material_Color _Tex
Material_ Normal_Te
Pine_tree_06
SpeedTree_ lesson
SpeedTree_ lesson_Color_ Tex
SpeedTree_ lesson_Leaf_ Mat
SpeedTree_ lesson_ Normal_Tex

图 15–5

从左侧放置 Actor 中拖动聚光源，为悬浮山添加一束光，以增加立体感，并调整位置大小，让光束能够照射到整个山体，以增加氛围。

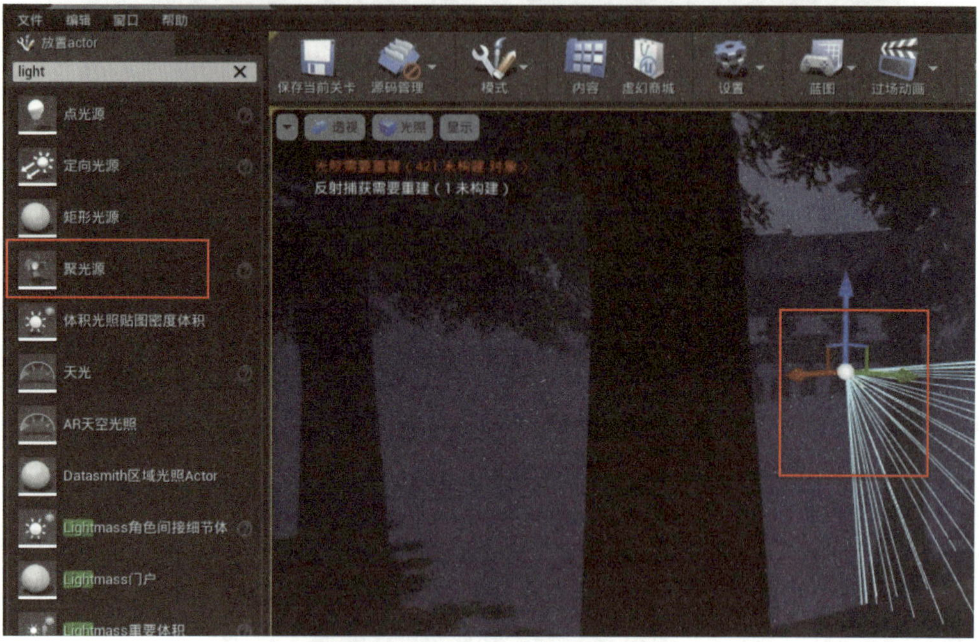

图 15–6

接着点击场景中的瀑布，如图 15-7 所示，在右边细节面板中将其显示在内容浏览器中，然后拖动到场景中调整位置和大小并进行放置，将瀑布拖动到山边，以增加悬浮效果。

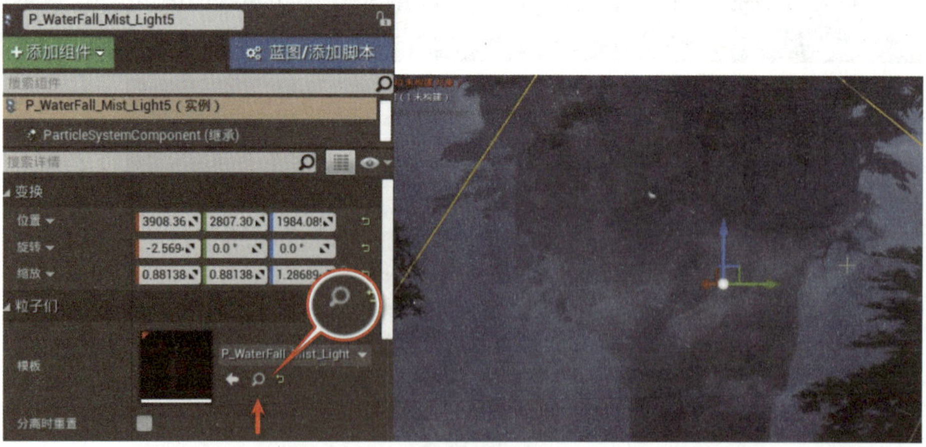

图 15–7

图 15–8

做好后将整座山放在同一个文件夹中，命名为 xuanfushan。

图 15–9

点击右上角新建文件夹，将悬浮山的所有内容加入新的文件夹中。选中文件夹进行复制，可以直接按键盘上的 Ctrl+W 复制整座悬浮山。点击运行▶可以看到从玩家视角看到的场景，再次进行调整。将门和石狮子及灯光一起复制到后部分场景中，并调整到合适的位置。

图 15-10

【保存关卡】

接下来保存当前关卡，再找到内容浏览器中的 Particle 文件夹，增加一些烟雾，营造效果。

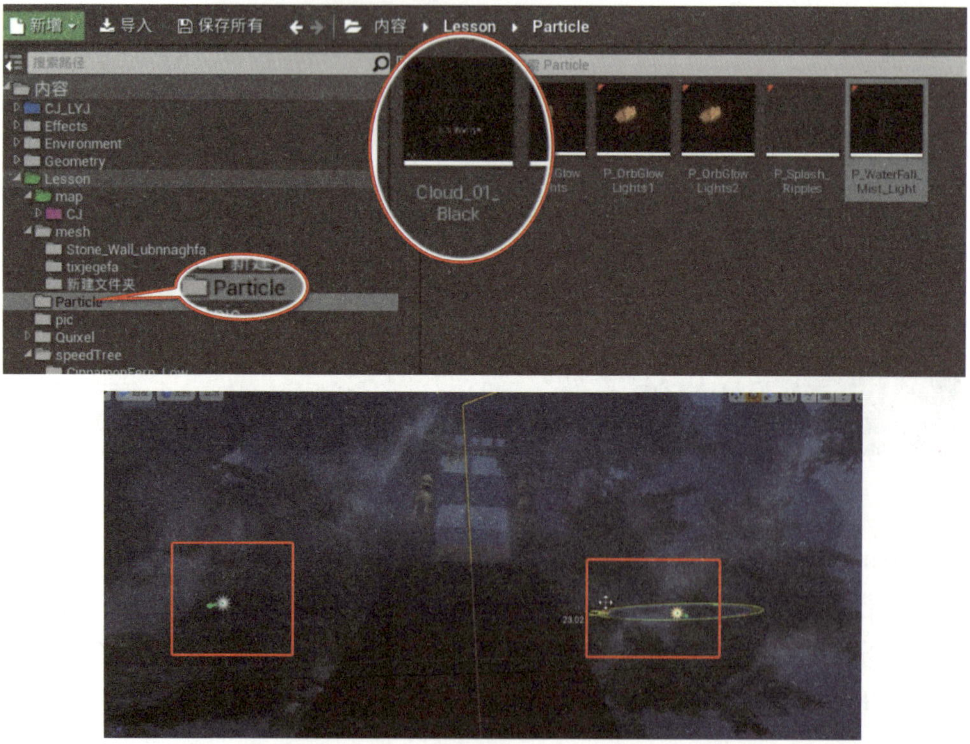

图 15-11

图 15-11（续）

不断点击运行▶来检查游戏效果。

图 15-12

图书在版编目（CIP）数据

虚拟现实场景设计与制作 / 刘跃军，王啸歌著. —北京：中国国际广播出版社，2022.1（2025.6重印）

ISBN 978-7-5078-5054-3

Ⅰ.① 虚… Ⅱ.① 刘… ② 王… Ⅲ.① 三维动画软件 Ⅳ.① TP317.48

中国版本图书馆CIP数据核字（2021）第233543号

虚拟现实场景设计与制作

著　　者　刘跃军　王啸歌
责任编辑　张晓梅
校　　对　张　娜
版式设计　邢秀娟
封面设计　赵冰波

出版发行　中国国际广播出版社有限公司［010-89508207（传真）］
社　　址　北京市丰台区榴乡路88号石榴中心1号楼2001
　　　　　邮编：100079
印　　刷　环球东方（北京）印务有限公司

开　　本　710×1000　1/16
字　　数　240千字
印　　张　17.25
版　　次　2022 年 3 月 北京第一版
印　　次　2025 年 6 月 第三次印刷
定　　价　58.00 元